机械设计与机电设备安装调试

赵敬凯　邹伟乐　杨　锐　主编

U0304405

吉林科学技术出版社

图书在版编目（CIP）数据

机械设计与机电设备安装调试 / 赵敬凯，邹伟乐，
杨锐主编 . -- 长春 : 吉林科学技术出版社，2023.10
ISBN 978-7-5744-0896-8

Ⅰ. ①机… Ⅱ. ①赵… ②邹… ③杨… Ⅲ. ①机械设
计②机电设备—设备安装③机电设备—调试方法 Ⅳ.
① TH122 ② TH17

中国国家版本馆 CIP 数据核字 (2023) 第 191004 号

机械设计与机电设备安装调试

主　　编　赵敬凯　邹伟乐　杨　锐
出 版 人　宛　霞
责任编辑　郝沛龙
封面设计　刘梦杏
制　　版　刘梦杏
幅面尺寸　185mm×260mm
开　　本　16
字　　数　360 千字
印　　张　19.25
印　　数　1-1500 册
版　　次　2023年10月第1版
印　　次　2024年2月第1次印刷

出　　版　吉林科学技术出版社
发　　行　吉林科学技术出版社
地　　址　长春市福祉大路5788号
邮　　编　130118
发行部电话/传真　0431-81629529 81629530 81629531
　　　　　　　　　　81629532 81629533 81629534
储运部电话　0431-86059116
编辑部电话　0431-81629518
印　　刷　三河市嵩川印刷有限公司

书　　号　ISBN 978-7-5744-0896-8
定　　价　78.00元

/前　言/

工业基础主要包括核心基础零部件（元器件）、关键基础材料、先进基础工艺和产业技术基础，它直接决定着产品的性能和质量，是工业整体素质和核心竞争力的根本体现，是制造强国建设的重要基础和支撑条件，也是"中国制造2025"的核心任务。随着"中国制造2025"在我国的实施，基础零部件在工业强基工程中的作用越来越受关注和重视，相关的研究要求越来越高。

现代化设备是现代科学技术的荟萃。随着现代科学技术的进步与发展，设备越来越大型化，功能越来越齐全，结构越来越复杂，自动化程度也越来越高。设备的机电一体化、高速化、微电子化等特点使设备容易操作，而设备的诊断和维修则比较困难。设备一旦发生故障，尤其是连续化生产设备，往往会导致整套设备停机，从而造成一定的经济损失，而且可能还会危及安全和环境，产生重大的社会影响。

设备的安装和维修技术是一项复杂的系统工程。本书着重让读者系统地掌握机电设备维护修理与安装的基本理论和方法，具有分析、解决实际问题的能力。

本书主要介绍了机械设计、电梯与起重机械安装、矿山设备机电安装等方面的基本知识等内容。本书突出了基本概念与基本原理，在写作时尝试多方面知识的融会贯通，注重知识层次递进，同时注重理论与实践的结合。希望可以对广大读者提供借鉴或帮助。

由于作者水平所限，书中难免存在不妥之处，恳请读者和专家们给予批评指正。

/目 录/

第一章　机械设计总论 ………………………………………………… 1

　第一节　机器的组成 ………………………………………………… 1

　第二节　机械设计的基本要求和一般程序 ………………………… 2

　第三节　机械零部件设计 …………………………………………… 4

　第四节　机械零件的材料及其选用 ………………………………… 20

　第五节　机械设计中的标准化、系列化和通用化 ………………… 24

　第六节　现代机械设计方法 ………………………………………… 25

第二章　真空过滤机 …………………………………………………… 50

　第一节　真空过滤机工作流程分析 ………………………………… 50

　第二节　翻盘真空过滤机 …………………………………………… 52

　第三节　圆盘真空过滤机 …………………………………………… 57

　第四节　筒型内滤式真空过滤机 …………………………………… 62

　第五节　水平带式真空过滤机 ……………………………………… 64

　第六节　外滤面转鼓真空过滤机 …………………………………… 68

第三章　固—液分离技术 ……………………………………………… 73

　第一节　过滤 ………………………………………………………… 73

　第二节　沉降 ………………………………………………………… 80

　第三节　离心过滤 …………………………………………………… 87

第四章　液固旋流分离过程检测及调控 ……………………………… 91

　第一节　相位多普勒粒子分析 ……………………………………… 91

　第二节　粒子图像测速 ……………………………………………… 94

　第三节　体三维测速 ………………………………………………… 96

　第四节　旋流场中颗粒自转和公转检测 …………………………… 97

　第五节　表／界面污染物 SERS 检测 ……………………………… 99

第五章　机房设备的安装及调整 ………………………… 101

　第一节　放线确定设备的安装位置 ………………………… 101

　第二节　曳引机承重梁的安装 ……………………………… 101

　第三节　曳引机的安装 ……………………………………… 105

　第四节　导向轮和复绕轮的安装 …………………………… 112

　第五节　限速装置的安装 …………………………………… 115

　第六节　选层器的安装 ……………………………………… 119

第六章　井道设备的安装及调整 ………………………… 124

　第一节　导轨的安装 ………………………………………… 124

　第二节　轿厢的安装 ………………………………………… 129

　第三节　对重的安装 ………………………………………… 138

　第四节　缓冲器的安装 ……………………………………… 142

　第五节　补偿装置的安装 …………………………………… 145

　第六节　穿挂曳引钢丝绳 …………………………………… 147

　第七节　电梯厅门的安装 …………………………………… 149

第七章　安装条件及设施的验收 ………………………… 155

　第一节　土建工程及开工应具备的条件 ………………… 155

　第二节　机械设备设施安装应具备的条件 ……………… 160

　第三节　土建工程的验收 …………………………………… 166

　第四节　机械设备的检查及验收 …………………………… 172

　第五节　施工组织设计的到位情况 ………………………… 175

第八章　整机调试及试车 ………………………………… 184

　第一节　设备及元件电气参数的测试调整 ……………… 184

　第二节　整机检查 …………………………………………… 186

　第三节　空载电气试验 ……………………………………… 193

　第四节　空载试运转试验 …………………………………… 196

　第五节　负载试运转试验及交验 …………………………… 197

第九章　矿山提升设备的安装 …………………………… 199

　第一节　提升设备的安装程序 ……………………………… 199

　第二节　安装前的准备工作 ………………………………… 200

　第三节　主轴装置安装 ……………………………………… 204

　第四节　减速器的安装 ……………………………………… 215

第五节　主电动机安装 ……………………………………………… 238

第六节　深度指示器安装 …………………………………………… 239

第七节　操作台安装 ………………………………………………… 242

第八节　润滑油站、测速发电机安装 ……………………………… 244

第九节　制动盘及滚筒衬木槽的车削任务 ………………………… 245

第十节　盘形制动器的安装 ………………………………………… 247

第十一节　液压站的安装 …………………………………………… 248

第十二节　设备调试 ………………………………………………… 249

第十三节　JK 型提升机试运转 …………………………………… 252

第十章　胶带输送机 …………………………………………………… 255

第一节　胶带输送机工作原理及构造 ……………………………… 255

第二节　胶带输送机的选型计算 …………………………………… 263

第三节　胶带输送机的操作 ………………………………………… 265

第四节　胶带输送机的安装及故障处理 …………………………… 267

第十一章　洗选煤设备机器和基础的连接装置安装 ………………… 282

第一节　基础的简易计算和基础验收 ……………………………… 282

第二节　轨座的形状 ………………………………………………… 285

第三节　地脚螺栓 …………………………………………………… 285

第四节　安装地脚螺栓的要求 ……………………………………… 286

第五节　垫板（垫铁） ……………………………………………… 287

第六节　二次灌浆 …………………………………………………… 288

第十二章　采区供电设备的安装选择 ………………………………… 290

第一节　采区供电设计的准备 ……………………………………… 290

第二节　采区主变压器的选择 ……………………………………… 291

第三节　采区供电系统的拟定 ……………………………………… 293

第四节　采区低压电缆的选择 ……………………………………… 295

第五节　采区低压电器的选择 ……………………………………… 297

参考文献 ………………………………………………………………… 299

第一章　机械设计总论

第一节　机器的组成

机器是人们根据某种使用要求而设计和制造的一种执行机械运动的装置，可用来变换或传递能量、物料和信息。一台完整的机器就其各部分功能而言，包括以下几个部分：原动机部分、传动部分和执行部分。

原动机部分是驱动整部机器完成预定功能的动力源。常用的原动机有电动机、内燃机、水轮机、蒸汽轮机、液动机和气动机，其中电动机应用最为广泛。

执行部分包括执行机构（工作机）和执行构件，通常处于机械系统的末端，用来完成机器的预定功能。

传动部分是把原动机的运动和动力传递给工作机的中间装置，实现运动和力的传递和变换，以适应工作机的需要。

控制系统是使原动机部分、传动部分、执行部分彼此协调工作，控制或操纵上述各部分的启动、离合、制动、变速、换向或各部件运动的先后次序、运动轨迹及行程等，并准确可靠地完成整个机械系统功能的装置，包括机械控制、电气控制和液压控制等。

此外，根据机器的功能要求，还有一些辅助系统，如润滑、冷却、显示、照明等以及框架支撑系统（如支架、床身、底座等）。

随着科学技术的不断进步和计算机技术的广泛应用，现代机械正朝着自动化、精密化、高速化和智能化的方向发展。现代机器是由计算机信息网络协调与控制的、用于完成包括机械力、运动和能量转化动力学任务的机械和（或）机电部件相互联系的系统。工业机器人是现代机器的典型。

第二节 机械设计的基本要求和一般程序

一、机械设计的基本要求

(一) 实现预期功能要求

预期功能是指用户或设计者与用户协商确定下来的机械产品需要满足的特性和能力。例如，机器工作部分的运动形式、速度、运动精度和平稳性、需传递的功率等，以及某些使用上的特定要求 (如自锁、防潮、防爆等)。这需要设计者正确分析机器的工作原理，正确设计或选用能够全面实现功能要求的执行机构、传动机构、原动机，以及合理配置必要的辅助系统来实现。

(二) 经济性要求

经济性体现在机械设计、制造和使用的全过程中。设计制造的经济性表现为机器的成本低，使用经济性表现为高生产率，高效率，能源材料消耗少，维护管理费用低等。

(三) 劳动保护和环境的要求

设计时要按照人机工程学的观点，使机器的使用简便可靠，减轻使用者的劳动强度。同时，设置完善的安全防护及保安装置、报警装置等，使所设计的机器符合劳动保护法规的要求。改善机器及操作者周围的环境条件，如降低机器运转的噪声，防止有毒、有害介质的渗漏，对废水、废气进行有效的治理等，以满足环境保护法规对生产环境提出的要求。

(四) 其他特殊要求

对不同的机器，还有一些为该机器所特有的要求。例如，对机床有长期保持精度的要求；对流动使用的机器 (如钻探机械) 有便于安装和拆卸的要求；对大型机器有便于运输的要求等。设计机器时，在满足前述共同的基本要求的前提下，还应着重满足这些特殊要求，以提高机器的使用性能。

二、机械设计的一般程序

(一) 规划设计阶段

规划设计是机器设计整个过程中的准备阶段。在这个阶段，应对所设计机器的需求情况做充分的市场调查研究和分析，确定所设计机器需要实现的功能及所有的设计要求和期望，并根据现有的技术、资料及研究成果，分析其实现的可能性，明确设计中的关键问题，拟定设计任务书。设计任务书的内容主要包括机器的功能、主要参考资料、制造要求、经济性及环保性评估、特殊材料、必要的试验项目、完成设计任务的预期期限和其他特殊要求等。正确分析和规划、确定设计任务是合理设计机械的前提。

(二) 方案设计阶段

根据设计任务书提出的要求进行机器功能设计研究，确定执行部分的运动和阻力，选择原动机和传动机构，拟定原动机到执行部分的传动系统，绘制整机的运动简图，并进行初步的运动和动力计算，确定功能参数。根据功能参数，提出可能采用的方案。通常需做出多个方案加以分析比较，择优选定。

(三) 技术设计阶段

根据方案设计阶段提出的最佳方案，进行技术设计，包括机器运动学设计、机器动力学计算、零件工作能力设计、部件装配草图和总装配图的设计及主要零件的校核，最后绘制零件的工作图、部件装配图和总装图，编制技术文件和说明书。

(四) 试制定型阶段

通过鉴定评价，对设计进行必要的修改后进行小批量的试制和试验，必要时还应在实际使用条件下试用，对机器进行各种考核和测试。通过几次小批量生产，在进一步考察和验证的基础上将原设计进行改进之后，即可进行适用于成批生产的机器定型设计。

需要指出的是，机械设计的各个阶段是相互紧密关联的，某一阶段中发现问题和不当之处，必须返回到前面的有关阶段去修改。因此，机械设计过程是一个不断返回、不断修改，以逐渐接近最优结果的过程。

第三节 机械零部件设计

一、机械零部件设计的基本要求

机器是由零部件组成的。因此，设计的机器是否满足前述基本要求，零部件的质量是关键。为此，还应对机械零部件提出强度、刚度及寿命等基本要求。

(一) 强度

强度是衡量零件抵抗破坏的能力。零件强度不足，将导致过大的塑性变形甚至断裂破坏，机器停止工作，甚至发生严重事故。采用高强度材料，增大零件截面尺寸，合理设计截面形状，采用热处理及化学处理方法，提高运动零件的制造精度，以及合理配置机器中各零件的相互位置等，均有利于提高零件的强度。

(二) 刚度

刚度是衡量零件抵抗弹性变形的能力。零件的刚度不足，容易导致过大弹性变形，引起载荷集中，影响机器工作性能，甚至造成事故。零件的刚度分整体变形刚度和表面接触刚度两种。

(三) 寿命

寿命是指零件正常工作的期限。材料的疲劳、腐蚀，相对运动零件表面的磨损，高温下的蠕变等是影响零件寿命的主要因素。

(四) 结构工艺性

零件应具有良好的结构工艺性。这就是说，在一定的生产条件下，零件应能方便而经济地生产出来，并便于装配成机器。

(五) 可靠性

零件可靠度的定义和机器可靠度的定义是相同的。机器的可靠度主要是由其组成零件的可靠度来保证的。

(六) 经济性

零件的经济性主要取决零件的材料加工成本。因此，提高零件的经济性主要从零件的材料选择和结构工艺性设计两个方面入手。

（七）质量

尽可能减轻质量对绝大多数机械零件都是必要的。减轻质量可以节约材料，减小运动零件的惯性，从而改善机器动力性能。

二、机械零件的主要失效形式

机械零件由于某种原因不能正常工作称为失效，主要失效形式有以下几种：

（一）断裂

机械零件在静应力作用下，由于某个危险剖面上的应力超过机械零件材料的强度极限时而发生机械零件的断裂，如螺栓被拧断，铸铁零件在冲击载荷作用下的断裂；机械零件在变应力作用下，其表面应力最大处的应力超过某极限时产生微裂纹，在变应力作用下，裂纹不断扩展，一旦静强度不够时，机械零件将发生疲劳断裂，如轴的疲劳断裂。机械零件的疲劳断裂占断裂原因的 80% 以上。

（二）塑性变形

机械零件在外载荷作用下，当其所受应力超过材料的屈服极限时，就会发生塑性变形。在设计机械零件时，一般不允许发生塑性变形。机械零件发生塑性变形后，其形状和尺寸产生永久的变化，破坏零件间的正常相对位置或啮合关系，产生振动、噪声、承载能力下降，严重时，机械零件甚至机器不能正常工作。例如，齿轮的轮齿发生塑性变形，不能满足正确啮合条件和定传动比传动，在运转时将产生剧烈的振动和噪声；弹簧发生塑性变形后，直接导致其功能丧失。

（三）表面失效

机械零件的表面失效指磨损、胶合和腐蚀等失效。对于高速重载的齿轮传动，齿面间压力大、温度高，可能造成相啮合的齿面发生粘连，由于齿面继续相对运动，粘连部分被撕裂，在齿面上产生沿相对运动方向的伤痕，称为胶合，胶合也会发生在其他高速重载条件下相对运动处。机械零件都与其他零件接触，在许多接触处发生微动或明显的相对运动，而且机械零件还可能在环境恶劣的条件下工作，不可避免地发生磨损、腐蚀。机器外壳或机架由于腐蚀而缺损；机械零件表面失效引起尺寸、形状的改变和表面粗糙度数值下降，影响机器精度，产生振动和噪声，降低机械零件的承载能力，甚至造成机械零件的卡死（如滚动轴承）或断裂等。

（四）弹性变形过大

零件在载荷作用下，将发生弹性变形，如弯曲变形、扭转变形、拉伸变形等。过大的弹性变形将导致零件失效，如机床主轴弹性变形过大，将造成被加工零件精度下降。

（五）破坏正常工作条件导致的失效

有些机械零件必须在特定的工作条件下才能正常工作，一旦其工作条件被破坏就会失效。例如，V带传动是依靠带和带轮轮槽表面间的摩擦力工作的，若要传递的圆周力超过带和轮间的最大摩擦力，带传动将发生打滑，传动失效；轴承是机器的关键零件之一，轴承没有润滑或润滑不良会发生剧烈的温升或卡死。

（六）振动和噪声过大

高速运动的机械零件，可能由于干扰力的频率与零件的固有频率相等或接近，造成机械零件共振，使得振幅急剧增大，导致机械零件或机器损坏。

噪声也是一种环境污染，影响人体健康和舒适感觉。限制噪声分贝已成为评定机器质量的指标之一，如空调、汽车等。一般机器的噪声最好控制在 70 ~ 80dB 及以下。

三、机械零件的设计准则

零件不发生失效时的安全工作限度称为零件的工作能力，为保证零件安全、可靠地工作，应确定相应的设计准则来保证设计的机械零件具有足够的工作能力。一般来讲，大体有以下设计准则：

（一）强度准则

强度准则是机械零件设计计算最基本的准则。强度是指零件在载荷作用下抵抗断裂、塑性变形及表面损伤的能力。为保证零件有足够的强度，计算时应保证危险截面工作应力不能超过许用应力。

一般工作期内应力变化次数 $<10^3(10^4)$ 可按静应力强度计算。

复杂应力时的塑性材料零件，用第三或第四强度理论计算弯扭合成应力，带入正应力强度条件式。

（二）刚度准则

机械零件在受载荷时要发生弹性变形，刚度是受外力作用的材料、机械零件或结构抵抗变形的能力。材料的刚度由使其产生单位变形所需的外力值来量度。机械零件的刚度取决于它的弹性模量或切变模量、几何形状和尺寸，以及外力的作用形式等。分析机械零件的刚度是机械设计中的一项重要工作。对于一些需要严格限制变形的零件（如机翼、机床主轴等），须通过刚度分析来控制变形。我们还需要通过控制零件的刚度以防止发生振动或失稳。另外，如弹簧，须通过控制其刚度为某一合理值以确保其特定功能。刚度准则是要求零件受载荷后的弹性变形量不大于允许弹性变形量。零件的弹性变形量可由理论计算或经试验得到，许用变形量则取决于零件的用途，根据理论分析或经验确定。

（三）寿命准则

影响零件寿命的主要因素是腐蚀、磨损和疲劳，它们的产生机理、发展规律及对零件寿命的影响是完全不同的。迄今为止，还未能提出有效而实用的腐蚀寿命计算方法，所以尚不能列出腐蚀的计算准则。对磨损，人们已充分认识到它的严重危害性，进行了大量的研究，但由于摩擦、磨损的影响因素十分复杂，产生的机理还未完全明晰，所以至今还未形成供工程实际使用的定量计算方法。对疲劳寿命计算，通常是求出零件使用寿命期内的疲劳极限或额定载荷来作为计算的依据。

（四）振动稳定性准则

机器中存在着许多周期性变化的激振源，如齿轮的啮合、轴的偏心转动、滚动轴承中的振动等。当零件（或部件）的固有频率与上述激振源的频率重合或成整数倍关系时，零件就会发生共振，导致零件在短期内被破坏甚至整个系统毁坏。因此，应使受激零件的固有频率与激振源的频率相互错开，避免共振。

轴产生共振的主要原因是：由于材料内部质量不均匀，加之制造和安装的误差，使其质心和它的旋转中心产生偏差，轴旋转时产生惯性力，这个惯性力使转子做强迫振动。轴在引起共振时的速度称为临界速度。在临界速度下，这个惯性力的频率等于或几倍于转子的固有频率，因此发生共振。

（五）散热性准则

机械零部件由于过度发热，会引起润滑失效，零部件胶合、硬度降低、热变形等问题。因此，对于发热较大的机械零部件必须限制其工作温度，满足散热性准则，如蜗杆传动、滑动轴承需进行热平衡计算。

（六）可靠性准则

可靠性是产品在规定的条件下和规定的时间内，完成规定功能的能力。产品的质量一般应包含性能指标和可靠性指标。机械产品的性能指标是指产品具有的技术指标，如机械的功率、转矩、工作力、工作速度等。如果只有性能指标，没有可靠性指标，产品的性能指标也得不到保证。产品的可靠性用可靠度来衡量。可靠度的定义是，产品在规定的条件下和规定的时间内完成规定功能的概率。

（七）精度准则

对于高精度的机械零件、机构或设备，要求其运动误差小于许用值。例如，在精密机械中，导轨的直线性误差、主轴的径向跳动误差、齿轮传动的转角误差等，必须有一定的精度要求。可以根据机器和零件的功能要求，选用合适的公差与配合，即进行精度设计，并能正确地标注到图样上。还可以按照零件图给定的公差值，求出机构的误差，与要求的机构精度比较。

四、机械零件的设计方法

机械零件的常规设计方法有以下三种：

（一）理论设计

理论设计是根据现有的设计理论和实验数据所进行的设计。按照设计顺序的不同，零件的理论设计可分为设计计算和校核计算。

1. 设计计算

根据零件的工作情况和要求进行失效分析，确定零件的设计计算准则，按其理论设计公式确定零件的形状和尺寸。

2. 校核计算

参照已有实物、图样和经验数据初步拟定零件的结构和尺寸，然后根据设计计算准则的理论校核公式进行校核计算。

（二）经验设计

经验设计是指根据对某类零件已有的设计与使用实践而归纳出的经验公式，或根据设计者的经验用类比法所进行的设计。经验设计简单方便，适用于那些使用要求变动不大而结构形状已典型化的零件，如箱体、机架、传动零件。

（三）模型试验设计

对于尺寸特大、结构复杂且难以进行理论计算的重要零件可采用模型试验设计。即把初步设计的零、部件或机器做成小模型或小尺寸样机，通过试验的手段对其各方面的特性进行检验，根据试验的结果进行逐步的修改，从而达到完善。这种方法费时、昂贵，适用于特别重要的设计。

五、机械零件设计的一般步骤

机械零件的设计大体要经过以下几个步骤：

（1）根据零件功能要求、工作环境等选定零件的类型。为此，必须对各种常用机械零件的类型、特点及适用范围有明确的了解，进行综合对比并正确选用。

（2）根据机器的工作要求，计算作用在零件上的载荷。

（3）分析零件在工作时可能出现的失效形式，确定其设计计算准则。

（4）根据零件的工作条件和对零件的特殊要求，选择合适的材料，并确定必要的热处理或其他处理方式。

（5）根据设计准则计算并确定零件的基本尺寸和主要参数。

（6）根据工艺性要求及标准化等原则进行零件的结构设计，确定其结构尺寸。

（7）结构设计完成后，必要时还应进行详细的校核计算，判断结构的合理性并适当修改结构设计。

（8）绘制零件的工作图，并写出计算说明书。

六、机械零件的强度

（一）机械零件的静强度

在静应力下工作的零件，其主要失效形式是塑性变形或断裂。

（1）单向应力时的塑性材料零件。按照不发生塑性变形的条件进行强度计算。

（2）复合应力时的塑性材料零件。根据第三或第四强度理论确定其强度条件。

（3）允许少量塑性变形的零件。可根据允许达到一定塑性变形时的载荷进行强度计算。

（4）脆性材料和低塑性材料的零件。

因不连续组织在零件内部引起的局部应力集中要远大于零件形状和机械加工等引起的局部应力集中，所以对组织不均匀的材料，在计算时不考虑应力集中。组织均匀的低塑性材料应考虑应力集中。

（二）机械零件的疲劳强度

1.机械零件的疲劳强度

（1）疲劳断裂。绝大多数机械零件在变应力下工作，其失效形式是疲劳断裂。受变应力时的材料性能取决于零件横截面上真实的应力分布，材料结构或和金相上的切口会导致持续和剧烈的应力增加，使内部缺陷或外部应力分布不均，材料逐渐出现疲劳，材料的抗裂能力已经不能抵抗应力的峰值，材料出现裂纹，每过一个更高的载荷峰值，裂纹就扩展一点，直到最后剩余断面出现断裂。疲劳断裂与静应力下的断裂有本质上的不同。疲劳断裂时，机械零件所受的应力值远远低于材料的抗拉强度极限，甚至远低于材料的屈服极限，材料在疲劳断裂前没有明显的塑性变形，应力集中、机械零件的表面状态和尺寸大小对机械零件的极限应力有很大影响。

表面无宏观缺陷的金属材料，其疲劳过程可分为三个阶段：①在变应力作用下形成初始裂纹；②裂纹尖端在切应力作用下发生反复塑性变形，使裂纹扩展；③当裂纹达到临界尺寸后，发生瞬时断裂。疲劳断裂面由光滑的疲劳发展区和粗粒状的瞬断区组成。

（2）影响机械零件疲劳极限的主要因素。由于实际机械零件与标准试件之间在绝对尺寸、表面状态、应力集中、环境介质等方面往往有差异，因此，在这些因素的综合影响下，使零件的疲劳极限不同于材料的疲劳极限，其中尤以应力集中、零件尺寸和表面状态三项因素对机械零件的疲劳极限影响最大。

①应力集中的影响。在实际工程中，有的构件截面尺寸由于工作需要会发生急剧的变化，例如，构件上轴肩、槽、孔等，在这些地方将引起应力集中，使局部应力增高，显著降低构件的疲劳极限。对应力集中的敏感程度与零件的材料有关，一般材料强度越高、硬度越高，对应力集中就越敏感，如合金钢材料比普通碳素钢对应力集中更敏感（玻璃材料对应力集中更敏感），用有效应力集中系数考虑应力集中的影响。注意：若在同一截面处同时有几个应力集中源，则应采用其中最大的有效应力集中系数。

②零件尺寸的影响。在测定材料的疲劳极限时，一般用直径 $d=7\sim10\text{mm}$ 的小试件。随着试件横截面尺寸的增大，疲劳极限相应地降低。这是因为试件尺寸越大，材料包含的缺陷就越多，产生疲劳裂纹的可能性就越大，因而降低了疲劳极限。用尺寸系数考虑零件尺寸的影响。构件尺寸越大，尺寸系数就越小，即疲劳极限就越低。

③表面状态的影响。零件表面的加工质量对疲劳极限有很大的影响。如果零件表面粗糙、存在工具刻痕，就会引起应力集中，因而降低疲劳极限。若零件表面经

强化处理，其疲劳极限可得到提高。表面质量对疲劳极限的影响，常用表面质量系数来考虑。当零件表面质量低于磨光的试件时，表面质量系数 <1，若表面经强化处理后，表面质量系数 >1。强化方法指淬火、渗氮、渗碳等热处理和抛光、喷丸、滚压等冷作工艺。不同的表面加工质量，对高强度钢疲劳极限的影响都非常明显。所以对高强度零件要有较高的表面加工质量，这样才能充分发挥其高强度的作用。

除了上述三种影响因素，还有其他的因素影响疲劳极限。例如，受腐蚀的零件，其表面日渐粗糙，产生应力集中，从而降低零件的疲劳极限；高温也会降低零件的疲劳极限，对它们的具体影响此处不再详述，需要时可查阅相关手册。

2. 提高机械零件疲劳强度的措施

许多机械零件在工作状态承受变应力。在变应力作用下，即使作用在机械零件上的应力值低于屈服极限，也可能在应力循环一定周期后造成机械零件的疲劳断裂。

（1）减小应力集中。减小应力集中是提高承受较大变应力零件疲劳强度的有效措施。为了减小应力集中，要避免机械零件名义应力较大部位的外形尺寸突然变化。

（2）提高机械零件表面加工质量。过低的表面粗糙度，非常容易导致在机械零件表面形成裂纹，造成零件的疲劳破坏。因此，对于承受较大变应力的机械零件或对应力集中敏感的机械零件，要保证零件表面光滑，即表面粗糙度值不要过大。机械零件接触腐蚀性介质也会造成零件疲劳强度的下降，所以，对工作环境存在腐蚀性介质的重要机械零件，要进行适当的表面保护，避免机械零件接触腐蚀性介质。

（3）采用能提高疲劳强度的热处理和强化方法。对机械零件进行渗碳、渗氮，以及表面冷加工，如表面滚压、喷丸等，都可以提高机械零件表面强度和在表面产生有利的残余压应力，从而减缓表面裂纹的产生及扩展，提高机械零件的疲劳强度。

（三）机械零件的表面强度

一些依靠表面接触工作的零件，如齿轮、滚动轴承、摩擦联轴器和离合器等，它们的工作能力取决于接触表面的强度。根据接触状态和工作条件的不同，表面强度分为以下三种：

1. 表面挤压强度

通过局部配合面间的接触传递载荷的零件，在接触面上的压应力叫挤压应力。主要失效形式：塑性材料表现为表面塑性变形，脆性材料表现为表面破碎。

挤压应力与压缩应力不同，压缩应力分布在整个构件内部；而挤压应力则只分布于两构件相互接触的局部区域，在挤压面上的分布也比较复杂。在工程实际中采用实用计算方法来计算挤压应力。

2. 表面接触强度

高副零件工作时，理论上是点接触或线接触，实际上由于接触部分的局部弹性变形而形成面接触。由于接触面积很小，使表层产生的局部应力就很大。该应力称为接触应力。在表面接触应力作用下的零件强度称为接触强度。

在静接触应力作用下，脆性材料零件的失效形式是表面压碎，塑性材料零件的失效形式是表面塑性变形。在变应力作用下（一般为脉动循环），零件的失效形式是疲劳磨损（点蚀），如齿轮、滚动轴承的常见失效形式就是点蚀。

提高接触疲劳强度的措施：提高接触表面硬度，改善表面加工质量；增大曲率半径；改外接触为内接触，点接触为线接触；采用高黏度润滑油。

3. 表面磨损强度

在滑动摩擦下工作的零件，常因过度磨损而失效。影响磨损的因素很多且比较复杂，通常采用条件性计算。

（1）滑动速度低、载荷大时，可只限制工作表面的压强。

（2）滑动速度较高时，还要限制摩擦功耗，以免工作温度过高而使润滑失效。

（3）高速时还要限制滑动速度，以免由于速度过高而加速磨损，降低零件工作寿命。

七、机械零件的摩擦、磨损和润滑

任何机械工作时，摩擦发生在两物体相互接触有挤压作用并发生相对运动或有相对运动趋势之处，是伴随机械运动的一种普遍现象。摩擦的主要危害是造成零件所受载荷增大、机器效率下降，磨损、发热及产生噪声。有资料介绍，世界上 $1/3 \sim 1/2$ 的能源以各种形式消耗在摩擦上。磨损是构成摩擦副物体的接触表面材料在相对运动时产生不断丧失现象，它是机械零件失效的主要原因之一，据统计，80% 损坏零件由磨损造成，磨损一般不可避免。摩擦学是以研究相对运动、相互作用工程表面摩擦、磨损和润滑问题的一门边缘学科和技术。它研究固体之间、固体与液体或气体之间的界面相互作用。摩擦学研究的目的是指导机械及其系统的正确设计和使用，以节约能源和减少原材料消耗，提高机械产品的可靠性和寿命。国际公认现代的机械产品若不进行摩擦学设计，必然丧失市场竞争能力。

（一）摩擦的种类及其性质

1. 摩擦

摩擦是两相互接触的物体有相对运动或有相对运动趋势时接触处产生阻力的现象。相互摩擦的两物体称为摩擦副。因摩擦而产生的阻力称为摩擦力。一般用摩擦系数衡量摩擦力大小。常用库仑定律表达摩擦表面间滑动摩擦力、法向力和摩擦系数间的关系。摩擦通常对机器是有害的，但有时又是不可缺少的。人行走和汽车的行驶都要依靠摩擦力，带传动、摩擦离合器、制动器和摩擦焊等都是依靠摩擦来工作的。

2.摩擦的分类

为了便于分析问题，将摩擦分为不同的类型。

摩擦有多种分类方法，发生在物体内部的摩擦称为内摩擦，发生在两接触物体接触表面处的摩擦称为外摩擦。按构成摩擦副的两物体的相对运动形式，摩擦分为滚动摩擦和滑动摩擦。若构成摩擦副两物体的相对运动是滚动和滑动的叠加，就构成滑动滚动摩擦，属复合方式的摩擦。滚动摩擦系数一般较小。相互接触的两物体有相对运动趋势并处于静止临界状态时的摩擦称为静摩擦，相互接触两物体超过静止临界状态时的摩擦称为动摩擦。动摩擦力一般小于静摩擦力。按摩擦表面的润滑状态分类，摩擦分为干摩擦、边界摩擦、流体摩擦和混合摩擦。从润滑角度看，边界摩擦、流体摩擦、混合摩擦状态又可以称为边界润滑、流体润滑和混合润滑。

接触区域的摩擦和磨损性能主要决定于实际的摩擦状态。

（1）干摩擦。干摩擦的接触表面间不存在任何润滑物质。这种状态在工程当中几乎不可能出现，因为一般在表面上至少会有反应层（例外：真空环境中），表面上各种原因造成的污染膜，如氧化物，都可以认为是润滑物质。一般的干摩擦是指摩擦表面没有人为加入润滑剂的摩擦。

在摩擦过程中，摩擦表面发生许多复杂的机械、物理、化学过程，如表面间的相互作用和周围气体分子在表面上的吸附，以及表面的氧化、材料结构的变化等，使表面上的摩擦具有极其复杂的性质。在摩擦学里介绍了各种摩擦理论，总结了人们从不同角度对干摩擦机理的认识，有兴趣的读者可以参阅摩擦学方面的著作。

（2）边界摩擦。摩擦表面仅存在极薄的边界膜时的摩擦称为边界摩擦。边界膜是指润滑油与摩擦表面材料的吸附作用形成的物理吸附膜、化学吸附膜和发生化学反应形成反应膜。边界膜厚度一般小于 $0.1\mu m$。边界摩擦的摩擦系数较大，约为 $0.1 \sim 0.3$；由于边界膜的厚度远小于两表面粗糙度之和，少量磨损是不可避免的。边界摩擦的润滑效果与润滑剂黏度无关，取决于边界膜结构和边界膜与摩擦表面结合的强度。

由于润滑剂中的（或人为加入的）有机极性物质的存在，润滑油在摩擦表面形成吸附膜的能力称为油性。纯的矿物油一般不含极性物质，通常做油性添加剂的有高级脂肪酸、酯和醇及金属皂。动植物油的吸附能力也很好，但是稳定性差。温度升高到临界温度（物理吸附膜约为100℃，化学吸附膜通常为200℃左右）时，吸附膜

将破裂 (脱落)。含有硫、磷、氯等元素的化合物 (如氯化石蜡、硫化脂肪、磷酸酯)，它们能在高温高压的条件下与金属表面发生化学反应，生成硫化铁、氯化铁、磷酸铁等比铁的剪切强度低的化合物，即反应膜，其主要作用是防止重载、高速、高温下的胶合磨损。

（3）流体摩擦。摩擦表面被流体层 (液体或气体) 完全分隔开，摩擦发生在流体内部，这种摩擦称为流体摩擦，这个流体层称为流体润滑膜。流体摩擦的性质取决于流体的内部摩擦力，摩擦系数非常小，为 0.001 ~ 0.01。由于发生相对运动的物体上受有载荷，如外载荷、重力等，因此流体润滑膜必须具有足够的压力以承受载荷，把摩擦表面微微隔开。

（4）混合摩擦。摩擦表面同时存在干摩擦、边界摩擦和流体摩擦的摩擦状态称为混合摩擦。这是在机械中常出现的一种摩擦状态。

德国科学家 Stribeck 对滚动轴承和滑动轴承进行了试验，测出了滑动轴承在各种摩擦状态下的摩擦系数与流体黏度、相对滑动速度、单位面积上的载荷之间的关系。表示摩擦表面间摩擦系数与润滑油黏度、表面滑动速度和法向载荷之间函数关系的曲线被称为摩擦特性曲线，即 Stribeck 曲线。该曲线表明干摩擦、边界摩擦和流体动力摩擦这三种摩擦状态是随某些参数的改变而相互转化的。当其他工作条件不变时，改变相对滑动速度或润滑油黏度，摩擦系数会随之变化。

3. 影响摩擦的主要因素

如前所述，摩擦是两摩擦表面物体有相对运动或有相对运动趋势时接触处产生阻力的现象。机械设计师应该对影响摩擦的主要因素有一个比较全面的了解，以保证摩擦力在计划范围之内。影响摩擦力的主要因素有摩擦副所用材料、润滑状态、法向力、滑动速度、表面粗糙度、表面洁净度、工作温度、静止接触的持续时间等。

（1）摩擦副材料。工程中，摩擦副多处于混合摩擦状态，两相对运动物体不可避免存在直接接触，其摩擦系数与摩擦副所用材料有关。根据摩擦学理论，粘着作用产生的摩擦系数与结点的剪切强度相关，微凸体压入的啮合作用产生的摩擦系数与材料剪切强度和材料硬度等相关。摩擦副的摩擦系数与摩擦副材料是否容易粘着有关。一般来讲，相同材料 (成分、组织和结构相同) 的摩擦副容易粘着，摩擦系数较大。塑性材料的摩擦副比脆性材料的摩擦副易发生粘着。

（2）摩擦表面的润滑状态。在摩擦表面加入润滑剂，一般会使摩擦系数显著下降；摩擦副处于不同的润滑状态 (摩擦状态)，摩擦系数的大小不同。良好的润滑，对减少摩擦阻力、提高机器效率及减少摩擦发热、摩擦噪声和磨损非常重要。特别是在高速、重载条件下的设备，润滑状态更不容忽视。像摩擦型带传动等依靠摩擦力工作的场合不需要加润滑剂。

（3）表面膜的影响。在边界摩擦状态时，润滑油的动压效果和润滑油的流变性能对摩擦的影响极其微小，摩擦表面靠得很近，摩擦表面微突起之间有更多的接触，主要是边界膜在起润滑作用。选用油性好的润滑剂或在润滑油中加入含有硫、磷、氯等元素的添加剂，可以形成有效的边界膜。边界膜的润滑作用在某些难以保证油楔存在的场合，如螺纹副、启动停车频繁、摆动等，是十分重要的。

（4）零件的表面粗糙度。任何固体表面，即使经过最仔细的加工，也会存在无数个任意分散的凹凸不平点，不可能是绝对平整光滑的，实际几何形状和理想几何形状总有差别。零件表面的真实几何形状是由表面形状偏差、表面波纹度和表面粗糙度三部分组成的。

表面上微凸体的相互作用是摩擦和磨损分析与计算的出发点和依据。

在表面粗糙度很小的情况下，由于表面间存在很大的分子力作用，造成较大的摩擦力；随着表面粗糙度的增大，实际接触面积减小，分子力作用减弱，摩擦系数下降；当表面粗糙度继续增大时，微凸体的作用增大而使摩擦力增大。

（二）磨损

1. 磨损及其分类

（1）磨损。磨损是相互接触的物体表面材料在相对运动中发生的不断损耗现象，是影响机械寿命的主要因素。磨损过程相当复杂，人们对磨损机理的认识还有待深入。磨损不但是机械零件的一种失效形式，还是造成其他后来失效的原因。磨损碎屑在摩擦表面间成为磨料，造成磨料磨损、润滑油的污染和油路的堵塞。磨损还引起零件配合间隙加大，导致机械振动、冲击的增加，使机械性能下降、零件所受载荷增大，加剧磨损，严重时使机械丧失工作能力或破坏。在一般情况下，机器设备中的磨损是不可避免的。只要在规定寿命期限内磨损量不超过许用值，磨损便属于正常磨损。磨损量可以用重量或尺寸等来衡量。一般称单位时间或单位行程内的磨损量为磨损率。

（2）磨损不都是有害的，如磨合、磨削、抛光等是受控的磨损过程。目前，被普遍接受的磨损分类方法是根据不同的磨损机理来分类的。

①磨粒磨损。来源于外界的硬颗粒或摩擦表面上的硬突起在摩擦表面相对运动时引起的表面材料损耗现象，称为磨粒磨损。磨粒磨损的机理主要是磨粒的犁沟作用，一般将造成摩擦表面沿滑动方向的刻痕。磨粒磨损是最普遍的磨损形式，如机床导轨由于切屑引起的磨损。磨粒磨损造成的损失约占整个磨损损失的50%。材料相对磨粒的硬度和载荷的大小是影响磨粒磨损的重要因素。

②粘着磨损。摩擦表面的实际接触面积只占摩擦表面面积的极小部分，接触峰

点压力极高。一般认为在一定压力和温度条件下，摩擦表面的实际接触峰点将发生粘着。在摩擦表面连续的相对滑动过程中，接触峰点发生粘着，粘着点被破坏，又发生新的粘着，同时伴随着表面材料的转移，这种过程称为粘着磨损。严重的粘着磨损会导致摩擦副咬死，不能进行相对运动。粘着磨损又称为胶合磨损。

③表面疲劳磨损。对于齿轮传动、滚动轴承等零部件，工作时，摩擦表面发生相对滚动或滚动兼有滑动，其接触区域表面材料受到循环变化的接触应力作用，经过一定的应力循环次数，零件表面材料发生疲劳剥落形成微小凹坑，称此现象为表面疲劳磨损。应避免零件因表面疲劳凹坑的恶性发展而失效。

④腐蚀磨损。在摩擦过程中，金属与周围介质发生化学或电化学反应，由于摩擦表面的机械作用使化学或电化学生成物质脱离表面，这种现象称为腐蚀磨损。腐蚀磨损与腐蚀有关系，但存在明显不同。

机械设备零件表面的实际磨损，通常是几种磨损形式并存的。还要注意，一种磨损的发生会诱发其他形式的磨损，例如，疲劳磨损的磨屑将可能导致磨粒磨损。在某些情况下，机械零件上还发生微动磨损、气蚀磨损。

2. 提高机械零件耐磨性的主要措施

（1）保证良好的润滑条件。毫无疑问，良好的润滑条件是减小磨损的重要途径。根据摩擦的分类，我们知道，摩擦副处于液体润滑状态时，摩擦系数最小、磨损也很小。实现液体润滑的关键是在摩擦表面间有润滑油膜，其压力要足够大，以承受载荷，保证摩擦表面被润滑膜隔开。由于实现液体润滑需要一定的条件或专门的装置（油泵等），并不是所有场合都适于通过设计保证液体润滑。例如，螺旋副、载荷过大、启动停车过于频繁和速度过低，以及在载荷和速度很低、磨损程度极小时，一般不适于设计为液体润滑。此时，我们要保证摩擦副不能出现干摩擦，即保证要有可靠的边界油膜，防止和减轻磨损。应该指出，在较高温度条件下，吸附膜的作用不大，主要是反应膜在起作用；在润滑油中的添加剂对提高吸附膜的强度和形成反应膜十分重要。

（2）选择适当的表面粗糙度。据研究报告，对于不同的磨损工况，表面粗糙度具有一个最优值，此时磨损量最小。磨损工况指摩擦副的载荷、滑动速度的大小、环境温度和润滑状况等。

（3）选择适当的材料和表面硬度。由于磨损是机械零件的主要失效形式，所以要把耐磨性作为选材的重要依据。并不是材料的硬度越高耐磨性越好，从耐磨性选材，要综合考虑材料的硬度、韧性、互溶性、耐热性、耐腐蚀性等，还要考虑摩擦副材料的匹配。一般面接触的摩擦副用软硬材料搭配，点线接触的摩擦副用硬配硬的组合。对于磨粒磨损和接触疲劳磨损，一般提高硬度可以提高摩擦副的耐磨性；

对于粘着磨损，应选择固态互溶性低的材料匹配以避免发生粘着。相同材料间容易粘着，如灰铸铁和灰铸铁；对于腐蚀磨损，要选择耐腐蚀的材料，材料表面形成的氧化膜与基体结合牢固、氧化膜韧性好、氧化膜组织致密时，耐腐蚀磨损的能力强，例如，含 Ni 和 Cr 的材料。

(三) 流体动力润滑原理

在流体摩擦状态时，流体摩擦表面间的润滑膜必须具有足够的压力，以承受载荷，把摩擦表面微微隔开。依靠两摩擦表面相对速度形成压力润滑膜实现流体摩擦状态称为流体动力润滑。

下面简单介绍流体动力润滑的原理。

两相对运动的摩擦表面 (设一个摩擦面固定) 间由大到小变化的间隙 (常称为油楔) 中充满具有一定黏度的润滑油，且以足够大的速度 v 沿间隙由大到小的方向相对运动，贴近运动摩擦面的润滑油的速度 $u=v$，流体被泵进油楔中，液体是不可压缩的，最终在油楔中形成压力润滑膜，以平衡作用在轴承上的外载荷。雷诺方程是流体动力润滑的理论基础。

在流体动力润滑中，通常认为摩擦表面是刚性的，并且忽略压力对黏度的影响。这对于低副是比较符合实际情况的。对于像齿轮副、凸轮副这样的高副接触，接触区域最大压强可达 1000MPa 或以上，摩擦表面的变形和压力对黏度的影响都是不能忽略的。考虑了摩擦表面的弹性变形和压力对黏度的影响因素的流体动力润滑称为弹性流体动力润滑。依靠外界供油装置 (油泵) 将具有一定压力的流体输送到摩擦表面间以形成压力润滑膜的润滑称为流体静力润滑，流体静力润滑不依赖摩擦表面的相对速度就能形成压力润滑膜。

(四) 润滑和润滑剂

1. 润滑和润滑剂

润滑是在摩擦表面间人为加入润滑剂，以降低摩擦，避免或减轻磨损，润滑还可以起到防锈、减振和散热等作用。

润滑剂可以分为液体、气体、半固体 (脂) 和固体四大类。

(1) 液体润滑剂。动植物油、矿物油、化学合成油都是液体润滑剂。动植物油由于含有较多的硬脂酸，吸附能力很好，但是稳定性差。矿物油的价格低廉、适用范围广、稳定性好，应用最多。化学合成油是通过化学合成的手段制成的润滑油，它能满足矿物油所不能满足的一些特殊要求，如高温、低温、重载和高速等，一般应用于特殊场合，价格较高。

润滑油的性能指标主要有黏度、油性、极压性、闪点、凝点等。

①黏度。黏度标志着流体内摩擦阻力的大小，黏度大则表示流体抵抗剪切变形的能力大。

润滑油黏度选择的基本原则是：载荷越大，黏度应越大；相对速度越高，黏度应越小。

②油性。油性指润滑油中的极性分子与金属表面吸附形成边界油膜、减小摩擦和磨损的能力。动、植物油的油性一般好于矿物油。在低速、重载的情况下，一般都是边界润滑，油性就有特别重要的意义。

③凝点。凝点是指润滑油在规定条件下，被冷却的试样油面不再移动时的最高温度，以℃表示，是用来衡量润滑油低温流动性的常规指标，现在国际通用倾点。倾点是指油品在规定的试验条件下，被冷却的试样能够流动的最低温度。同一油品的倾点比凝点略高几度。

④闪点和燃点。蒸发的油气，一遇火焰即能闪光时的最低温度，称为油的闪点。闪光时间长达 5s 时的油温称为燃点。闪点是表示油蒸发倾向和安全性质的指标，高温工作时应选闪点较高的润滑油。

⑤极压性。润滑油的极压性是指加入含硫、磷、氯的有机极性化合物（极压添加剂）后，在金属表面生成抗腐、耐高压化学反应边界膜的性能。良好的极压性可保证在重载、高速、高温条件下形成可靠的反应油膜，减小摩擦和磨损。

⑥氧化稳定性。氧化稳定性指防止高温下润滑油氧化生成酸性物质从而影响润滑油的性能并腐蚀金属的性能。

润滑油添加剂是一些化学物质，将其以相对少量加入润滑油基础油中，以改善润滑油的某些性质和使用性能，甚至赋予润滑油基础油原来并不具备的性质。润滑油添加剂的作用主要在三个方面：a.减小金属零件的摩擦、腐蚀和磨损；b.抑制发动机运转时部件内部油泥等的形成；c.改善基础油的物理性质。润滑油添加剂主要有金属清净剂、抗氧化剂、黏度指数改进剂、降凝剂、极压添加剂、油性添加剂等。添加剂可以单独加入油中，也可将所需各种添加剂复合使用。润滑油添加剂的使用，不仅满足了各种新型机械和发动机的要求，而且延长了润滑油的使用寿命，使润滑油的需求量在石油产品中的比重减少。

（2）润滑脂。润滑脂是通过润滑油加入稠化剂在高温下混合而成的，俗称黄油。润滑脂中，润滑油是主要构成成分。稠化剂的作用是减少润滑油的流动性，以便于润滑或在难以储存润滑油的地方长期保持润滑剂。润滑脂还有良好的密封性、耐压性和缓冲性等优点。类似在润滑油中加入添加剂，在润滑脂中也可以加入添加剂，如石墨、二硫化钼（提高抗磨耐压作用）。

润滑脂常按其中所用的稠化剂种类划分，如钙基润滑脂、钠基润滑脂和锂基润滑脂等。钙基润滑脂耐水不耐高温，钠基润滑脂耐高温不耐水，锂基润滑脂既耐水又耐高温，用途广泛。给滚动轴承润滑，使用润滑脂较多。

润滑脂的主要性能指标有：

①针入度。针入度是反映润滑脂软硬程度的指标。硬的润滑脂耐高压，但运动阻力大，流动性差。选择润滑脂首先注意稠化剂种类，其次就是根据针入度来选择。针入度不等于黏度，润滑脂的黏度主要取决于基础润滑油。

②滴点。在规定条件下加热，润滑脂在特制的杯中滴下第一滴润滑脂时的温度称为润滑脂的滴点，它反映润滑脂的耐高温性能，润滑脂的工作温度应低于滴点20℃～30℃。钙基润滑脂的滴点约75℃～95℃，钠基润滑脂则130℃～200℃。

润滑脂的资料可以查阅有关手册或生产厂家有关资料。

（3）固体润滑剂。固体润滑是指利用固体粉末、薄膜或整体材料来减少摩擦表面的摩擦与磨损。固体润滑应用于高温、高负荷、超低温、超高真空等许多特殊、严酷工况条件下，如航天、航空、原子能工业和桥梁支承部等。固体润滑剂作为极压、抗磨添加剂配制的润滑油、脂或膏，已成为标准商品出售。可以使用一定特性的材料直接制成零部件来使用，如石墨电刷、宝石轴承等。

固体润滑剂有石墨、聚四氟乙烯、材料为 Au 等及其合金的金属薄膜等。

2. 润滑方法及装置

保证机械设备或装置运转时润滑油或润滑脂供应是十分重要的。润滑油的供油方式与零件在工作时所处的润滑状态有着密切的关系。

（1）油润滑。对于轻载、低速、不连续运转等需油量不大的机械，一般采用定期加油、滴油润滑。对速度较高、载荷较大的机械，一般要采用油浴、油环、飞溅润滑或压力供油润滑。高速、轻载机械零件如滚动轴承，采用喷雾润滑。高速重载的重要零件，要采用压力供油润滑。典型零件的润滑可以参考相应章节或有关资料选择。

①人工加油润滑。人工加油润滑的最简单方法是，用油壶、油枪直接向通向需要润滑零件的油孔中注油。也可以在油孔处装设油环，油杯的作用是贮油和防止外界灰尘等进入。

②滴油润滑和油绳润滑。滴油润滑：如针阀式油杯，这种注油杯的滴油量受针阀的控制，油杯中油位的高低可直接影响通过针阀间隙的滴油量，停车时可以扳倒手柄以关闭针阀，停止供油。油绳润滑：主要使用油绳，应用虹吸管和毛细管作用吸油。所使用油的黏度应较低，油绳有一定过滤作用，毛绳不能和所润滑的表面接触。

针阀式油杯和油绳油杯都可以做到连续滴油润滑。

③油环、油链润滑。在轴上挂一油环，环的下部浸在油池内，利用轴转动时的摩擦力，把油环也带着旋转，将浸在油池中的润滑油带到轴颈上润滑摩擦表面。轴应无冲击振动，转速不易过高。油环或油链润滑只能用于水平安装的轴。

④浸油润滑和飞溅润滑。浸油润滑和飞溅润滑主要用于闭式齿轮箱、链条和内燃机等。

浸油润滑是将需要润滑的零件如齿轮、凸轮、滚动轴承等一部分直接浸入专门设计的油池中，零件转动时将润滑油带到润滑部位。

飞溅润滑是具有一定转速、部分浸在油池中的旋转零件（如齿轮等）将润滑油飞溅起油星以润滑轴承等零件。旋转零件的线速度不高于12.5m/s。

⑤油雾润滑。油雾润滑是以压缩空气为动力，使润滑油雾化，经管道输送到润滑部位，压缩空气和少量的油雾粒子经密封间隙或排气孔排到大气中。油雾润滑适用于齿轮、蜗轮、链和滚动轴承的润滑，如冶金设备中大型、高速、重载的滚动轴承的润滑。油雾润滑的主要优点是：润滑效果均匀，流动的压缩空气有良好的散热作用。油雾润滑需要专门的油雾润滑装置产生并把油雾输送到润滑部位。

⑥压力供油润滑。压力供油润滑是指用油泵和管道将润滑油输送到润滑部位。压力供油润滑的主要优点是：供油量充分，流动的润滑油可以带走摩擦热，还可以把摩擦表面的金属颗粒冲走并过滤掉。压力供油润滑系统可设计成向多点定量供油的集中供油润滑系统。压力供油润滑装置比较复杂，必须保证其可靠工作，否则可能造成严重后果。

（2）脂润滑。润滑脂可以间歇润滑，也可以连续润滑。比较常见的是用旋盖式油杯。当旋转杯盖时，油杯内的润滑脂被挤入润滑部位，属间歇润滑，也可用黄油枪加脂。

第四节　机械零件的材料及其选用

一、机械零件的常用材料

机械零件常用材料有钢铁材料、有色金属材料、非金属材料和复合材料，其中钢铁材料用得最多。

（一）钢铁材料

常用钢铁材料有碳素结构钢、优质碳素结构钢、合金结构钢、弹簧钢、不锈钢、铸钢、合金铸钢、灰铸铁、球墨铸铁等。

1. 碳钢与合金钢

这是机械制造中广泛应用的材料。其中碳钢产量大、价格低，常被优先采用。对于受力不大，而且基本上承受静载荷的一般零件，均可采用碳素结构钢；当零件受力较大，而且受变应力或冲击载荷时，可选用合金结构钢。优质碳素钢和合金结构钢均可通过热处理的方法来改善其力学性能，可以更好满足各种零件对不同力学性能的要求。

常用的热处理方法有退火、正火、淬火、回火、调质、渗碳、渗氮、碳氮共渗等。另外还可通过强化处理提高材料强度。

2. 铸钢

铸造性比铸铁差，但比锻钢和轧制钢好，用于铸造重载零件和形状复杂的零件。铸钢的力学性能大体相近，与灰铸铁相比，其具有高的强度、韧性和塑性，可用热处理方法改善其力学性能和可加工性。铸钢有碳素铸钢、低合金铸钢、中合金铸钢、高合金铸钢。其零件毛坯获取方法有锻压、焊接、铸造等。

3. 灰铸铁

有良好的可加工性和减振性，常用作机座和机架；有良好的液态流动性，可铸造成形状复杂的零件；有较好的耐磨性、成本低廉。但灰铸铁脆性大，不宜承受冲击载荷。

4. 球墨铸铁

强度高、耐磨性、减振性好、抗冲击，因此广泛用于制造抗冲击载荷的零件。

5. 可锻铸铁

可锻铸铁由一定成分的白口铸铁经过退火而得，强度和塑性比较高。当零件尺寸小且结构复杂时不能用铸钢或锻钢制造，而灰铸铁又不能满足零件高强度和高伸长率的要求时，可采用可锻铸铁。

（二）有色金属材料

有色金属的减摩性、耐蚀性、耐热性、电磁性等较好。在一般机械制造中，除铝合金常用于制造承载零件外，其他有色金属主要用作耐磨材料、减摩材料、耐蚀材料和装饰材料等。

1. 铝合金

重量轻、导热导电性较好、塑性好、抗氧化性好。铝合金不耐磨，可用镀铬的方法提高其耐磨性。铝合金不产生电火花，故用作存储易燃易爆物料。高强度铝合金强度可与碳素钢相近，可制作承载零件，在飞机、汽车及其他行走机械上有广泛应用。

2. 铜合金

铜具有良好的导电性、导热性、低温力学性、耐磨、耐蚀和自润滑性。常用的铜合金有黄铜、青铜等。

3. 钛合金

钛及钛合金的密度小、高低温性能好，并具有良好的耐蚀性，在航空、船舶、化工等方面得到广泛应用。有色金属及其合金还有镁及镁合金、镍及镍合金、钨及钨合金等。

(三) 非金属材料

1. 橡胶

橡胶富有弹性，能吸收较多的冲击能量。常用作联轴器或减振器的弹性元件、带传动的胶带等。硬橡胶可用于制造用水润滑的轴承衬。其弹性、绝缘性好，常用作弹性元件和密封元件、减振元件。

2. 塑料

塑料的密度小，易于制成形状复杂的零件，而且各种不同塑料具有不同的耐蚀性、绝热性、绝缘性、减摩性等，所以在机械制造中应用日益广泛。质量轻、易加工成型、减摩性好、强度低，可作为普通机械零件。

3. 陶瓷

绝热性好、硬度高。

其他非金属材料还有皮革、木材、纸板、棉、丝等。

(四) 复合材料

复合材料是由两种或两种以上性质不同的金属材料或非金属材料组合而成的新型材料。

复合材料有纤维复合材料、层叠复合材料、颗粒复合材料、骨架复合材料等。在机械工业中，用得最多的是纤维复合材料。这种材料主要用于制造薄壁压力容器。目前比较普遍地用于各种容器和汽车外壳的制造。

二、机械零件材料的选择原则

合理选择材料是机械零件设计的一项重要工作。设计者在选择材料时必须首先保证零件的使用性能要求，然后考虑工艺性要求和经济性要求。

(一) 材料的使用性能

使用性能是保证零件完成规定功能的必要条件，是选材首先考虑的问题。使用性能主要指零件在使用状态下应具有的力学性能、物理性能和化学性能。力学性能要求是在分析零件工作条件和失效形式的基础上提出的。例如轴类零件，应具有优良的力学性能，即要求有高的强度、韧性、疲劳极限和良好的耐磨性。除此之外，根据零件工作环境等其他要求，对材料可能还有密度、导热性、耐蚀性等物理、化学性能方面的要求。

(二) 材料的工艺性

零件在制造过程中，需要经过一系列的加工过程。因此，材料加工成零件的难易程度，将直接影响零件的质量、生产效率和成本。在选材时必须考虑加工工艺的影响。铸件应选用共晶或接近共晶成分的合金，以保证材料的液态流动性；锻件、冲压件应选择呈固溶体组织的合金，以保证材料具有良好的塑性和较低的变形抗力；焊件应考虑材料的焊接性和产生裂纹的倾向性等；对于切削加工的零件要考虑材料的可加工性等；对进行热处理的零件要考虑材料的可淬性、淬透性及淬火变形的倾向等。

(三) 材料的经济性

经济性要求材料的经济性不仅指材料本身的价格，还包括加工制造费用、使用维护费用等。提高材料经济性可从以下几方面加以考虑：

(1) 材料本身的价格。在满足使用要求和工艺要求的条件下，应尽可能选择价格低廉的材料，特别是对生产批量大的零件，更为重要。

(2) 材料的加工费用。如制造某些箱体类零件，虽然铸铁比钢板廉价，但在批量小时，选用钢板焊接反而更有利，因其可以省掉铸模的生产费用。

(3) 采用热处理或表面强化 (如喷丸、碾压等)、表面喷镀等工艺，充分发挥和利用材料潜在的力学性能，减少和延缓腐蚀或磨损的速度，延长零件的使用寿命。

(4) 改进工艺方法，提高材料利用率，降低制造费用。如采用无切削、少切削工艺 (如冷墩、碾压、精铸、模锻、冷拉工艺等)，可减少材料的浪费，减少加工工时，还可使零件内部金属流线连续、强度提高。

（5）节约稀有材料。如采用我国资源较丰富的锰硼系合金钢代替资源较少的铬镍系合金钢，采用铝青铜代替锡青铜等。

（6）采用组合式结构，节约价格较高的材料。如组合式结构的蜗轮齿圈用减摩性较好但价贵的锡青铜，轮芯采用价廉的铸铁。

（7）材料的供应情况。应选本地现有且便于供应的材料，以降低采购、运输、储贮存的费用。此外，应尽可能减少材料的品种和规格，以简化供应和管理。

第五节　机械设计中的标准化、系列化和通用化

在不同类型、不同规格的各种机器中，有相当多的零部件是相同的，将这些零部件加以标准化，并按尺寸不同加以系列化，则设计者无须重复设计，可直接从有关手册的标准中选用。通用化是指系列化之内或跨系列的产品之间尽量采用同一结构和尺寸的零部件，以减少企业内部的零部件种数，从而简化生产管理和得到较高的经济效益。

标准化、系列化、通用化通称"三化"，是长期生产和科研成果的可靠的技术总结。

"三化"程度的高低通常是评定产品的指标之一。

标准化是指在经济、技术、科学和管理等社会实践中，对重复性的事物和概念，通过制定、发布和实施标准达到统一，以获得最佳秩序和社会效益。公司标准化是以获得公司的最佳生产经营秩序和经济效益为目标，对公司生产经营活动范围内的重复性事物和概念，以制定和实施公司标准，以及贯彻实施相关的国家、行业、地方标准等为主要内容的过程。标准化的重要意义是改进产品、过程和服务的适用性，防止贸易壁垒，促进技术合作。

标准化的基本原理通常是指统一原理、简化原理、协调原理和最优化原理。

通用化是指在互相独立的系统中，选择和确定具有功能互换性或尺寸互换性的子系统或功能单元的标准化形式。通用化是以互换性为前提的。

我国现行标准分为国家标准、行业标准和地方标准等，如国家强制性标准用GB 表示，推荐性标准用 GB/T 表示，机械行业标准用 JB、JB/T 表示等。国家标准将逐步与国际标准接轨。国际标准是由不隶属于某一个国家的国际组织建立的标准。例如 ISO 标准（国际标准化组织 International Organization for Standardization）、IEC标准（国际电工委员会 International Electro Technical Commission）、IEEE 标准（美国

电气和电子工程师协会 Institute of Electrical and Electronics Engineers）、GRC 欧洲标准（简称 GRC 欧标）。

第六节 现代机械设计方法

现代机械设计方法是相对于传统设计方法而言的。由于现代设计方法尚处于不断发展之中，因此尚无明确的定义域界，但其一般性发展规律却是有据可循的。从整体上来说，现代设计方法是一个综合运用现代应用数学、应用力学、电子信息科技等方面的最新的研究成果与技术手段来辅助完成设计，使设计更加趋近精确、可靠、高效、节能。在机械设计中，应用较广的几种现代设计方法如下：

一、模块化设计

相比于传统的串行设计，模块化设计可以实现并行设计，使得设计周期可以大大缩短。同时，模块化设计也方便产品的功能更新，提升产品功能的多样性。同时，依据一个好的设计平台，模块化设计可以增强不同功能的机器间的零件的通用化，进而大幅度降低产品成本，提高产品质量。

二、机械可靠性设计

（一）机械可靠性的定义

所谓可靠性，是指"产品在规定时间内，规定的使用条件下，完成规定功能的能力或性质"。可靠性的概率度量称为可靠度。

（二）机械可靠性的特点

1. 机械产品可靠性预计困难

对机械产品而言，其失效机理是十分复杂多变的，再加上准确完整数据的缺乏，就难以预计机械零件的可靠性。除此之外，机械产品可靠性模型难以建立，就导致了许多依赖于系统可靠性模型的预计方法也很难在机械产品可靠性预计中应用。

2. 机械产品的故障模式具有多样性和复杂性

机械产品的材料、荷载性质与大小、具体结构等都与机械产品的故障模式密切相关，并且各故障模式间还存在一些相关性。对于同一功能要求的实现，采用的结构形式不同会导致机械产品零件应力状态的改变。失去规定的功能可以有多种表现形式，如失调、老化、松脱、渗漏、损坏、堵塞以及它们的组合等。一个零件的故障模式可能有很多种情况，即使是同一种故障模式，也可能会在不同的部位出现，这就会使故障模式分析更难、更复杂。

3. 机械零件通用化、标准化程度低

机械产品中除轴承、密封件、阀、泵等少数零件已实现通用化、标准化外，大多数零件仍是非标准件。大部分零件功能、结构各异导致其只能将螺纹直径、齿轮模数、液压缸直径等特征参数标准化。设计人员在系统设计的同时还要对零件进行设计，并且零件的设计要根据具体结构要求、几何尺寸、荷载性质进行。缺乏材料强度和载荷分布的数据是机械可靠性设计的一大难点，难以提供如同电子元器件那样工程上实用的机械零件故障率手册。

4. 机械零件的故障既有偶然性故障，又有耗损性故障

耗损性故障的故障机理大部分与耗损过程（如疲劳、磨损、老化、腐蚀等）有十分密切的关系，是渐变性的。故障率是时间的函数，判断渐变性失效要通过极限状态准则（耐久性准则），这不同于电子元器件以偶然性故障为主的特点，用故障率为常数的数学模型描述也受到了限制。因此，主要的还是机械产品的寿命问题，耐久性的引入也是十分必要的。

（三）机械可靠性设计原则

1. 传统设计与可靠性设计相结合

传统的安全系数法直观、简单、容易掌握、设计工作量小，在多数情况下，能保证机械零件的可靠性，因此，不应完全摒弃安全系数法。现阶段比较实际的做法是先对零件的材料、结构、尺寸等按传统方法加以确定，然后再根据相应的模型进行相关的可靠性定量计算。如果达不到规定的可靠性要求，就需要对结构、尺寸等进行修改或更换材料，再进行可靠性校核，直到达到规定要求为止。

2. 定性设计与定量设计相结合

定量设计无法解决所有的可靠性问题。将可靠性定性设计用于难以进行定量计算的零件是更为合理和有效的。因此，在进行可靠性设计时，要将定量设计和定性设计有机地结合到一起。在进行机械产品可靠性设计时，可先通过 FMECA、FTA 等分析将关键件和重要件找出来，对产品及零件的重要故障模式及失效机理加以确定，然后再根据故障模式及机理的不同对零件采取相应的定量或定性设计。工程实践表明，零件的细部结构设计，加工工艺、制造过程稳定性以及装配质量对机械产品的可靠性往往有至关重要的影响，这些影响在很大程度上是定性的且不能忽视的。

3. 机械可靠性设计既要进行可靠性设计，又要进行耐久性设计

机械产品的可靠性包括可靠性和耐久性，因此机械可靠性设计要进行可靠性设计和耐久性设计。可靠性设计和耐久性设计具有不同的故障机理，两者针对的分别是偶然性故障和渐变性故障。

三、优化设计

(一) 优化设计概述

优化设计是机械设计中的一种重要方法，机械优化设计就是使各种机械设计问题 (如方案选择、参数匹配、机械设计、结构设计、系统设计等) 利用电子计算机，按照优化准则，经过反复计算得到最佳设计的一种方法。

目前，优化设计已在机械、电子、冶金、建筑、化学、航天等领域得到广泛应用，并取得了显著的经济效益。例如，对大型一级圆柱齿轮减速器进行优化设计，可以减轻重量12%。对行星减速器进行优化设计，其体积可缩小13%。

优化设计的基本思想：优选一组设计变量，找到一个比较好的设计方案，在满足给定的约束条件下，达到目标函数的最优值。

1. 机械优化设计基本思路

在保证基本机械性能的基础上，借助计算机，通过应用一些精度较高的力学 / 数学的规划方法进行分析计算，让某项机械设计在规定的设计限制条件下，对设计参数进行优选，使某项或几项设计指标获得最优值。

机械优化设计的过程：

(1) 对设计变量进行分析，提出相应目标函数，确定约束条件，建立起优化设计的数学模型。

(2) 选出合适的优化方法，编写优化程序。

(3) 将必需的初始数据准备好，并进行上机计算，然后再对计算机求得的结果进行必要的分析。

近些年来，数学规划理论不断地向前发展，工作站的计算能力也不断地被挖掘出来，机械优化设计方法和手段也因此都有很大的突破。同时，越来越开阔的优化设计思路，以及一些设计理论 (仿生学理论、基因遗传学理论和人工智能优化等) 的引入均对优化设计方法的更新与完善产生了促进作用。

2. 设计中值得重视的几个问题

在优化设计工作中，应当注意以下问题：

(1) 设计变量的选择。在对设计要求进行充分了解的基础上，根据各设计参数

对目标函数的影响程度对其主次进行分析，尽可能地将设计变量的数目减少，以此简化优化设计问题，各设计变量要相互独立，避免发生耦合情况，否则就会导致目标函数出现"山脊"或"沟谷"，影响优化。

（2）目标函数与约束的确定。一般机械可按体积最小或重量最轻建立目标函数；对应力集中现象突出的构件，目标是应力集中系数最小；精密仪器建立目标函数应按其精度最高或误差最小的要求。约束条件是根据工程设计本身提出的限制设计变量取值范围的条件。目前，对于约束的必要性仍没有一套完整的评价方法，一般都是凭经验对一些约束进行取舍，难免会出现模型与现实系统不相吻合的现象。

（3）数学模型的确立。越是精确的数学模型，就会有越多的设计变量，越大的维数，越复杂的建模，优化进程也就相应地越慢；但数学模型会将过多元素忽略，则很难将结构的特殊之处确切突显出来。因此，要将工程实际与优化设计经验很好地结合到一起，把握和研究目标相关程度大的因素，尽量将简洁、确切的数学模型建立起来。然后通过基于统计理论的检验方法，对模型的置信区间进行分析，并评价模型有效性，以提高模型准确度。

（4）数学模型的尺度变换。由于各设计变量、各目标函数以及各约束函数具有不同的表达意义，可能会导致其各自在数量级上有很大的差异，进而也就造成了它们在给定搜索方向上的灵敏度有很大的差距。灵敏度的大小代表着搜索变化的快慢，灵敏度大的搜索变化快。为了将这种差别消除，可将其重新标度，使其成为无量纲或规格化的设计变量，即变换目标函数尺度、设计变量尺度和约束函数的规格化，以此提高优化进程和结果进度，并使收敛速度加快。

（5）优化程序中易忽略的问题。注意检验变量是否处于函数定义域内，防止无效变量生成而造成优化计算的失败；注意处理函数表达式中分母非常小或者分母等于0的情况，避免数值溢出；用函数值的数值差分对梯度进行计算，尽可能地避免函数与导数值间的不一致。

3. 优化设计的发展

历史上关于最优化问题的记载最早可以追溯到古希腊的欧几里得。欧几里得认为正方形是周长相同的一切矩形中面积最大的。17—18世纪建立的微积分为求得函数极值提供了一些准则，对最优化的研究也因此有了一些理论基础，但是最优化技术在之后的两个世纪发展很慢，主要考虑的是有约束条件的最优化问题，并发展了变分法。

最优化设计是结构设计领域引入电子计算机后逐渐形成的一种有效的设计方法。该方法可大幅度缩短设计周期，明显提高设计精度，还能解决传统设计方法解决不了的较复杂的最优化设计问题。最优化方法及其理论随着大型电子计算机的出现而蓬勃发展，并成为应用数学中的重要分支，应用于众多科学技术领域。

随着社会的发展，最优化设计方法陆续在建筑结构、化工、冶金、铁路、航天航空、造船、机床、汽车、自动控制系统、电力系统以及电机、电器等工程设计领域的应用中获得了很好的效果。其中，在机械设计方面的应用还未达到非常成熟的程度，但其效果也较好。通常来讲，工程设计问题涉及的因素越多，问题越复杂，最优化设计结果越能取得更大的效益。

4. 优化设计与传统设计的比较

使设计的产品既具有优良的技术性能指标，又可以使生产的工艺性使用的可靠性与安全性要求得到满足，且消耗和成本最低等，即机械产品设计工作的任务。通常情况下，设计机械产品的工作过程为需求分析、市场调查、方案设计、结构设计、分析计算、工程绘图和编制技术文件等。

一般情况下，传统设计方法是在调查分析的基础上，以同类产品为参照，用估算、经验类比或试验等方法将初步设计方案确定下来，然后分析计算产品设计参数的稳定性、强度、刚度等性能。对各项性能进行检查，如果某性能不能满足设计要求，则根据经验或直观判断修改设计参数。相关实践表明，通过传统方法获得的设计方案，可能仍需较大的提高与改进。同时，"选优"思想也存在于传统设计中，设计人员可以按照一定的设计指标从有限的几种设计方案中选出比较好的。由于传统设计方案受限于计算方法和手段等条件，导致设计者只能依靠经验，进行类比、推断和直观判断，这样很难得到最优设计方案。

优化设计理论的研究和应用实践导致了传统设计方法的根本变革，使经验、感性和以类比为主的传统设计方法向科学、理性和立足于计算分析的现代设计方法过渡。机械产品设计越来越集成化、自动化、智能化。

(二) 机械优化设计与产品开发

产品生产是企业的中心任务，而产品的竞争力影响着企业的生存与发展。产品的竞争力主要在于它的性能和质量，也取决于经济性，而这些因素都与设计密切相关。生产的日益增长要求机器越来越高效、高速、低消耗，并且商品竞争要求设计周期越来越短。因此，产品设计只考虑产品本身是不够的，还需要考虑产品对系统与环境的影响；考虑技术领域的同时，也要考虑社会、经济效益；考虑当前的同时，也要考虑长远发展。在这种情况下，传统的设计方法与发展的需要越来越不匹配。

人们对客观世界的认识随着科学技术的发展越来越深入。设计工作所需的理论基础和手段都大有进步，导致产品设计变化很大，尤其是电子计算机的发展及应用致使设计工作出现革命性突变，这就使设计工作有条件实现设计自动化和精密计算。

因此，设计的发展趋势将会是经验设计被理论设计代替、近似设计被精确设计代替、一般设计被优化设计代替。

（三）机械优化设计的特点

优化设计需要建立数学模型。优化设计引用了设计变量、目标函数、约束条件等新概念。机械优化设计将机械设计的具体要求构造成数学模型，将机械设计问题转化为数学问题，形成一个完整的数学规划命题，逐步对这个规划命题求解，使其最佳地满足设计要求，从而获得最优设计方案。优化设计使传统设计方式发生了改变。传统设计方法是对产品性能进行被动的重复分析。一项设计的方案不但要合理、可行，还需要某些指标达到最优，以致能从大量可行方案中筛选出最优设计方案。

优化设计可使多方面的性能要求得到满足。传统设计方法无法满足产品总体结构尺寸小、传动效率高、生产成本低等要求。相关实践表明，最优化设计不仅可以保证产品的优良性能，使产品自重或体积减小，还可以使工程造价降低。优化设计的基本特征是计算机自动设计选优。计算机对一个方案的分析计算只需几秒甚至千分之几秒，因而，可从大量的方案中将最优方案选出来。这样就可以将大量设计分析数据提供给设计人员，有助于他们对设计结果进行考察，从而可使机械产品的设计质量有所提高。

（四）常用优化设计方法

在数学模型建立以后，就要研究求解的具体方法，即优化设计方法。优化设计方法实际上就是函数或泛函求极值的方法，即用数学解析方法求极值或用迭代方法求极值。在工程设计中，问题多数是设计变量较多的约束优化设计问题，且多为非线性的。因此，不宜采取解析法求解，而宜采用迭代法逐步求解。从具体方法来说，常用的优化设计方法有约束优化设计方法和无约束优化设计方法。

1. 坐标轮换法

坐标轮换法是一种不必求目标函数的导数，而解无约束优化设计问题的方法，可解连续问题又可解离散问题。这种方法虽然原理简单，实行方便，但收敛速度较慢，因无法寻到最优点而致失效的可能性也稍大些。

坐标轮换法的基本原理：依次沿着各个设计变量的坐标方向去寻查目标函数的极值点。先沿着设计变量 x_1 的方向寻查好点，此时其他设计变量值固定不变。然后，使 x_1 固定在相应于目标函数好点的值上，除 x_2 以外的其他设计变量值也固定不变，只改变 x_2 来寻查目标函数的好点。如此继续，直到对最后一个设计变量的寻查完成，则一轮计算就结束了，目标函数得到了一个新的好点。下一轮寻查就从这个点出发，按照与上一轮寻查相同的规则进行。如果某一轮寻查后未能使目标函数值有所改善，则认为计算已经收敛，不需要再进行下一轮计算了。

2. 鲍威尔方法

鲍威尔方法是一种不必求目标函数的导数，而解无约束优化设计问题的方法，适用于解连续问题。这种方法的收敛速度较快。对于目标函数值连续、设计变量数较少的优化设计问题，此方法较好。

鲍威尔方法是一种共轭方向法。根据极值理论，目标函数的等值超曲面在极值点附近的形状可以用二次函数表达的超椭球面来近似，这些超椭球面族的任意方向上的两个平行切平面产生两个切点，其连线方向就是共轭方向。共轭方向法是指向超椭球面族中心的，若沿这个方向寻查目标函数的好点，优化过程显然加快。构造共轭方向的过程在开始时与坐标轮换法相似，此后，在每一轮寻查中都有一个坐标方向被新的方向代替。对 n 个设计变量的优化设计，在经过 n 轮寻查之后，构成了完全由新产生的方向组合而成的共轭方向。对于一般的共轭方向法，有可能因为新产生的各个方向之间出现线性相关的情况而出现计算无法收敛的现象。对此，鲍威尔引入了对共轭性的判别准则，这就是鲍威尔方法。

3. 约束随机方向法

约束随机方向法是一种不必求目标函数的导数，而解有约束优化设计问题的直接求解方法，适用于解连续问题。这种方法是解决约束优化设计问题的一种很简便的方法，它对目标函数的构造与性态没有特别的要求，收敛也比较快。但在这种方法中，寻查的方向和步长都是随机的，因此收敛速度的快慢以及最终结果的优化程度也有随机性。

约束随机方向法的基本原理：先选定一个满足全部约束条件的初始点，计算出这个点上的目标函数值。然后从这点出发，随机函数产生一大批随机数，再由这些具有均匀分布规律的随机数组成若干个随机寻查方向，并以一定的步长在各个方向上确定随机试点。对这些试点作验证，去掉不满足约束条件的点，留下可行点。计算出各个可行点上的目标函数值，从而找出最有利于目标函数趋优的方向。在这个方向上再按随机步长产生试点，计算出其中可行点上的目标函数值，从中选出最优点。再以这个最优点作为新的初始点，又开始进行新一轮的寻查。照此重复进行，直到在整个一轮寻查中无法得到新的初始点，则认为计算已经收敛。

4. 复合形法

复合形法是约束优化设计问题中的一种直接求解方法。这种方法思路清楚、方法简单，在一般优化计算中已得到了广泛的应用。它是一种有效的优化设计方法。

复合形法的基本原理：在 n 维空间的可行域内，选取 k 个点（$n+1 \leqslant k \leqslant 2n$），

构成具有 k 个顶点的 n 维多边形或 n 维空间多面体，即初始复合形。在求出各顶点目标函数值后经过比较排队，从中选出目标函数值最小的点称为好点，目标函数值最大的点称为坏点，仅好于坏点的点称为次坏点。然后通过坏点和多边形的中点为优化方向，在优化方向上求得一个反射点，通过反射点延长，收缩、变形求得一个最优点。最后再淘汰最坏点，增补一个最优点，重新构造一个行维多边形。同理，经过反复构造 n 维多边形，最后全部顶点都已靠近最优化解。在满足一定精度的条件下，即可得到复合形法的约束最优化解。

（五）机械优化设计应用

随着科学技术的不断发展，现代高新设计方法被越来越多地运用到了机械优化设计中。但我们应当认识到，现代的设计并非仅将给定产品的设计完成，而是要统一考虑产品使用及设备维修等因素。因此，机械优化设计在强调环保设计及可靠性设计等综合性考虑因素的机械优化设计应用中更为活跃，并且应用领域更加广泛，其涉及的具体应用领域主要包括航空航天工程机械及通用机械与机床的机械优化设计，汽车和铁路运输行业及通信行业机械优化设计，水利、桥梁和船舶机械优化设计，轻工纺织行业、能源工业和军事工业机械优化设计，建筑领域机械优化设计，石油及石化行业机械优化设计及食品机械等机械优化设计。

机械优化设计的应用领域非常广泛，可以将设计中的复杂结构系统问题解决，其具体涉及的设计应用包括飞机机身及飞机结构整体机械优化设计、潜艇结构及潜艇外部液压舱机械优化设计、火箭发动机壳体及航空发动机轮盘机械优化设计及机器人等机械优化设计。机械优化设计的理论和方法也在大规模的工程建设方面有所应用，其具体涉及的方面包括：建筑桥梁及石油钻井井架机械优化设计，以及大型水轮机结构等机械优化设计。此外，机械优化设计在运输工具零件的优化设计中的应用，主要涉及以下方面：汽车车架及悬柱机械优化设计、装载机平面或空间桁架结构机械优化设计、车身箱形梁结构及起重机机械优化设计、各类减速器及制动器圆锥与各类弹簧及轴承等的机械优化设计、圆柱齿轮及连杆机构和凸轮机构机械优化设计。

随着现代制造科学的高速发展，机械优化设计的应用领域也将越来越广泛。机械优化设计的基础即以信息、微电子，新材料为代表的新一代工程科学与技术的发展。因此，机械优化设计不但使制造领域的广度和深度都得到了极大的扩展，还使现代制造过程的设计方法与产品结构均发生了改变。同样，现代制造模式与生产管理的理论和方法、制造产品的现代设计理论与方法、制造过程及系统的测量、监控理论与方法及制造自动化理论等，使机械优化设计的内容更加丰富，对机械优化设计的发展起到了促进作用，并且使机械优化设计拥有更为广泛的应用领域。

（六）优化设计研究现状及前景

1. 优化设计研究现状

经过长期的设计实践，一些优化策略和方法（试验探索优化、进化优化、直觉优化等）产生了。在"设计—评价—再设计"的过程中，设计师会运用一些经典的优化方法（如知识、经验、黄金分割、分析数学、图解分析等）来进行优化设计，这些方法可以解决一些简单的单变量的优化设计问题。但在这个阶段，完整的优化设计理论体系还尚未形成，因而它被称为古典优化设计。

随着数学规划论这一近代数学分支的创立，尤其是近50年来计算机及其技术的飞速发展，为计算工程设计中一些较复杂的优化问题提供了重要工具，并在一些民生要害部门及重大工程设计的应用中取得了较好的技术效果与经济效益，同时也对工程优化设计理论和方法的发展起到了很好的促进作用，如开发出一些大型的工程优化设计应用软件（优化方法程序库、机构与零件优化设计程序库、结构优化设计程序库等），并与工程优化设计的特点结合起来，在混合离散变量优化、模糊优化以及人工智能、神经网络及遗传算法应用于优化设计等许多方面都获得了十分显著的成果，以计算机和优化技术为基础的近代优化设计因此逐渐形成。

2. 优化设计研究前景

机械优化设计为机械工程界带来了巨大经济效益。随着技术更新和产品竞争的加剧，优化设计的发展前景非常广阔。当今的优化正逐步地向多学科优化设计发展，并对先进的计算机技术和最新的科学成果加以充分利用。虚拟设计技术是设计发展的必然，仿真技术也会越来越协同化、系统化。

未来机械优化设计的发展方向涵盖了许多方面，如尚处于理论探索阶段的基于仿生学/遗传学算法的优化设计、结构拓扑优化、智能算法优化设计、结构动态性能优化设计、可靠性稳健设计、机械人性化设计以及可持续性创新优化等。

但我们仍需关注的是，在优化技术水平得到提高的同时，国内机械加工或工艺水平、加工手段和制造技术也应同时提升才行，否则整体机械水平将仍然停滞不前。这不仅需要加工技术的引进，更重要的是加强设备的性能提升，尤其是数控机床的加工水平。加强与技术发达国家的合作和交流，软硬件技术共同提升，以期达到机械设计—加工一体化的目标。

四、计算机辅助设计

（一）CAD 系统的类型

计算机辅助设计（Computer Aided Design，CAD），是以人为主导，利用计算机进行工程设计的一整套系统。使用 CAD 可以缩短产品设计周期，提高设计工作效率，提高产品设计的精确度和可靠性，还可以利用优化方法使产品达到最佳设计效果，是现代设计工作的一种新技术和强有力的工具，已广泛应用于工程设计领域。

CAD 技术自诞生以来，已开发出众多应用于不同领域的 CAD 系统。这些系统在设计对象和功能方面各不相同，根据其运行时设计人员的介入程度和解决实际问题的方式，可划分为以下三种类型：

1. 信息检索型（简称检索型）

信息检索型主要用于设计已定型的、标准化和系列化的产品，如电动机、减速器等，整个设计过程基本上由计算机自动完成，故又称为自动设计系统。这种系统将定型产品的各种资料储存于标准图形库、资料库、数据库中。设计时，根据订货要求输入必要信息后，计算机将自动选择满足要求的产品，输出图纸和各项技术资料。因此，这种系统只能选择系统中所储存的某种产品规格，不能进行产品的修改或新产品的设计。

2. 试行型

具有一定的修改功能，可对某些定型产品进行改造或对一些尚未定型的产品进行设计。

试行型系统比信息检索型系统增加了图形修改程序。设计者输入原始数据后，计算机将自动检索出相应产品的标准图，并显示于计算机屏幕。此时，设计人员可通过软件将修改信息输入计算机，计算机经适当处理后显示出修改后的图形。因此，这种系统具有一定的设计灵活性。但由于它的基础与信息检索型相似，图形处理功能比较薄弱，修改不太方便，故仍难以满足设计新产品的要求。

3. 人机交互型

人机交互型系统是在计算机软硬件技术发展的基础上建立起来的。系统运行时，设计者可通过键盘、光笔、数字化仪、显示器等人机交互设备与系统进行对话，整个设计过程由设计者掌握，又称为会话型系统。

按这种系统工作，设计者可随时修改或补充图形，因此，它具有充分发挥人的聪明才智和创造性以及计算机信息存储量大、运算快等优点，从而可高效率地确定满足设计要求的最佳方案。这种系统具有高度的灵活性和广泛的适应性，适于解决各类设计问题，特别是新产品开发设计，是目前发展最迅速，应用最广泛的系统。

目前新建立的这种系统广泛吸收了各种现代设计方法，如系统工程、优化设计、可靠性设计等，从而大大提高了设计质量。

（二）CAD 系统的软硬件配置

1. CAD 系统的硬件及配置

所谓硬件，就是组成计算机的物质设备，一般由金属构架、机械、电子器件和磁性器件构成。一个典型的 CAD 系统基本上应由以下几部分硬件组成。

（1）主机。主机主要是指计算机的中央处理机（Computer Processing Unit，CPU）和内存储器（简称内存）两部分。它是控制和指挥整个系统运行并执行实际运算、逻辑分析的装置，是系统的核心。CAD 系统的主机可根据不同需要采用大中型机器，也可采用小型、微型计算机及专用的分布式多处理机。

（2）图形输入装置。图形输入装置是指向计算机输入图形、数据、程序以及各种字符信息的设备。常用的数据输入装置有光电式（或电容式）纸带输入机、卡片输入机、键盘和字符终端等。随着 CAD 技术的发展，出现了大量性能良好的图形输入设备，如鼠标器、光笔、触摸屏、图形扫描器和数字化仪等。这些设备的发展又推动了 CAD 技术的应用。

图形输入装置的主要作用是将平面或空间上点的坐标输入计算机，其基本功能是定位（Locator）和拾取（Pick）。定位是确定和控制光标在图形上的位置，拾取是指示图形上的特定内容，理想的图形输入设备应兼具这两项功能。配置这类设备应尽量满足下列要求：高精度、高分辨率、直线性好，工作范围广。常用图形输入装置有键盘、光笔、鼠标器、数字化仪，大幅面图纸自动扫描输入机、触摸显示屏等，可根据不同要求和使用条件选用。

（3）图形输出装置。图形输出装置包括图形显示设备和绘图设备。图形显示设备是 CAD 系统中必不可少的人机交互、图形显示的窗口。它包括图形适配器和图形显示器。图形适配器是与 CPU 接口并控制图形显示的电子器件，它装有微处理器和用于数据缓冲的存储器等元件。图形显示器按结构分为随机扫描显示器、存储管式显示器和光栅扫描式显示器，有单色和彩色两种。其性能对 CAD 系统的工作有极大影响。在可能的情况下，宜配置高质量的彩色大屏幕显示器（屏幕尺寸在 51cm 以上，分辨率最好达 2048×2048 或 1024×1024），构成双显示系统（其中较小尺寸屏幕用来专门显示字符），至少也应采用中档的彩色单显示系统（分辨率在 640×480 左右）。

绘图机应按实际使用要求选定。一个系统一般配置一大一小两台绘图机，即能满足要求，条件不允许时只配置一台也可。绘图机向着高精度、高速度、大面积、低成本、低噪声的方向发展。目前常用的绘图机有平板式绘图机、滚筒式绘图仪，此外还有喷墨绘图机、热传导绘图机、激光绘图机等。

（4）数据存储设备——外存储器。外存储器用于存放大量的暂时不用而等待调用的程序和数据的装置，常用的有磁盘和磁带。

磁盘有软磁盘和硬磁盘两种。软磁盘容量较小，一般有 1.2MB、1.44MB 等规格。作为大容量外存储器的主要指硬盘，硬盘是随机存取的，数据传输速度快，是 CAD 系统的主要外存设备。目前硬盘的容量已经达到 GB 级，可以很好地支持 CAD 系统工作。

磁带成本低，存储容量大，也是常用的外存设备，因是顺序存储，一般用于存储批量大、使用不频繁的数据，有时也用于数据备份保存。

近年来，光盘技术发展很快。此外，还可用缩微胶卷来存储各种信息。

2. CAD 系统的软件及配置

所谓软件，是指使用和发挥计算机效率、功能的各种程序。整个计算机系统的工作过程是由软件来控制和实现的，软件的水平是决定系统性能优劣、功能强弱、使用方便与否的关键因素。不同的 CAD 系统对软件的要求也各不相同。

CAD 软件包括基础软件和应用软件两部分。基础软件是编制应用软件的工具软件，而应用软件则是具有某种专业用途的软件，是用于设计某种机械或零件的软件。

一般基础软件包括计算分析基础软件和图形基础软件。前者包括工程计算中常用的计算与分析通用程序；后者又分为图形显示软件与绘图软件两类，是编制图形应用软件的基础。

应用软件是针对某一项工程设计，利用基础软件开发出来的软件，也包括专业设计计算软件和专用绘图软件两部分。由于设计的专业性强，涉及的领域广，常需设计人员自行开发。

此外，CAD 系统还需配置能编辑和输出各种技术文件的软件才能满足实际工程设计的需要。实际建立 CAD 系统时，其软件的配置数量应视系统功能的要求而定，同时应考虑系统的扩展可能性，以满足进一步发展的需要。

（三）CAD 技术基础

1. CAD 系统功能

一个完整的 CAD 系统，应具有以下功能：

（1）科学计算功能，能进行各种复杂的工程分析与计算。

（2）图形处理功能，能进行二维和三维图形的设计及图形显示，能自动绘图。

（3）数据处理功能，有完善的数据库系统，能对设计、绘图所使用的大量信息进行存取、查找、比较、组合和处理。

（4）分析功能，能对所设计的产品作各种性能分析。

（5）文件编制功能，能制定各种技术文件，包括明细表等。

因此，现代的 CAD 系统软件开发涉及设计数值计算、数据管理、图形处理等方面的大量知识。

2. CAD 常用计算方法的程序化

在机械 CAD 的设计计算或分析作业中，常用到多种计算方法，如方程求根、数值积分、线性方程组求解、常微分方程的数值解法、插值计算、曲线拟合等。这些计算方法在大多数教材中都有详细论述，可参阅有关书籍或资料。

在建立 CAD 系统时，可以将这些常用算法建立起常用算法程序库，供程序随时调用。为使 CAD 能达到较好的效果，在程序化的过程中，需要对各种算法和程序方案作必要的分析比较，从中找出最佳方案。程序化应满足以下基本要求：

（1）保证能在计算机上解得符合要求的结果，包括必要的解题精度，使误差尽可能小。

（2）提高计算机的效率，缩短解题时间。采取必要的措施减少计算量，如把复杂的多项式简化为递推公式以减少相同内容的重复计算，用括号把含有共同因子的若干项括起来，把共同的乘除因子提到括号外面以减少乘除次数等。

（3）尽量节约程序的内存单元需用量或程序的存储量，可利用原有的工作单元进行计算，如使用自动变量、动态数组等。对数据很多的大题目，可利用调外存的方法节约所需的内存单元。

（4）程序的结构要简单清晰，便于阅读和理解，便于今后检查、修改。

3. 设计参数数表与线图的处理

机械设计中，需查找大量的有关设计参数的图表和线图，以使所有参数符合标准（或规范）的数值。例如，设计 V 带传动，需查找约 15 个数表与线图；设计标准圆柱齿轮传动，则需查找约 34 个数表与线图。为实现 CAD 系统中数表和线图的存储和自动检索，必须对各种参数数表和线图作必要的处理，其处理方法通常有以下三种：

（1）将数表和线图转化为程序存入内存。

（2）将数表和线图转化为文件存入外存。

（3）将数表和线图转化为结构存入数据库。

根据自变量函数，数表函数可分为一元数表函数、二元数表函数等。其程序化最常用的方法就是以一维、二维数组形式存入计算机。选择参数时，若涉及非节点上的函数值，则应用数学中的插值方法，如线性插值法、拉格朗日插值法、一元三点插值法、二元插值法等来求解。

机械设计资料中，很多参数间的函数关系用线图来表示。线图可能是直线的，也可能是曲线的。这时的 CAD 系统设计不能直接对线图进行编程，必须进行相应的处理才能实现线图存储和自动检索的目的。常用处理方法包括对线图的数表化处理和对直线图的公式化处理。

4. 数据库基础

从本质上讲，利用 CAD 系统进行工程或产品设计就是对计算机进行应用并进行信息处理的一个过程。在设计过程中，计算机表达信息的主要形式是数据，而大量数据、文字和图形的记录、加工是 CAD 系统主要的工作内容。由此可见，CAD 技术的关键就在于有效地存储和管理各类数据，使图形处理、数值计算等应用软件，既能共享公共数据资源，又可保持数据的独立性和完整性，避免不必要的数据冗余。

因此，CAD 系统开发人员必须具有数据管理方法、计算机数据管理技术，数据的逻辑和存储结构、数据库系统等方面的知识。

（1）随着数据管理技术的发展，现代 CAD 系统开始采用数据库管理系统（Data-Base Management System，DBMS），它是 CAD 系统的重要组成部分。DBMS 具有下列基本功能。

①定义功能。包括数据库文件的数据结构的定义、存储结构的定义、数据格式定义和保密定义等。

②记录功能。包括系统运行的监督和控制、数据管理、数据完整性控制、运行操作过程的记录等。

③建立或生成功能。包括各种文件的建立和生成。

④维护功能。包括数据库的更新或再组织、结构的维护、恢复和监视性能等。

⑤通信功能。DBMS 是在计算机操作系统的支持下建立和使用的，为此必须具备与操作系统联机处理的通信功能。

DBMS 的主要程序一般包括数据库管理程序、系统安装程序、数据装入程序、数据检索程序、数据库的安全保护和保密程序及数据库系统专用语言的编译程序等。

（2）对于大多数 CAD 用户来说，由于 CAD 系统上已配置有 DBMS 软件，用户主要掌握的是在已有的 DBMS 的基础上建立本专业应用领域的数据库系统。建立数据库（简称建库）各个阶段的工作内容如下：

①调查和分析工作。对建立数据库系统的环境作分析研究，对 CAD 数据库系统的应用目标作调查和分析研究。根据调查和分析结果，拟订数据库系统的建立规划。规划中一般应包括拟建成的数据库系统的规模、功能、使用率、数据类型和输

入输出格式等内容。

②系统的数据结构设计。根据已有 DBMS 所确定的数据库模型，利用 DBMS 所提供的数据定义语言和有关程序来定义数据的模式和子模式。

③系统调试准备。少量数据装入系统进行预运行调试。

④装入数据。系统经调试符合要求后，利用 DBMS 提供的数据装入程序将具体数据装入数据库系统。

⑤编制数据库字典。编制数据库系统的使用说明书，以方便使用。

5. 绘图基础

CAD 系统应具有强大的图形处理功能，能让设计人员将设计构想（或初步设计计算结果）转换成图形信息输入系统，以图形的形式在计算机屏幕上显示出来，并允许设计者对所显示的图形（结构装配图或零件图）进行增删、插入、位移、旋转、缩放、标注尺寸公差和技术条件等一系列操作，直至设计者对所作的设计满意为止。然后通过自动绘图机，将屏幕上显示的图形绘制成正式工作图纸。由此可见，绘图系统（包括屏幕绘图和计算机绘图）是 CAD 系统的主要组成部分，它差不多包括了 CAD 系统的全部硬件。

CAD 系统的开发人员必须掌握计算机绘图软件的编制原理和方法，能够编制基本几何图形绘图软件，编制几何元素相交图形子程序，了解二维图形、三维图形的几何变换原理，了解图形坐标系的变换与图形剪裁等基本理论并编制软件。

对于大多数 CAD 系统的用户而言，建立 CAD 系统时，一般可根据使用要求和经济能力，选购一种图形系统（包括软、硬件），按该系统提供的图形处理功能和设计产品对象开发自己的图形应用软件，建立自己的图形库和图形数据库。

（四）计算机辅助设计技术在机械设计中的优势

1. 与人脑思维相适应

在进行设计时，机械设计师要对工程或产品有一定的构思，然后再将脑海中的立体构造通过三维实体模型表达出来，产生真实的产品形态，这样十分有利于设计师的思维表达。具体表现为：节省了设计的时间和精力，使其能够不必在产品图像表达上过于费神；激发了机械设计师的创新思维，实现设计的连续性；计算机辅助设计技术可以扩展机械设计师的设计思维，并且使设计产品更具有深入性特征。

2. 提高设计效率

三维机械设计技术对于复杂机械造型的呈现具有重要的作用，能更清晰地体现造型的几何形态。为了减少机械设计工作强度，缩短设计周期，提高设计效率，可以利用布尔运算等软件对复杂的几何实体进行简单的计算。在使用计算机辅助设计的三维 CAD 系统时，对其中的部分零件进行重新设计和制造可以实现开发全新机械设计的目的。另外，零件可以应用以往的设计信息，这样可以极大地提高机械设计的效率，使设计的难度有一定的降低。此外，计算机辅助设计系统的变型设计能力极强，可以实现快速重构，获得全新机械产品。

3. 便于零件设计与修改

计算机辅助设计软件的应用，对于装配环境下新零件设计的实现以及新零件和相邻零件之间的有机融合具有重要意义。同时，还能提高新零件设计的便捷性，减少了单独设计产生的错误或者不兼容。例如，在装配环境下，根据箱体形状和设计要求，可以快速、准确地设计出符合要求的箱盖；在零件环境下，配备了查找器，只要点击相应命令，就可了解零件的具体步骤，而且还可以用资源查找器中的零件回放功能，将零件造型的全过程连续地表示出来，使过程透明化。此外，对零件的修改，也可以利用资源查找器的某一命令来完成，并且在装配条件下只需要点击修改就可以对零件进行修改操作，应用非常方便。

4. 提高机械产品的设计质量

随着机械技术的不断发展，机械产品逐渐与信息技术有机结合，再加上应用计算机辅助设计技术及集成制造系统（Computer/contemporary Integrated Manufacturing Systems，CIMS）技术，提高了产品的设计水平。通过计算机辅助设计技术，如设计优化、分析有限元受力情况等，确保产品的设计质量。另外，此类大型企业的数控加工工作日益完善，再加上计算机辅助设计技术的配合，在机械零件加工方面的效果良好，提高产品质量。通过三维机械设计，既可准确描述对象的大小、位置、形状等特征，也赋予了设计对象的体积、纹理、颜色、惯性、重心等信息，描述了设计对象的几何形状与工作状态，更加真实、准确、充分、全面地表达了设计意图。

（五）计算机辅助设计技术在机械设计中的应用

设计、建模、协同、集成、仿真是计算机辅助设计的重要组成部分。这五部分包括概念设计、优化设计、计算机仿真、计算机辅助绘图和计算机辅助设计管理等内容。目前，在 CAD 系统的应用领域中，计算机辅助绘图发展得越来越成熟，越来越完善。随着理念的创新与技术的发展，CAD 逐渐从计算机辅助绘图领域分离出来，独立发展成为计算机辅助设计。一个健全的 CAD 系统，还应该包括工程数据库、图形程序库、应用程序库等。以下将对计算机辅助设计技术在机械设计中的具体应用进行分析。

1. 机械零件

机械零件的设计过程中，伴随着大量的计算。例如，在 AutoCAD、Visual Basic

平台中开发参数化绘图软件、直线共钜内啮和齿轮泵轮设计时，为了提高齿轮泵的应用性能，需要通过人机对话方式，修改设计的参数。这种方法多在设计一般性机械零件中应用。

2. 机械设备

设计机械模具常应用于机械设计中。通过了解注塑模具的计算机辅助设计特点，提高应用 CAD 的优越性，了解现状并预测未来发展趋势。另外，还应充分认识到注塑模具的冷却系统、模具结构、顶出系统及成型零件工件尺寸的设计，提高模具设计的快捷性、准确性。

3. 机械系统参数

作为机械设计的一部分，机械系统参数具有重要的作用。例如，通过 VB6.0 平台应用计算机辅助设计技术，可以对全液压推土机的行驶静压驱动系统参数进行计算和分析。同时，该软件还能计算液压系统的速度，刚度、参数校核、系统效率等。

4. 机器人

机器人设计是机械设计的一种综合应用。机器人设计首先要以 Pro/E 动态仿真原理为设计应用的基础，其次要利用 CAD 计算机辅助系统，对机器人灵敏、快速、精准等特点进行设计。同时，还可以对机器人的手臂操作以及手掌运动过程、运动范围进行研究，最终确定机器人的具体尺寸、型号和结构。

五、摩擦学技术概述

(一) 摩擦学技术定义

摩擦学是研究相对运动的表面间相互作用的理论和实践的一门科学技术。它涉及机械设备中有关能量和材料转移及消耗的一切问题，包括摩擦、磨损、润滑和有关科学技术方面的课题。

在机械设计中，应用摩擦学的理论和实验数据，使设计的机器传动效率高，机械零件使用寿命长，这就是摩擦学设计。传统的机械强度设计中，在没有考虑摩擦的情况下，通常是选择耐磨材料、润滑剂和润滑方式来弥补。实际上这是采取技术措施对"纯理论"设计的修正。也可以说，机械传动中的润滑剂是一个不可缺少的"机械零件"，同样需要对其进行设计。

据统计，全世界有 1/3 ~ 1/2 的能源消耗在摩擦上。以汽车为例，发动机的摩擦，消耗了总动力的 30%，加上其他损失，汽车的输出功率只相当于总消耗功率的 25%，而实际用于驱动车轮的功率只占 12%。可见，摩擦所造成的损失是极大的。

据统计，机械零件的损坏大约有 80% 是由于磨损造成的。磨损是消耗材料、降低机械寿命和使用性能的根源。

润滑是降低摩擦、减少磨损的主要措施。在两相对运动物体的接触表面之间，加入低剪切强度介质，使两物体分离，或者加入的介质与接触物体表面相互作用，形成低剪切强度的第三物体，都可称为润滑。这种介质主要是润滑油、润滑脂、固体润滑剂。介质中能与金属表面相互作用而形成较低剪切强度的表面膜的元素，常见的有硫、磷、氯、氮、硼等元素以及各种表面活性剂。

控制摩擦、减少磨损、改善润滑已成为当前节约能源和原材料、延长机器使用寿命、提高产品质量的重要技术措施。

(二) 摩擦学设计重要性、必要性

机器的结构可以分为两大类：一类是机械的构件，如连杆、轴、机架等；另一类是有相对运动的运动副，如轴承、铰链、螺旋、导轨、活塞和汽缸等。运动副的工作条件远比构件本身严格，运动副的工作状态和影响因素复杂多样。在这些影响因素中，对其摩擦学性质影响最为显著的因素主要有环境温度、工作载荷、两个零件的材质、相对运动、磨粒进入作用、表面情况和中间的润滑介质等。同时，摩擦表面的尺寸、形状和润滑剂的情况会在摩擦过程中出现时变现象，并且磨损件被新件替代，润滑剂被更换会使摩擦副的性质发生一个阶跃变化。有时机器在维修之后发生事故，就是因为没有处理好阶跃变化。

摩擦学问题大量存在于各方面的机械设计当中，如发电设备、汽车、铁道、宇航、电子等。据不完全统计，在全世界的能源使用中，有 $1/3 \sim 1/2$ 的能源消耗在摩擦上，因而从摩擦学的角度来考虑，若能采取正确的措施，就可以大大降低能源消耗。磨损是机械零件三种主要的失效形式之一，所导致的经济损失是巨大的。根据我国冶金矿山、农机、煤矿、电力和建材五大行业的不完全统计，每年因磨损报废或更换的备件竟达 100 多万吨，相当于 20 亿元人民币。近年来，我国引进的 100 亿美元的机械装置，每年由磨损失效需要补充与更换的，仅北京就高达近 10 亿美元。

通过运用摩擦学知识，可以节约国民经济总产值 $1.1\% \sim 1.8\%$ 的费用，并且其研究所需投资的费用仅占所得效益的 2% 左右。因此，提高摩擦学设计水平有着十分重大的意义。

(三) 摩擦学设计的一般准则

从设计依据来看，磨损类型和机理、摩擦副的接触类型与运动方式、摩擦副的工况与运行环境，以及配对副的精度、零件的重要性都是摩擦学设计的依据；从设计内容来看，摩擦学设计包括零件的表面形貌设计、工况参数和润滑设计、以及摩

擦副材料特别是零件表面及亚表面的显微组织结构、成分和理化性能设计三个方面。

1. 表面形貌设计

表面形貌通常用摩擦副的表面粗糙度来表征，即表面形貌设计主要是表面粗糙度的设计。粗糙度是指加工表面具有较小的间距和微小峰谷的不平度，它对接触应力、摩擦副的实际接触面积、表面持油能力及接触变形类型、磨粒的嵌入特性等产生直接的影响。如果表面粗糙度设计得恰当，在摩擦副磨合后就能够得到适于工况条件的平衡粗糙度。对粗糙度的设计应遵循三个原则：第一，设计采用加工精度与粗糙度相对应的方式；第二，采用与机械工况相适应的润滑模式进行设计，如全膜流动压润滑对表面粗糙度要求不高，而弹流润滑对表面粗糙度的要求较高，针对不同的表面粗糙度应选择油膜厚度不同的润滑剂；第三，粗糙度及其纹理方向应针对特殊的润滑情况进行特殊处理，如设计内燃机缸套的内表面形貌时，考虑到缸套—活塞环摩擦副之间耐磨性和润滑输油的问题，除要求有较高的表面粗糙度，还要求有合理的布磨纹理夹角，一般约为120°。

2. 润滑设计

润滑设计包括润滑剂类型的选择和润滑方式的确定。

（1）润滑剂类型的选择。润滑剂影响摩擦副摩擦性能，其关键指标是黏度。在机械设计中，润滑剂的类型是由黏度决定的，而润滑剂黏度的确定是以摩擦副的运动形式和工况参数为标准。以运动形式为标准时，滚动润滑选用高黏度的润滑脂，滑动润滑选用低黏度的润滑油；以工况参数为标准时，高速低载荷选用低黏度润滑油，低速高载荷选用高黏度的润滑油。此外，由于机械在启动和停止时的润滑状态会经历边界润滑阶段，因此润滑油的选择还需要考虑油性和极压性等因素。

（2）润滑方式的确定。滴油、溅油、注油、浴油、喷油等是摩擦副常用的润滑方式。根据摩擦副的运动速度，可以选择不同的润滑方式。当滑动速度低于3m/s时，一般选用浴油和滴油的润滑方式；当滑动速度在 3～12m/s 时，一般选用溅油和喷油的润滑方式；当滑动速度高于12m/s时，一般选用注油和喷油的润滑方式。

3. 摩擦副表面层设计

（1）一般设计法则。摩擦副的耐磨层薄膜(单层连续梯度膜和多层梯度膜)的设计法则包括以下三个方面：

第一，以黏着磨损为主。应遵循抗剪切强度正梯度法则，表面层采用互溶性小、化学活性强而抗剪切强度低的材料。

第二，以磨粒磨损为主。应遵循表面硬度负梯度法则，表面层采用 TiC、TiN 及表面淬硬层等非常硬的材料。

第三，以多种磨损混合为主。应遵循强度正梯度法则—硬度负梯度法则的复合梯度法则。

(2)摩擦副表面层设计要求。在摩擦学设计中，摩擦副耐磨层的设计要求有三个：①薄膜的弹性、抗断裂性要良好，以便能够使基体材料有足够的硬度和屈服强度，进而避免薄膜大程度出现变形，并且由于薄膜的厚度非常小，当外力作用于薄膜时，薄膜内不会产生应力集中致使薄膜断裂；②耐磨薄膜与基体的结合强度要十分高，避免出现因热力和机械力的作用导致耐磨层与基体材料脱落的现象；③耐磨层在热负荷作用下要呈热压应力状态，即在设计摩擦副耐磨层时，虽然基体材料和耐磨层的热膨胀系数不一样，但应使耐磨层的热膨胀系数大于基体材料，使得在摩擦热的作用下，耐磨层呈现热压应力状态，这样有利于提高耐磨层薄膜的抗磨性能。

(四)摩擦学设计中的问题

1.弹流润滑的启示

第一，润滑膜高压性态。在弹流润滑的条件下，由于压力的增高，液体的黏连性发生变化，转变为类似固体的黏弹性，这就会使得油膜的承载力在润滑油经过接触区时明显增强。

第二，润滑膜极限剪切应力。在弹流润滑膜处在高剪应变率和压力急剧变化状态下，呈非牛顿流体。达到极限剪切应力时，弹性润滑膜为黏塑性性质，在油膜内部或油膜与固体界面上将出现滑动，从而使油膜压力降低，甚至丧失承载力。

第三，润滑油膜承载力。在载荷逐渐增加的条件下，润滑油膜会越来越薄，当膜厚与粗糙度高峰相同时，就会出现润滑失效的情况。因此，采用膜厚比作为润滑状态的判断标准。

若膜厚比为 2 ~ 3，则为全膜弹流润滑。但是，在对弹流润滑再进一步研究后发现，上述判断标准并不能与实际完全符合。随着载荷的增加，粗糙度高峰附近的局部压力也会增加，并且在逐渐增加的压力作用下产生的表面变形也会使粗糙峰展平面不出现粗糙度高峰附近的局部压力随着载荷增加而增加的现象，甚至是不与粗糙峰展平面发生接触。这就说明弹流油膜有更大的承载力。

第四，乏油与干涸润滑。针对充足供油、乏油及干涸润滑性能，有关学者提出了具体的判别方法。

第五，混合润滑状态。通过经典的 Stribeck 曲线可以观察到整个润滑体系的摩擦系数变化情况。虽然该曲线可以使人们对流体膜润滑与边界膜润滑的规律有全面的认识，但是对于两者的中间状态(混合润滑状态)，迄今为止研究得还很不充分，而且存在着各种不同的观点，这是现代润滑理论需要着重研究的领域。

2. 磨损问题

由于磨损的过程十分复杂，因而目前还无法对其进行深入的研究。具体而言，关于它的研究主要涉及磨损机理、实际接触面积，磨屑形成机理及各种参数对磨损的影响等。目前，许多磨损机理和计算方法都具有一定的局限性。由此可见，应充分重视对磨损规律、磨损机理及磨损计算方法的研究。

3. 固体的选择性转移效应

在摩擦学设计研究中，应加强对固体的选择性转移效应问题的关注。选择性转移对于提高机械寿命、减小摩擦磨损具有显著的作用。因此，弄清楚选择性转移的机理和影响因素，探索新的能形成选择性转移的介质和摩擦副、研究选择性转移的物理化学和电化学可以进一步促进工业应用的实现，对摩擦学设计的发展具有积极的影响。

4. 用系统工程的方法来处理摩擦学设计问题

系统工程是一门解决综合性，复杂性技术问题行之有效的科学。由于摩擦学系统的特性，采用系统工程的方法来处理问题是最方便的。采用虚拟技术来解决系统工程问题将是未来的发展趋势。

(五) 强度设计和摩擦学设计相结合的设想

对摩擦磨损润滑机理的深入研究探索出许多新的现象，这会促使人们进行更深入的研究。研究的目的是将已有知识运用到工业中。虽然国内外的摩擦学设计者在这方面做了大量的工作，但到目前为止，基本上还是停留在摩擦学的演算阶段，即按传统的设计方法，得出主要尺寸，然后验算润滑条件，若不满足再进行调整。虽然其演算方法逐渐趋向科学化、合理化，同时把一些现代方法引入润滑设计中，但是摩擦学设计仍处于被动地位。实践证明，经过验算满足润滑要求的机器在工作过程中多数还是因摩擦磨损而失效。因此，笔者提出将摩擦学设计与传统的强度设计相结合，推导出摩擦学设计公式、建立以摩擦学设计为主体的润滑理论模型、抛除完整的摩擦学演算、变被动为主动的设想。

(六) 关键技术

我国的摩擦学设计应用主要在两个领域：一是基础件开发，主要有滚动轴承、滑动轴承、螺旋和传动件 (如齿轮、蜗轮、链、无级变速器、减速器等) 等；二是产品开发，主要有铁路车辆、内燃机、汽车、农机、矿山机械、冶炼设备和发电设备等。

(1) 基础件的研究，重点在轴承和传动件。滚动轴承是使用量大、范围广的基础件，我国已有上百个大小滚动轴承专业生产厂，且在寿命及精度方面均要求有较大提高。目前我国应以提高轴承材料质量（大量用真空重熔钢材），提高轴承结构设计水平和开发新的润滑油和添加剂为重点，提高轴承的质量，特别是铁路车辆滚动轴承，每套数百美元，如能使其质量达到国际水平，不仅可以满足国内市场需求，还可以大量出口，获得可观的经济效益。传动件的摩擦学设计，齿轮（包括圆柱齿轮、锥齿轮、圆弧齿轮等）蜗杆、蜗轮、链条等的设计水平，直接影响机械传动的寿命，目前我国已开始在一般机械中广泛使用硬齿面齿轮。圆弧齿轮、新型蜗杆传动等在我国已有很好的研究基础，链条的应用还有很大的发展余地，因此这些零件的摩擦学设计具有很好的前景。

（2）加强表面强化方法和润滑油添加剂的研制推广应用及摩擦材料的开发，需要强有力的组织和设计生产出高性能的产品，如汽车、工程机械等的离合器、制动器的摩擦片是使用量大、范围广的重要消耗材料，如能提高性能，并延长寿命，可以将其打入国际市场。

（3）产品重点在交通运输机械。如能减小汽车的摩擦，可使其效率提高10%，或提高主要磨损件的耐磨性，使其寿命延长10%，则将得到相当大的经济效益。在处理这一问题时，应全面解决内燃机、传动系统和车辆外形等各方面的问题，以提高汽车的效率和寿命。随着我国汽车保有量的迅速增加，这是一个极大的经济问题。在大型汽轮发电机轴承系统的摩擦学设计方面，由于我国煤炭资源丰富，大型汽轮发电机设计技术有很大实用价值。目前在转动轴承系统设计方面已得到了很大进展，但尚未进一步开发，应用和改进。这一设计系统的开发本身就有很大经济价值，可以提高汽轮发电机转动轴承系统的可靠性以及避免发生事故，获得数亿元乃至数十亿元的经济效益。另外，在铁路车辆摩擦学设计方面，随着我国火车速度的不断提高，车轮与铁轨的摩擦和磨损以及车辆机件的磨损都有很多问题急需进行进一步研究和改进。

（4）摩擦学系统的工况监测及故障诊断装置设计是具有综合性的新技术，在测量学中，对计算机应用自动控制等方面都有很高的要求，要具有自动测量、自动分析、显示报警和故障排除等方面的功能。预计在成套设备中（如化工石油、发电冶炼和矿山等）有较大市场。

（5）摩擦学数据库的建立可以为摩擦学设计提供参考和指导，也有助于新技术和新产品的推广。摩擦学研究成果很多，但很多资料和数据查用不便，而且有些数据资料不足，这就给摩擦学设计带来极大的困难。因此，必须建立大量的摩擦学相关数据库，如润滑油、润滑脂、耐磨材料、齿轮传动、蜗杆传动、滑动轴承、摩擦片和密封件等数据库。

(七) 发展现状与趋势

1. 国外发展现状

早期有关摩擦、磨损和润滑的研究分散于机械、材料、化工等学科中，忽视了摩擦现象的综合特性及学科交叉的特点。20世纪60年代末，英国发表Jost的调查报告，正式提出"Tribology"一词，摩擦学从此成为一门独立的学科，发展十分迅速。

基于解析法无法解决的问题，计算机和数值计算技术的发展为其带来了新的可能，它能够对这些问题进行准确的定量计算，并且更加全面和符合实际。从目前的研究情况来看，随着经典流体润滑理论的日趋成熟，研究的重点逐渐转向超层流润滑、多相流体和流变润滑等特殊介质和极端工况下的润滑理论。混合润滑是最为普遍的润滑状态，在国外受到广泛的关注。近年来，混合润滑理论和边界润滑机理的研究有较大的进展。边界润滑膜的研究成果已经能够对改进润滑性能起指导作用。通过表面形貌润滑效应和润滑膜形成与失效的研究，有利于建立和完善混合润滑模型，逐步建立定量计算方法。

材料磨损研究已从早期的宏观现象分析转向微观机理研究，应用现代表面分析技术揭示磨损过程中表面层组织结构与物理化学变化。摩擦副材料的选择和抗磨损设计的理论依据主要是基于能量理论或材料疲劳机制的各种磨损理论。目前，国际上关于机械设计理论研究的重大成果有新型材料与表面热处理技术、新型轴承和动密封装置的结构和新型润滑材料与添加剂等。

2. 国内发展现状

现如今摩擦学受到了广泛的重视，已拥有一些研究设备和配套的基地，并形成了一支训练有素的研究队伍，同时在清华大学等单位已成立摩擦学国家重点实验室。在理论研究方面，我国润滑理论研究具有相当高的学术水平，其中在弹流润滑理论、滑动轴承静动态性能与系统稳定性以及动静压混合轴承等方面的研究已经接近或达到国际先进水平。我国对材料磨损进行了长期的研究，累积了大量的数据，磨料磨损和表面强化处理的研究受到国外同行的关注。

在应用研究方面，某些国产精密机床的研制已达到世界先进水平，大型水轮发电机和汽轮发电机的自行设计制造成功、人造卫星等尖端技术进入世界先进行列，同类机械基础件的摩擦学性能和寿命都有较大提高，这一切均标志着我国摩擦学应用研究在某些领域已达到较高的水平。但是，和国外相比，我国机械产品普遍存在能耗高和磨损寿命低的缺点，基础件的质量在总体上和国外先进水平还存在很大的差距。例如，大多数摩擦副的有效寿命只相当于国外同类产品的30%～50%；国外每辆载重汽车润滑油年消耗量不到20kg，而我国已达到130kg。

零件的耐磨性能不高，不仅影响机械设备的生产效率，而且增加了备件的消耗和储备量，使备件生产和维修所需的人力、物力和设备在整个生产能力中占据很高的比例。

3. 学科发展趋势

国际摩擦学的发展总趋势可以归纳为由静态特性研究转为动态过程研究，由定性分析转为定量计算，由宏观现象分析深入到微观机理研究，由单一学科分散研究逐渐进入对摩擦学系统诸多影响因素进行多学科的综合研究。

此外，高技术的发展和被引进，进一步丰富了摩擦学的内容。工业发达国家已相继建立了摩擦学数据库和专家系统，用系统工程的观点来解决机械工程中的摩擦学问题，并把摩擦学的研究成果应用到各个领域。

六、人机工程学设计

人机学设计是从人机工程学的角度考虑机械设计，处理机械与人的关系，使设计满足人的需要。该方法用系统论的观点来研究人、机器和环境所组成的系统，研究组成三要素及其相互关系。人机学设计研究的重点是人，从研究人的生理和心理特征出发，使系统中的三要素相互协调，以便促进人的身心健康，提高人的工作效能，最大限度地发挥机器的优势。

七、机械动态设计

机械动态设计是根据机械产品的动载工况，以及对该产品提出的动态性能要求与设计准则，按动力学方法进行分析与计算、优化与试验并反复进行的一种设计方法。该方法的基本思路是，把机械产品（系统或设备）看成一个内部情况不明的黑箱，根据对产品的功能要求，通过外部观察，对黑箱与周围不同的信息联系进行分析，求出机械产品的动态特性参数，然后进一步寻求它们的机理和结构。

八、机械系统设计

机械系统设计是应用系统的观点进行机械产品设计的一种设计方法。传统设计只注重机械内部系统设计，且以改善零部件的特性为重点，对各零部件之间、内部与外部系统之间的相互作用和影响考虑较少。机械系统设计则遵循系统的观点，研究内外系统和各子系统之间的相互关系，通过各子系统的协调工作、取长补短来实现整个系统最佳的总功能。

综上，现代机械设计方法是一种动态取代静态，定量取代定性，优化设计取代可行性设计，模块化设计取代串行设计，系统工程取代部分处理，自动化取代人工，综合运用已有的资源不断向前发展的设计方法。其本质是追求更高的效益，更恰当的设计，不断开拓设计人员的视野，集中精力创新发展并开发出更多的高新技术产品以满足社会、经济、国防等诸多方面的发展需要。

第二章　真空过滤机

第一节　真空过滤机工作流程分析

一、真空过滤机的概念原理

真空过滤机是以在滤液出口处所形成的负压为过滤推动力，进而实现固液分离的机械设备。过滤技术在我国有着十分悠久的历史，最早的过滤多为重力过滤，随着技术不断发展，方法也变得多样化。真空过滤技术的出现使过滤操作连续化，提高了设备的工作效率和工作质量，并正在逐步改变着各个行业的发展。

真空过滤机按操作性质可分为连续操作和间歇操作两种，二者都是以在滤液出口处所形成的负压力作为推动力，但是适用情况有所区别，连续操作的过滤机主要应用在过滤含有固体颗粒较多的浓稠悬浮液，而间歇操作的过滤机适用范围更加广泛，适用于各种浓度的悬浮液。

真空过滤机的工作原理如下：用过滤介质作为空间分隔，将容器分为上腔和下腔，在上腔内加入悬浮液。经过压力作用使其通过过滤介质进入下腔，将固体颗粒留在过滤介质上，悬浮液变成滤液。悬浮液的过滤主要有三种方式：滤渣层过滤、深层过滤、筛率。滤渣层过滤主要是在初始过滤之后。起到固定大小颗粒的作用，深层过滤主要吸附直径小于过滤介质孔道的颗粒，筛滤则主要截留经过以上两个过程之后滤液中剩余的颗粒。在实际应用中，通常同时采用三种过滤方式或者三者按顺序相继出现以保证过滤质量。过滤机的效率与过滤速度有关，而过滤速度则主要取决于推动力和颗粒直径的大小，在实际生产中通常协调推动力和颗粒直径来保证过滤速度和效率。

二、真空过滤机的常见形式特点和工作流程

尽管真空过滤机的基本原理是相同的，但是由于侧重点不同，结构设计上还是有所区别的，下面将介绍几种常见的过滤机类型，并对其特点和工作流程进行简单介绍。

（一）带式真空过滤机

带式真空过滤机在结构上采用过滤区段沿着水平方向布置的形式，并且使胶带在固定的真空盒上滑动。形成密封的结构，能够连续完成过滤、滤饼洗涤、滤布再生等一系列工艺流程，自动化程度很高。带式真空过滤机主要有以下几个优点：

（1）结构简单，整体性很强，在设备组装和运输方面都有着很大的优越性，操作简单，故障率低，维修难度也较小；

（2）过滤效率高，速度快，工艺简单。由于滤饼设计合理，滤液在经过介质的时候阻力减小，加快了过滤速度，并且滤布速度和真空度均可以实现自由调整，这样可以使设备达到最佳过滤状态，充分发挥效率；

（3）洗涤方式多样而且均匀彻底，效果好，而且还可以将母液和洗涤液按照需求进行回收分离和再利用，可操作性更强；

（4）采用先进的分散控制系统，控制形式更多也更加灵活，不仅可以现场控制操作，而且还能进行远程自动控制。

带式过滤机采用水平过滤面，分为固定室式、移动室式、滤带间歇移动式三种类型。其工艺流程大致如下：在滤室上腔加入原料，借助真空负压使滤液进入下腔，液体中的悬浮固体颗粒停留在过滤介质表面形成滤渣层，滤渣层对于初步过滤起着主要的作用，通过滤渣层的滤液中剩余的固体颗粒直径均小于介质孔道尺寸，需要靠深层过滤等进一步方法来实现更加细致的过滤。当滤渣达到一定程度后，会影响过滤速度，需要对其进行清除，还原过滤介质，通过对几种方式循环的使用，实现对原料的最终过滤。

（二）转鼓真空过滤机

转鼓真空过滤机分为内滤面转鼓真空过滤机和外滤面转鼓真空过滤机。

内滤面转鼓真空过滤机的过滤筒体内表面作为滤面。能够适用于悬浮颗粒粗细不均匀的悬浮液的过滤，而且对于搅拌装置的要求也不是很高，甚至可以取消搅拌装置。降低了机械的成本。过滤的动力主要依靠的是真空压力，此外，还可以借助物料沉降过程中产生的动力和固体颗粒本身的重力。在沉降过程中，直径较大的固体颗粒首先被停留在滤布上，较小颗粒依附在较大颗粒表面。其优点在于可以保持滤布的通透性，不易堵塞，对于滤布的清理比较方便，而且由于设备结构简单，对于采取保温措施也相对容易。在内滤面转鼓真空过滤机的改进措施中，需要加强对转鼓表面利用率的提高，保证设备的真空度，同时需要改进滤布更换工艺，降低滤布更换难度。

外滤面转鼓真空过滤机与内滤面过滤机的工作原理大致相同，但是二者还是有着一定的区别。外滤面过滤机能够进行连续自动操作，提高工作效率，对工作环境的影响比较小，而且在设备修理维护方面也更加简单方便。其缺点是设计成本过高，受温度约束比较明显，对滤饼含湿量的控制不够精确，对于杂质含量较复杂的悬浮液的处理能力较差。

（三）转台真空过滤机

转台真空过滤机单台设备处理能力强，结构简单，而且滤液与洗涤液二者相互隔离开，互相影响较小，洗涤效果更好，但是还需要不断完善性能，在保证其使用功能的前提下减少设备自身体积，既节省材料，又节约空间。同时要做好滤布的防堵塞处理，尽量减少滤布磨损的程度。

转台真空过滤机的工作流程如下：在由内圆筒、过滤面和各个工作区所组成的容积空腔内悬浮液和洗涤液分流，防止出现混流，设备本身的抽滤室将滤液汇合一起，送入出料口，快速螺旋卸渣器将滤饼送入卸料斗，残留在滤布上的滤饼在冲渣水的作用下也进入卸料斗中，再进行下一步的过滤工作。在螺旋卸渣器后面所装置的特殊喷嘴的歧管可以将滤布上的残留物和杂质去掉，不仅促进进一步的过滤，同时还能起到清洁滤布的作用，延长滤布的使用寿命。

第二节　翻盘真空过滤机

一、概述

翻盘真空过滤机也可称为翻盘式真空过滤机（习惯上将"斗"称为"盘"）。翻盘真空过滤机属于连续式过滤机。该机适用于颗粒度约 0.048～0.147mm（100～300目）、浓度约 15%～35% 的滤浆。广泛应用于萃取磷酸生产中料浆的过滤，以及钨合金、铝业、铁砂、镍、铁矿石、二氧化锰、碳酸钙和其他特殊金属行业的固液分离。

目前，世界上最著名的生产翻盘真空过滤机的公司有两家；美国艾姆科公司的 EIMCO 过滤机，范围为 1.5～200m²；比利时泼莱昂冶金公司的 PRAYON 过滤机，范围为 2～245m²。这两家公司分布于世界各地分公司的产品，它们的原理都一样，结构上保持各自特色。英国、俄罗斯、日本等国家为本国需要也制造了该类过滤机。

为了满足磷酸生产工艺的需要，翻盘真空过滤机必须满足如下要求：

（1）必须获得杂质含量尽可能低和完全分离的清晰滤液，并保证滤液中的酸浓度与料浆液相中酸浓度相一致，不会因为滤饼洗涤而被冲稀；

(2) 要防止残留酸随着滤饼被倒掉造成磷损失，即保证洗涤效率达 99% 以上；

(3) 没有污水排放；

(4) 尽量在最省的占地面积里达到最高的有效过滤面积；

(5) 具备良好的滤布再生条件，拆换方便；

(6) 操作要简单、安全可靠，保证较高的开车率，维护保养方便。

翻盘真空过滤机根据不同大小的过滤面积要求，在一个水平放置的直径相当大的转盘上按圆周分布着许多梯形的滤盘，转盘水平匀速回转一周，上面的每个滤盘就依次自动完成加料、过滤、一洗、二洗（三洗）、滤盘倾翻、反吹、排渣、滤布冲洗及吸干复位过程，周而复始连续地操作。它是目前磷酸工业上被采用最多的设备，广泛应用于磷复肥及各种磷酸盐类化工产品领域。

二、工作原理

水平的环形面积内设置了若干个偏心梯形滤盘，滤盘通过两端轴承座安装在内外转盘上，滤盘内圈方向通过旋转接头输液胶管连接至上分配头，转盘置于若干个托轮上并被圆周上若干个挡轮径向定心，转盘圆周上装有柱销齿与传动装置，星轮啮合带动转盘以及转盘上滤盘公转，同时通过上分配头上的浮动拨杆带动上分配头同步旋转，每个滤盘又通过翻盘叉组件配合周边导轨控制滤盘自转卸料，分配头连通真空系统及反吹空气接管。料浆通过加料斗从滤盘上方逆方向（相对过滤机公转）均布于滤布上，在真空吸力下，料浆滤液穿过滤布经滤盘 U 形底槽、抽液管轴、旋转接头、胶管到上分配头，流向下分配头过滤腔室出口排出，而在滤布上形成滤饼，滤饼在过滤区继续真空脱水。经过过滤区后滤饼受到一次洗液洗涤，此时仍处于真空吸力下，洗涤液经过滤饼带走残余过滤有效成分。脱水后的滤饼继续按工艺接受二次洗液洗涤。此逆流多级洗涤法非常节省洗涤液，因为第二级洗涤所得稀薄洗涤液可作为第一级洗液。最后，滤盘旋转至反吹卸料区，滤盘逆公转方向自转倾覆，滤饼被压缩空气吹松，靠重力并借助压缩空气卸料，此时滤盘通过上分配头同下分配头的压缩空气腔室相连。卸料后的滤布紧接着受到冲洗水冲洗再生，这时滤盘不与压缩空气或真空相连。然后接通真空吸干滤布上残余冲洗水，接着滤盘翻回水平位置，重新加料。至此，公转一周完成过滤、一洗、二洗、翻盘反吹卸料、滤布冲洗及吸干、复位加料这样一个循环过程。重新开始新的周期。其中，过滤与洗涤区大小可调，洗涤次数、干渣下料或湿渣下料可选。过滤、洗涤区间属于有效过滤区，其对应面积即为有效过滤面积。

将翻盘真空过滤机展开成平面图形，通过展开的平面原理图可以更醒目地了解其工作原理：过滤机的每个滤盘小端部都通过吸酸胶管与中心分配头的上错气盘各孔一一对应相通，并与之同步水平回转。

下错气盘上开着许多分别与过滤、洗涤、吸干等各真空系统相连的按比例分配的腰形孔相通，并固定在机座上不动。

这样就使各滤盘在绕中心分配头回转时完成加料、过滤、一洗、二洗（三洗）的过滤操作，并通过大端部的翻盘滚轮沿周边的曲线轨道进行机械的翻盘动作，完成反吹、排渣、冲洗滤布、滤布吸干、滤盘复位等辅助操作过程。整个过程周而复始地连续操作。系统采用逆流洗涤法，并将各区所得不同的滤液浓度严格分开处理，得到的便是料浆液相浓度相同的成品酸。

三、结构特点

翻盘真空过滤机由滤盘组件、转盘、导轨、分配头、挡托轮、传动装置、加料斗、洗涤斗、平台等部件组成。

（一）滤盘

滤盘为梯形，一侧有翻边，可遮盖与相邻滤盘间的孔隙，以形成整体完整的环形面。盘底为 U 形槽向滤盘小端倾斜加深，下部有大 U 形梁做盘体支撑，其两端连接轴，大端轴连接 V 形翻盘叉，翻盘叉由本体及三个滚轮组成，控制滤盘自转，小端轴为抽液管轴，连接旋转接头，动静转换后接胶管接头，滤盘相对轴为偏心设计，使滤盘能凭借偏心自重配合翻盘叉自转。两侧底板均向 U 形管倾斜。盘底的这些结构可使滤液在短时间内迅速排出，减轻某些滤液再结晶。

滤板采用钢板冲制而成，是圆形或长腰形的孔错层排列而成的多孔板，开孔率高，其周边折制翻边，折边有较高的直线度和刚性。滤板置于类似蒸笼架的支撑架上，滤板支撑架也是盘体刚性支撑，支撑架与盘底有支脚焊固，四周与盘体周边 L 形小平台焊接。L 形平台、滤板折边和盘体四面侧边形成 U 形密封槽，槽内装 V 形橡胶密封垫，V 形橡胶密封垫上有圆钢和压紧螺栓用以压紧。滤布周边夹持在 V 形橡胶密封垫和圆钢之间，这种结构既保证了密封，又方便更换滤布，只要拧松压紧螺栓取下圆钢即可更换滤布，密封可靠、拆卸方便。

滤盘小端出液管上装有旋转密封装置。滤盘与分配头的连接胶管只承受真空负压而不承受扭转。

（二）分配头

分配头由上分配头、传动杆、耐磨板、下分配头与支架组成。上分配头为动分配头，连同耐磨板通过传动杆跟随转盘同步旋转，其与下分配头形成的密封面应有足够的密封比压，以保证真空不泄漏、各区不窜气。下分配头为固定分配头。

上分配头有对应滤盘数量的胶管接头和相应流道。其下连接耐磨板，可视为上分配头的延伸，磨损后更换方便。

下分配头与耐磨板接触面为控制阀板，上有若干不等长腰形孔，其下对应相应腔室，各个腔室设有出口接管连接胶管到相应工艺单元。根据工艺可适当调节过滤区、一洗区、二洗区的区域大小，洗涤区的划分应根据工艺分隔为若干区域，如一洗区、二洗区。上分配头（固定了耐磨板）与下分配头通过轴承结构或其他定心结构装配，这样上分配头与耐磨板旋转时保持与固定的下分配头同心。

传动杆的连接方式为浮动连接方式，这样允许因磨损引起的转盘和上分配头高度变化。一般小型过滤机的上错气盘自身质量小，有弹簧力加压，以防止真空泄漏，大型过滤机就没必要加弹簧了。

（三）转盘

转盘是由内外转盘及中间拉杆连接而成的大回转件，内外转盘均由若干环形段拼接而成。转盘承受滤盘和滤液，是保持总体水平及运转的关键部件，所以应有足够的刚性和平面度，转盘与挡托轮接触面焊接有耐磨钢板以承受运转磨损，挡轮接触面应有足够的圆度。

一般在外转盘设置传动机构，其外转盘带有柱销齿机构形成大型回转体。柱销齿圈相对转盘应有足够的圆度、同心度和垂直度。

（四）导轨

导轨由支架、平导轨以及曲线导轨组成。其中，平导轨占绝大部分区域。平导轨对应滤盘在加料区、初滤区、过滤区、洗涤区的水平状态，而曲线导轨分为起翻导轨和复位导轨。起翻导轨对应着滤盘反吹、倒渣状态，滤盘翻转为后翻；复位导轨对应着滤盘复位、滤布吸干、加料状态。在起翻与复位之间，还有滤盘翻转到位维持区域也是平导轨，其上同时设置了保护导轨。这段区域对应了滤盘的滤布冲洗区。导轨设计原理上对应了凸轮结构设计。平导轨要求有足够的平面度，曲线导轨要求能控制滤盘轻快地翻转。

过滤机的过滤操作在圆周上分为有效过滤部分和辅助清理部分。在有效部分中，滤盘主要进行过滤和洗涤，滤盘面必须保持水平，以获得厚度均匀的滤饼；在辅助清理部分，滤盘不但要反吹，还要倾翻倒渣，冲洗滤布，然后复位到水平吸干，再进行下一周循环，此番机械运动完全依靠过滤机外缘的轨道装置来控制。在有效部分，滤盘滚轮在水平面上滚动，其轨迹就是平整的环形导轨；在辅助部分，滤盘完成翻转 140°～150° 的倾角，轨道呈多段曲线形，分别是各滚轮的运动轨迹。

滤盘的起翻位中心角度、终止位中心角度、加料位中心角度、洗涤位中心角度始终与下错气盘的开孔位中心角度是一致的，这样才能使过滤机上各相流体顺畅流通。

（五）托轮

托轮由底座、轴、托轮、滚动轴承等零件组成，若干个托轮分布在内外转盘下，同转盘的耐磨钢板接触，承受主要的垂直载荷。环形摆放的托轮应特别注意保证切线放置，以避免转盘运转跑偏。

托轮与底座采用铰接连接方式，可通过调节螺栓调整高度，以保证所有托轮至少有 75% 接触转盘。为便于托轮的更换，托轮的轴采用挡销固定，这样调换时只需调低托轮高度，拔掉挡销即可取下托轮。

（六）挡轮

在转盘的圆周边上设有若干挡轮，用于转盘回转时定心，抵挡转盘不正常偏离，有径向定位作用。

（七）传动装置

过滤机传动装置包括变频器、电磁调速电机、皮带轮、蜗轮减速机和一对星轮销齿传动，其速比可达到 2400，使过滤机能按工艺要求在 0.1～0.5r/min 的速度范围内平稳运行。

皮带传动机构可对过滤机瞬时超载起保护作用，通过变频器可平滑地调节过滤机转速。

（八）加料斗

加料斗通过悬臂梁连接在导轨支架上。加料斗进口下方设有可调节流槽结构，通过调节该机构控制料液在加料斗内的分布；加料斗的出料门设有重锤装置，可通过调整重锤位置来达到加料斗长度上料液的均匀分布。

（九）洗涤斗

洗涤斗同加料斗以相同方式架在滤盘上方，洗涤液经过进液管进入溢流槽，均匀流到位于其下方的斜面上进行二次分布，然后从洗涤斗宽大底板上均匀分布到滤饼上。

(十) 滤布冲洗水管

滤布冲洗水管安装在滤盘下方，刚好在滤饼卸料区内。冲洗水管由开排孔钢管和可调束形喷头组成，可调束形喷头位于滤盘大小端下，可确保滤盘大小端实现完全清洗。

过滤机还设有楼梯平台，供操作人员方便观察、更换滤布。根据物料及工作环境要求可选用吸风罩，吸风罩在滤盘上方一般覆盖了冲洗区、吸干区、加料区、过滤区，使这些区域形成相对封闭空间，吸风罩上设若干抽气口，将有害性气体抽走。

翻盘真空过滤机具有以下几个显著特征：

(1) 其明显特征是由若干个偏心梯形滤盘组成，滤盘自身倾翻卸料。

(2) 可以连续完成加料、过滤、洗涤、卸料、滤布再生等工序。

(3) 卸料采用了滤盘倾翻结合压缩空气反吹实现卸料方式，比其他卸料的方式更干净、更彻底，滤布几乎不发生机械损伤且再生效果非常好。

(4) 过滤区 (角度)、洗涤区 (角度) 可按工艺需要调节。

(5) 用的滤布压紧机构使滤布很容易拆卸更换，且不损伤滤布。

(6) 可进行多级逆流洗涤，用较少的洗涤液可获得较高的洗涤效果。

(7) 占地面积较大，制造成本较高。

四、技术参数

杭州化工机械有限公司专业生产各系列翻盘真空过滤机及其他各类分离过滤设备。经过多年的努力，不断的科技攻关，目前，该公司已制造使用的翻盘真空过滤机单机面积最大已达到120m²，成为我国大型磷复肥项目的关键设备，该机是国内首创，其设计、制造已达到了国际先进水平，同时，该公司也是翻盘真空过滤机行业标准的起草单位。

第三节　圆盘真空过滤机

一、概述

在冶金矿山，矿产资源的特点是贫、细、杂，要获得较高的精矿品位，就必须提高磨矿细度。我国铁矿选厂目前过滤现状比较落后，仍然大量沿用老式的筒式真空过滤机，滤饼水分高一直困扰着国内铁矿选厂。精矿水分过高，造成运输困难，精矿在运输中流失现象严重，不仅污染沿途环境，还使运费增加，并使烧结等冶炼工序的能耗增加，成本加大。筒式内滤机还存在着生产率低、运行成本高等问题。因此，急需对此进行技术改造。

盘式真空过滤机由于占地面积小，处理能力大，造价低，易实现大型化，且技术成熟、工作可靠和操作方便，因而，已被国外发达国家的金属矿山广泛采用。近40年来，盘式真空过滤机得到迅速发展和广泛应用，成为选矿工业中应用最多的过滤设备，特别是在铁矿石选厂，国外基本上都采用了盘式真空过滤机。一些著名的生产厂商，如美国的艾姆科、丹佛、德国的洪堡、瑞典的莎拉国际、奥地利的安德里兹、日本的三机和俄罗斯一些公司已有定型的系列化产品，过滤面积最大达300m²，有近百种规格。其发展趋势是槽体中矿浆液位的自动控制，采用强力搅拌装置使矿浆颗粒均匀悬浮，设备的大型化和增加每个圆盘上滤扇的数目，并在某些需要滤饼水分低的情况下采用增设蒸汽干燥脱水技术，以获得最佳的脱水效果。

马鞍山市格林矿冶环保设备有限公司生产的 GLPG 型盘式真空过滤机有四个系列 18 种规格的 1200 多台产品。过滤面积 6~120m²，应用于国内 200 多家不同规模的金属矿山，替代进口产品，促进了我国金属矿山的脱水技术及设备的更新换代。GLPG 型盘式真空过滤机的推广应用，彻底改进我国脱水技术的整体水平，使我国金属矿山的脱水设备上了一个新台阶，经济效益和社会效益十分显著。GLPG 型盘式真空过滤机在国内同行业处于领先地位。

二、ZPG 系列盘式真空过滤机

（一）设备特点

1. 滤扇

结合现有滤扇使用的缺陷根据选矿行业的特殊性，重新设计了专用新型滤扇。

（1）表面光滑，脱水孔分布均匀，孔率合理，滤扇和筋条的边缘均呈圆角，不但提高了脱水率，同时也延长了滤布的使用寿命。

（2）滤扇头有倒角，强度高，滤扇底部有加强筋，在装配、拆卸时不易损坏、断裂。

（3）筋条走向与滤扇的中心线夹角更合理流体阻力小。滤扇的有效面积大提高了过滤机的处理能力。

（4）滤扇的壁厚比普通的增加了 1/3，同时滤扇的重量也增加了 1/3，是现在国内市场上结构最合理、最牢固的滤扇，平均寿命延长 1.5~2 倍。

2. 主轴与过滤管

（1）过滤管（包括轴头）采用高强度耐磨陶瓷复合钢管，管壁厚，不易磨损，提高寿命 2~3 倍。

（2）滤液管与滤扇接口处取消法兰连接，而采用模具定位直接焊接，排除了原法兰连接处防漏胶皮垫圈老化的因素，消除了可能的漏气点。

（3）每扇滤扇块压板，压板两端分别用不锈钢螺栓和螺母压紧，不易生锈，便于更换滤布，劳动强度大幅降低。

3. 搅拌

针对铁矿粉的特殊性能，针对现在市场上过滤机容易漏和搅拌系统不耐用的特点，采取以下搅拌装置，达到理想效果：

（1）加永磁铁——防止矿粉进入搅拌套内；

（2）采用水密封；

（3）采用盘根密封；

（4）加轴用骨架密封圈密封；

（5）轴表面进行镀铬处理，不易生锈。

4. 槽体

搅拌轴下方槽体内采用刚玉高分子耐磨涂层，防止槽体钢板磨损。

5. 控制盘摩擦片

采用特制耐磨硼磷铸铁、刚柔相济，密封效果好，使用寿命延长 2~3 倍。

6. 润滑和清洗

采用干油泵集中多点自动润滑，保证设备正常运行。滤布清洗采用自动清洗装置，保持了良好的脱水效果。

7. 电控

采用变频调速，以物料的浓度及流量调节，达到理想的工作效果。

（二）ZPG 系列盘式真空过滤机的主要技术创新

1. 搅拌及轴端密封

采用桨叶式搅拌装置代替了传统的摆杆式搅拌装置，不但提高了搅拌效果，还极大提高了设备的可靠性。盘式真空过滤机底部的搅拌装置是保证槽体内上下矿浆浓度且能在过滤介质上形成均匀滤饼的最关键部件，其轴端的动态密封尤其是项技术难题。样机的水封式密封装置用螺栓直接固定在槽体上，由于槽体为大焊接件，精度较差，很难保证搅拌轴与水封式密封装置在运转时的同心要求，造成密封件磨损快、易漏矿浆，影响了过滤机的作业率。通过借助美国和苏联等国家盘式真空过滤机的技术，在水封式密封装置与槽体之间加一过渡橡胶法兰，实现两者的柔性连接，在运转时如因加工、安装等产生的不同心和摆动完全由橡胶法兰吸收，保证搅拌轴与水封式密封装置始终同心，就彻底解决了轴端动态密封这项技术难题，可靠性大大提高。此项技术已获国家实用新型专利证书。

2. 配气装置

配气装置是控制过滤机作业过程的关键部件，由左右两个分配头、左右分配盘和摩擦盘组成。其中，分配盘、摩擦盘材料的使用和加工更是关键，既要求表面硬度高、耐磨性好，又要求便于机械加工，并保证很高的精度。虽然传统的耐磨铸铁如白口铸铁等在耐磨性方面能满足要求，但不便于机械加工。因此，与有关单位合作开发出耐磨性能优异而且便于加工磨削的硼铸铁，用作分配盘、摩擦盘材料的原料。再加上由集中润滑系统自动定时强制向分配盘和摩擦盘之间注入干油润滑，既提高了真空度，又使得其使用寿命达 1 年以上。

3. 过流元件

滤液管是过滤机中最主要的过流元件，其在与滤扇的连接处成直角方向流动。此处液体流动的速度很快，特别是在滤布损坏时，滤液中所带的矿浆固体颗粒对滤液管的磨损加剧，使得滤液管的非正常损坏的因素增大。美国艾姆柯公司的盘式真空过滤机的滤液管采用异型钢管，管子断面成两个不同直径的偏心圆状，其滤液直接冲击处的管壁厚度达 20mm，磨损不到处的管壁厚度仅 5mm，但在国内找不到这种异型钢管。近几年，技术成熟的耐磨陶瓷复合钢管是很好的选择，ZPG 型盘式真空过滤机上可拆换的滤液管外径分别为 70mm 和 95mm，由于管道长而内径较小，并要预留孔，整体复合陶瓷难度大且质量不稳定，通过与厂家的合作攻关，采用短管复合陶瓷后再拼接校直等工艺，耐磨复合陶瓷滤液管的质量得到进一步提高，完全满足了过滤机作业要求。

4. 滤扇

盘式真空过滤机的滤扇的设计是否合理直接影响其过滤性能。滤扇的设计应保证真空均匀地作用于整个表面，以排出滤液和透过滤饼的空气，同时使鼓风机的回风沿整个表面均匀扩散。滤扇应保证足够的强度、耐久性和抗疲劳强度。6～40 系列的盘式真空过滤机，由于其过滤面积为 $40m^3$ 以下，其盘径较小，每盘设计成 12 个滤扇；60～120 系列的盘式真空过滤机，其盘径较大，每盘设计成 20 个滤扇，从而可以保证滤饼在其上均匀分布。

ZPC 系列盘式真空过滤机的滤扇由数控加工中心加工的模具一次注塑而成，滤扇采用高强度工程塑料，具有表面光滑、强度高而质量相对较轻、耐磨损等特点。滤扇上开有较宽的沟槽，沟槽内开有长孔，能确保滤液畅通流到滤扇内腔内，滤液通过能力大，不易堵塞。此结构使滤扇表面的开孔达 50% 以上，极大地提高了有效过滤面积，非常有利于提高过滤系数和降低滤饼水分。

5. 过滤介质

滤布作为一种过滤介质，对过滤效果有着十分重要的影响。合适的滤布将能大大改进过滤设备的指标，提高设备的台时处理量，降低滤饼水分和作业成本。经过多年的技术攻关和反复试验，中钢集团安徽天源科技股份有限公司已成功地开发了新型单复丝滤布，该技术已获国家实用新型专利证书。滤布本身厚度均在 0.6～0.7mm 之间，其经线是单丝纤维，纬线是复丝纤维。以单丝纤维为主构成的表面，经定型处理后表面光滑，滤布的孔眼也较小；以复丝纤维为主构成的表面，滤布的孔眼较大，因而滤布的立体孔隙成倒三角形结构。这种结构的孔隙，在过滤过程中，以单丝为主的表面为工作面，其表面孔隙主要是单丝纤维间的孔隙，具有均匀精确的几何形状。固体颗粒要么被滤布截留，要么就透过滤布进入滤液排出，因而这种滤布具有优良的防阻塞性能，表面光滑，又可以保证较高的卸饼率。

目前，已普遍在盘式真空过滤机的生产中定型六种滤布推广应用，其中有不同透气量和透水性能的单复丝滤布和复丝滤布各三种型号，使用周期在 1～3 个月不等，可根据用户不同的矿物性质，提供合适的滤布。

二、圆盘真空过滤机的发展

圆盘真空过滤机虽已成为定型产品，但是还在不断地改进，改进情况和发展的总趋势为：

(1) 圆盘的扇形体几乎都改用玻璃纤维增强塑料制成，且为波形表面，这样可以减轻设备质量，节省能源，增加过滤面积，可使滤布弯曲、卸料完全。用插销式装配扇形体，维护和更换滤布更为简便。

(2) 在扇形体周围加不透水的 20mm 窄条，使其周边不致形成含水分高的滤饼。

(3) 在设备内易磨损的管底部加一层耐磨聚氨酯，或对管阀加橡胶衬套。

(4) 增加管阀尺寸，利用大量低压气体使滤布迅速膨胀，采用"瞬时吹落"与刮板并用方式使卸料完全。

(5) 对于难过滤的矿浆(如赤铁矿)可安装密封良好的蒸汽罩，能够进一步降低滤饼水分，节省干燥作业费用。采用蒸汽干燥技术的优点是：

①仅需要增设蒸汽罩，且操作简单，因而投资、生产费用及维修费用较低。

②脱水速度加快，最终滤饼水分降低。同时还可避免火力干燥时易于发生起火、爆炸等现象。由于蒸汽干燥保留了细粒固体，因而也减少了污染。

③采用火力干燥易变质的产品更适用于蒸汽干燥，因为蒸汽干燥不影响产品的

性质。

④该系统可实现全自动化。

(6) 向大型化发展，目前单机最大过滤面积已达 500m²。

(7) 采用微孔陶瓷盘代替其他材料制成的圆盘，如芬兰研制成功的陶瓷盘式真空过滤机，是盘式过滤机的一次重大革新。

(8) 开发加压盘式真空过滤机及带蒸汽罩的真空过滤机，以适应高海拔地区的使用，加压方式一是采用高温蒸汽（>200℃），二是采用热风（150℃）并辅以加压风机。

第四节　筒型内滤式真空过滤机

一、技术要求

(1) 过滤机应符合本标准的要求，并按照经规定程序批准的图样和技术文件制造。

(2) 过滤机的零部件应经检验合格，外购件和外协件应有合格证明文件，方可进行装配。

(3) 过滤机在下列条件下应能正常工作：

①室内运行，室温为 5℃ ~ 40℃ ；

②矿浆为中性、无腐蚀的悬浮液；

③矿浆中固体粒度不大于 0.6mm，相对密度为 4.8 ~ 5.3t/m³；

④给矿浓度大于 50%。

(4) 过滤机滤布下排水面的有效截面积不应小于过滤面积的 45%。

(5) 过滤机分配头、筒体等在真空或压力下工作的零件及其连接部位，应能防止液体渗漏和真空度降低。

(6) 筒体、给矿管以及管路连接部位等焊接件，其焊缝应平整，不允许有烧穿、裂缝、夹渣和咬边等缺陷。

(7) 分配头、错气盘和喉管等铸件，加工前应进行人工时效处理。

(8) 紧固分配盘和错气盘的螺钉表面埋入 3 ~ 5mm，其接触表面应平滑，不允许有凹凸。金属材料的分配盘与错气盘配研后，在任意 1cm² 的正方形内接触点不应少于三个；非金属材料的分配盘与错气盘接触间隙不应大于 0.05mm。

（9）过滤机卸料装置应符合下列要求：

①固定溜槽表面应平滑；

②中心带式运输机应运转灵活、调整可靠，传送带跑偏不应大于20mm。

（10）所有润滑油路应畅通，保证润滑。

（11）过滤机裸露的运动部件和传动装置应设有安全防护罩。

（12）各轴承部位温升不应超过30℃，最高温度不应超过70℃。

（13）过滤机应运转平稳，工作时的噪声不应大于75dB（A）。

（14）过滤机所有外露非加工金属零件表面应涂两层底漆（包括保养底漆）和两层面漆。涂漆应均匀，不得有脱漆、剥落、流痕和裂纹等缺陷。

（15）过滤机成套供货范围应包括：

①全套机械部分（不包括滤布、压绳及附属设备）；

②电动机；

③卸料机构。

二、试验方法

（1）过滤机零件腔壁和焊缝连接部位的气密性试验，应在涂漆前按下列规定进行：

①分配头、各腔室应用盛水的方法，保持10min无渗漏；

②筒体、槽体、给矿管以及管路连接部位的焊缝应用煤油进行透油试验，经0.5h焊缝背面涂抹的白粉不出现变黑；

③喉管各孔道应进行水压试验，在0.2MPa水压下保压10min无渗漏。

（2）分配盘、错气盘的接触表面状态用如下方法进行检验：

①金属盘用着色法检查接触点数；

②非金属盘用0.05mm塞尺检查，塞入深度不超过10mm为合格。

（3）过滤机应在试验台上，以最高转速空运转2h，检测筒体的径向圆跳动。

（4）过滤机以最高转速空运转2h后，用点温计检测轴承部位的温升和最高温度。

三、包装、运输和贮存

（1）过滤机可整体裸装或以分解形式装箱和捆装。零部件在箱内应固定牢固。

（2）过滤机外露加工配合表面应进行防腐处理，并用油纸和塑料薄膜包扎，其防腐期不应少于一年。

（3）过滤机应随机附带下列技术文件：

①产品质量合格证明文件；

②产品使用说明书；

③产品安装图；

④装箱清单及成套发货明细表。

(4) 过滤机的贮存应符合下列要求：

①应在库房或棚下贮存；

②库房或棚下应通风，防雨、雪和日光直射；

③裸装件和捆装件应单放，不允许码放。

(5) 在贮存与运输过程中，分配头应防雨、雪、日光直射和意外碰撞。

(6) 过滤机每贮存一年，应进行一次养护。

第五节　水平带式真空过滤机

一、型式

(一) 结构型式

过滤机按其结构和特征，可分为：

(1) 固定室型水平带式真空过滤机 (橡胶带)。

(2) 移动室型水平带式真空过滤机。

(3) 过滤带间歇运动型水平带式真空过滤机。

(二) 型号编制方法

过滤机的型号编制由过滤机型号、基本参数、与物料接触零部件代号及设计改型代号四部分组成。

二、技术要求

(一) 基本要求

过滤机的设计和制造应符合本标准的规定，并按经规定程序批准的图样及技术文件制造。如果用户有特殊要求时，按双方签订的协议设计制造。

（二）性能要求

（1）橡胶滤带支撑系统应保证橡胶滤带与过滤带结合面平整，且在设计规定的速度范围内运行、调速灵活、可靠，不应有滑移现象。

（2）固定室型过滤机的橡胶滤带相对机架纵向中心线的跑偏量应不大于10mm，橡胶滤带上圆孔与真空箱吸引槽不应有遮孔现象。

（3）固定室型过滤机的橡胶滤带与耐磨带应同步运行，不应有打滑和卡住现象。

（4）过滤带不得皱折，并能自动调偏；保证过滤带有有效的防偏控制，过滤带相对于驱动辊端面的跑偏量应不大于40mm。

（5）移动室型过滤机真空箱的滚轮与导轨应保持接触状态，且往复移动无明显的卡住及蠕动现象。

（6）固定室型过滤机应有真空箱升降系统，且应升降灵活，不应出现卡死现象。

（7）移动室型过滤机真空箱的真空行程时，真空箱必须与过滤带同步；真空箱返回行程时，返回速度应不低于8m/min。

（8）所有真空管路连接处应密封，不应有漏气现象；各清洗水管、密封水管焊缝及连接接头处不应有渗漏现象。

（9）所有滑动的真空密封处，滑动面均有效贴合，保证有良好的润滑。

（10）固定室型过滤机在滑动密封面通水情况下抽真空，操作真空度应能达到设计要求。

（11）移动室型和滤带间歇运动过滤机有两个或两个以上真空户切换阀时，切换时须保证良好的同步性，其时间差应不大于1s。

（12）整机气控系统及电气系统控制动作灵敏、准确、可靠。

（13）运转时各润滑部位应保证润滑良好，无碰擦和异声、杂声。

（14）过滤机整机噪声（声压级），空运转时应不大于85dB（A）。

（15）过滤机负荷试验达到以下要求：

①进料箱应能使料浆在滤布面上形成均匀的料浆层；

②在卸料端滤饼卸除率85%以上。

③滤布洗涤装置能有效工作，滤布经清洗后无明显的净污分界；

④生产能力、滤饼含液量、滤液含固量等主要技术参数应符合设计要求。

三、材料要求

（1）过滤机主要零件的材料应有材料供应单位的质量证明书。如无质量证明书时，制造单位须按有关标准进行检验，合格后方可使用。

（2）橡胶带应符合规定，并有专业生产厂商的合格证。

（3）真空滑台和橡胶滤带支撑滑板应选用摩擦因数小于0.08、耐磨性能好的材料制造。

（4）外购配套件（减速机、电动机等）应有出厂合格证。

四、制造要求

（1）耐磨带规定如下：

①耐磨带外表面应保证平整且有一定的粗糙度，但不得有凸起或凹陷的伤痕；

②耐磨带内表面应保证光滑、平直、纵向直线度误差不大于0.5/1000，且全长不大于2mm；

③耐磨带扯断强度应不小于200N/mm。

（2）焊接件须除净焊缝上的焊渣、溅粒。焊缝应平整，不允许有影响强度的裂纹及外观质量的缺陷。

（3）辗表面橡胶层硬度应为（75±5）HA，有表面涂覆层的各类轮子，其涂层与母体材料表面应紧密结合。

（4）直径大于300mm的轮子、驱动辊、从动轮应做静平衡，其允许不平衡力矩为2.5N·m。

（5）移动室型和滤带间歇运动过滤机真空箱过滤面水平平面度误差应不大于3mm。

（6）移动室型过滤机的导轨中心线间距离偏差应在±1.5mm范围内，导轨全长与机架中轴线平行度误差应小于2mm。

（7）固定室型过滤机真空箱滑台平面度（与真空箱组装后）误差应不大于1/1000，且全长不大于3mm；纵向平面度误差不得大于2mm。

（8）各段真空箱中心线对其公共中心线的相对偏差应在±1.5mm范围内。

（9）固定室型过滤机橡胶滤带支撑装置上部滑板水平平面度误差应不大于3mm；耐磨带上平面应与橡胶滤带支撑装置的上平面在同一水平面，其偏差应不大于3mm。

（10）固定室型过滤机驱动辗与从动辗轴线应在同一水平面上，全长范围应不大于2mm，驱动辗、从动辊、橡胶滤带托辊、滤布改向辗轴线与机架中心线垂直度误差应不大于规定中公差等级11级的公差值。

五、外观质量

（1）焊接件焊缝应平整光滑，不应有影响强度的裂纹、咬边等缺陷存在。

（2）外露零部件，装配结合面边沿整齐一致，不应有明显错位。

（3）非加工易锈的金属表面应涂漆，漆膜应均匀、平整、光滑和牢固，其质量应符合规定。

六、安全要求

（1）开式传动装置应有可拆卸的防护罩，并有旋转方向标记。

（2）电气控制箱和电动机应可靠接地。

（3）过滤机控制柜设有紧急停车装置，且过滤机现场设有随时紧急停车装置。

（4）在过滤机驱动端及从动端的醒目位置设置安全警示标志。

七、试验方法

（一）真空箱及真空管路连接处密封试验

（1）移动室型和滤带间歇运动过滤机真空箱焊接处采取煤油渗漏试验的方法。

（2）固定室型过滤机真空箱密封试验方法可从下列方法中选择一种。

①过滤机橡胶滤带上的排液孔先不开孔，并在胶带上加载体，使摩擦带与胶带紧密贴合，并在滑动密封面通水的情况下，抽真空且用真空表测定其真空度，要求真空度能达到设计的操作真空度。

②煤油渗漏试验：将过滤机真空室焊缝易于检查的一面清理干净，涂以白粉，晾干。在焊缝另一面涂以煤油，使表面得到足够的浸润，30min后观察有白粉的检查面，以没有油渍为合格。

（3）管路连接及焊接处采用涂肥皂水的方法。

（二）生产能力

每小时排出的滤饼质量（以绝对干燥计），其测定必须在滤饼含固量达到设计要求之后进行。测定方法：用秒表测定取样的延续时间（一般为3～10min），称出样品质量，然后算出生产能力。

八、标志、包装、运输和贮存

（1）每台产品应在明显平坦部位固定标牌，标牌上应标出下列内容：

①产品的型号、名称；

②主要技术参数：过滤面积，单位为平方米（m）；有效过滤宽度，单位为毫米（mm）；滤带速度范围，单位为米每分（m/min）；主机传动功率，单位为千瓦（kw）；

外形尺寸(长 × 宽 × 高),单位为毫米(mm);机器质量,单位为千克(kg);

③出厂编号;

④制造日期;

⑤制造厂名。

(2)过滤机的随机文件如下:

①装箱单;

②产品合格证;

③产品使用说明书(包括主要配备附机使用说明书);

④其他有关技术资料。

(3)运输:过滤机运输过程中应防止碰撞、损伤,不允许倒置。

(4)贮存:过滤机存放在相对湿度小于80%,温度在 -15℃ ~ 40℃无腐蚀性介质的遮蔽场所。橡胶滤带、外表面衬胶辐、过滤带应存放在相对湿度50% ~ 80%,温度为 -15℃ ~ 40℃封闭内,保持清洁,避免直接与臭氧、强光、高温、酸、碱、油类、有机溶剂和金属锌、锰等影响橡胶质量的物质接触,同时应避免受到雨、雪、水的侵蚀。

第六节　外滤面转鼓真空过滤机

一、技术要求

(一)基本要求

过滤机应符合本标准的规定,并按经规定程序批准的技术文件制造。

(二)整机性能要求

(1)过滤机各运转部件应运转平稳,调速灵活、可靠,无碰擦、卡阻现象。

(2)空运转时主轴承温升不大于25℃,负荷运转时主轴承温升不大于35℃。

(3)转鼓转速、剥料辊转速、搅拌器摆动次数等应符合设计要求。

(4)自动进给刮刀的进给速度应符合设计要求,刮刀进给平稳,无卡阻。

(5)承压型全密闭过滤机,各密封部位(各动、静密封处)无泄漏,压力降不大于额定压力的25%。

(6)折带型过滤机,应有纠偏装置,滤带最大跑偏量符合设计要求。

（7）过滤机运转时的噪声（声压级）不大于80dB（A）。

（8）过滤机应设置过滤介质再生装置。

（9）过滤机的生产能力、滤饼含液量、滤液含固量及真空度应符合设计要求。

（三）材料和外购件要求

（1）过滤机主要零件的材料应有材料合格证。

（2）所有外购件应有供应厂商的合格证明书。

（四）主要零件质量要求

（1）转鼓、分配头、错气轴、空心轴等主要铸件应进行时效处理。

（2）分配头、错气轴、空心轴等主要焊接件应进行削除内应力的处理。

（3）转鼓、分配头、错气轴各腔室之间不得相互串通，也不得存在使之贯通的螺孔。

（4）固定错气盘和转动错气盘的配合面一般应进行刮研，刮研点分布均匀，在任一25mm×25mm范围内的接触点不少于13个。

（5）不进行刮研的固定错气盘和转动错气盘的配合面，平面度应不低于规定的5级精度。

（五）装配要求

（1）转鼓、错气轴、转动错气盘各腔室须相应对齐，其错位偏差应不大于2mm。

（2）连接错气盘的沉头螺钉的头部，最少应低于配合面2mm。

（3）装配完毕的转鼓，其外圆柱表面不得有明显的凹陷和凸起，相对于左右轴公共轴线的径向圆跳动量：折带型和绳索卸料型不大于 $0.0015D$（D 为转鼓直径），其他类型不大于 $0.0012D$。

（4）卸料刮刀刃口、剥料辊、压榨辐等辊子的素线应与转鼓素线平行，其平行度误差每1000mm应不大于0.5mm，全长不超过2mm。

（5）扩幅辐、导向辗、调节辊等辊子的轴线与转鼓轴线的平行度不低于规定的11级精度。

（六）密封性要求

（1）固定错气盘和转动错气盘配合面应接触严密，其配合间隙不大于0.05mm。

（2）转鼓、分配头、错气轴各腔室之间不得渗漏。

（3）贮液槽、进料槽等不得渗漏。

（4）密闭型过滤机，贮液槽、密闭罩、出料斗等主要焊接件的焊缝要做煤油浸油试验，不得渗漏。

（七）安全要求

（1）过滤机转鼓应有旋转方向标记。

（2）易触及的传动装置应有防护装置。

（3）电器及电气控制装置应可靠接地。

（八）外观要求

（1）过滤机不锈钢转鼓、分配头等部件应进行表面处理，无明显锤痕和划痕。

（2）除不锈钢外，过滤机非加工的金属零件外表面应涂漆，内表面应涂防锈底漆，并应符合规定。

（3）衬橡胶的过滤机，其橡胶衬里的外观和与金属贴合质量应符合规定。

（4）塑料和特殊材料的过滤机，其金属骨架应进行防腐处理，防腐涂层应表面平整、光滑，无明显色差；与金属骨架的贴合紧密，无鼓包、起泡等缺陷。

二、试验方法

（一）渗漏及承压试验

（1）不衬橡胶的过滤机的贮液槽、洗涤槽、进料槽、稀释槽及转鼓、分配头、错气轴各腔室之间应做煤油浸油试验，2h 之内不得渗漏。

（2）承压型全密闭过滤机，合上密封罩，以额定压力进行试验，保压 5min，记录压力降并检查各密封部位（各动、静密封处）泄漏情况。

（二）空运转试验

（1）试验前应对下列文件进行检查：
①主要件的材料合格证；
②渗漏试验的试验报告及承压型全密闭过滤机的密封性承压试验的试验报告；
③主要外购、外协件的质量合格证明书。

（2）承压型全密闭过滤机应在密闭前先按基本型过滤机进行空运转试验，合格后方可合上密闭罩再次进行空运转，并进行承压和密闭性检查。

（3）过滤机应在最高转速下连续运转不少于 2h，并进行下列空运转试验：
①转速测量：过滤机运转平稳后进行转速的测量，有调速功能的，还要进行

调速测试：先由低速往高调，再由高往低调，各级速度都能达到设计转速，且变速平稳；

②轴承温度及温升的测量：过滤机运转前用点温度计测量主轴承温度，运转2h后再次测量主轴承温度；

③折带型过滤机滤带跑偏量的测量：用钢直尺测量过滤机运转一周后滤带在任一辐子上左右移动的最大数值。

（三）负荷运转试验

（1）负荷运转试验应在空运转试验合格后方可进行，按额定工况条件进行，连续运转时间不少于8h负荷运转试验允许在用户进行。

（2）轴承温升的测量：运转前先测量室温，运转8h后再用点温度计测量主轴温度。

（3）滤饼含液量的测量方法如下。取样方法和位置：过滤机正常运转形成稳定厚度滤饼层后，分别在距离转鼓两端100mm和中间位置连续取样不少于一圈，将三份样品充分混合均匀；

（4）滤液含固量的测定方法。过滤机正常运转形成稳定厚度滤饼层后，在滤液出口处间断接三份滤液，每份不少于100mL；测量按规定的方法进行。

三、检验规则

（一）检验分类

过滤机的检验分为出厂检验和型式检验。

（二）型式检验

（1）有下列情况之一时，产品应进行型式检验：
①新产品或老产品转厂生产；
②产品正式生产后，结构、材料或工艺有重大改变，可能影响产品性能；
③产品正式生产时，定期或累积一定产量后；
④产品停产一年后重新恢复生产；
⑤出厂检验结果与上次型式检验结果有较大差异；
⑥有关质量检验监督机关或用户提出进行型式检验的要求。
（2）型式检验项目：基本要求、主轴承温升、密闭型密封性、滤带跑偏量、噪声、各部件密封性、安全要求。

四、包装、运输与存储

(一) 包装

(1) 过滤机应视其大小和复杂程度,采用整机包装或分部件包装。

(2) 过滤机中可能受大气腐蚀的配套件、备件、专用工具等,包装前应做好防腐蚀处理。

(3) 过滤机出厂时应随行带以下文件:

①装箱单,有分包装时应有总包装单和分包装单;

②产品合格证;

③产品使用说明书;

④随行备件、附件清单;

⑤安装图及电器原理图;

⑥其他有关技术文件。

(二) 运输

过滤机在装运过程中不得翻滚和倒置,分配头的转鼓严禁挤压磕碰。

(三) 贮存

过滤机应避免阳光直射,温度低于0℃或高于40℃时应采取防冻或防热措施。过滤机应贮存在相对湿度小于80%、温度不高于40℃、没有腐蚀性介质的遮避场所。

第三章 固—液分离技术

第一节 过滤

一、概述

(一) 有关概念

所谓过滤，是在外力作用下，利用可以让液体通过而不能让固体通过的多孔介质，将悬浮液中的固体颗粒分离出来的操作。过滤在化工生产中被广泛采用。

过滤是固液分离过程中的一种常用方法，其过滤原理为：流体通过过滤介质时，将悬浮于液体中的固溶物和胶体物截流在介质表面或介质中，进而达到固液分离的目的。按照介质截流固溶物的方式又分表面过滤和深层过滤。表面过滤是指固溶物以滤饼的形式沉积于过滤介质的进料一侧，一般这种方法多用来处理固溶物含量较高的悬浮液，如固溶物含量大于1%；深层过滤则是将固溶物沉积于过滤介质的内部，多用于处理固溶物含量≤1%的悬浮液。

在过滤操作过程中，所处理的悬浮液称为滤浆，所利用的多孔介质称为过滤介质，被过滤介质截留的固体颗粒称为滤饼(或称滤渣)，而通过滤饼及过滤介质的液体称为滤液。

1.过滤介质

过滤介质起着支撑滤饼的作用，对其基本要求是要具有足够的机械强度和尽可能小的流动阻力，此外，还需具有相应的耐腐蚀性和耐热性。

工业上常用的过滤介质有：

(1) 织物介质(又称滤布)。指由棉、毛、丝、麻等天然纤维及合成纤维制成的织物，或由玻璃丝、金属丝等织成的网。这种介质能截留颗粒的最小直径为5~65μm。这种介质在工业上应用最为广泛。

(2) 堆积介质。由各种固体颗粒(砂、木炭、石棉、硅藻土)或非织物纤维等堆积而成，多用于深床过滤中。

(3) 多孔固体介质。具有许多微细孔道的固体材料，如多孔陶瓷、多孔塑料及多孔金属制成的管或板，能截留 $1 \sim 3\mu m$ 的微细颗粒。

（4）多孔膜。用于膜过滤的各种有机高分子膜与无机材料膜。广泛使用的是醋酸纤维素和芳香聚酰胺系有机高分子膜。

2. 过滤方式

工业中通常采用的过滤操作方式有如下两种：

（1）深床过滤。过滤介质是很厚的颗粒床层，过滤时并不形成滤饼，悬浮液中的固体颗粒沉积于过滤介质内部，悬浮液中的颗粒尺寸比床层孔道小，但床层孔道曲折细长，颗粒在表面力和静电的作用下很容易附着在孔道壁面上。这种过滤仅适用于处理固体颗粒含量极少（固相体积分数 0.1% 以下）的悬浮液。自来水厂饮用水的净化及从合成纤维丝液中除去极细固体物质等均采用这种过滤方法。

（2）饼层过滤。饼层过滤时，悬浮液被置于过滤介质一侧，固体颗粒沉积于介质表面而形成滤饼层。由于滤浆中固体颗粒大小不一，介质中微细孔道的尺寸可能大于悬浮液中部分细小颗粒的尺寸，故过滤刚开始会有一些细小颗粒穿过介质，使得滤液浑浊，但不久颗粒会在孔道中发生"架桥"现象，使小于孔道尺寸的细小颗粒被截留，滤饼开始形成，滤液变清，过滤真正开始进行。因此，在饼层过滤中，真正起着截留作用的，可以说主要是滤饼层而不是过滤介质。通常过滤刚开始所得到的浑浊液，在滤饼层形成后需返回滤浆槽重新处理。这种过滤方式适用于处理固体含量较高（固相体积分数在 1% 以上）的悬浮液。

3. 滤饼的压缩性和助滤剂

随着过滤操作的进行，滤饼的厚度不断增加，滤液通过饼层的流动阻力也相应不断增加。构成滤饼的颗粒特性决定流动阻力的大小。当滤饼两侧的压强差增大时，颗粒的形状和颗粒的空隙不会随之发生明显变化，这类滤饼称为不可压缩滤饼；相反，若滤饼两侧的压强差增大时，颗粒的形状和颗粒的空隙会有明显的改变，这类滤饼称为可压缩滤饼。对于不可压缩滤饼，单位厚度床层的流动阻力可视为恒定；对于可压缩滤饼，单位厚度饼层的流动阻力随压强差增大而增大。

为了降低可压缩滤饼的过滤阻力，可加入助滤剂以改变滤饼的结构。助滤剂是某种质地坚硬而能形成疏松饼层的固体颗粒或纤维状物质，将其混入悬浮液或预涂在过滤介质上，可以改善饼层的性能，使阻力减小，滤液得以顺畅通过。

常用助滤剂有以下几种：

（1）硅藻土。它是由硅藻土经干燥或煅烧、粉碎、筛分而得到的粒度均匀的颗粒，其主要成分为含 $80\% \sim 95\% SiO_2$ 的硅酸。

（2）珍珠岩。它是珍珠岩粉末在 1000℃ 下迅速加热膨胀后，经粉碎、筛分得到的粒度均匀的颗粒，其主要成分为含 $70\% SiO_2$ 的硅酸铝。

（3）石棉。为石棉粉与少量硅藻土混合而成。

（4）炭粉、纸浆粉等。

助滤剂有两种使用方法：一种是先把助滤剂单独配成悬浮液，用其过滤，使过滤介质表面上先形成一层助滤剂层，然后再进行正式过滤；另一种是在悬浮液中加入助滤剂一起过滤，这样得到的滤饼较为疏松，可压缩性减小，滤液容易通过。但由于滤渣与助滤剂不容易分开，若过滤目的是回收滤渣，就不能把助滤剂与悬浮液混合在一起。助滤剂的添加量一般为固体颗粒质量的 0.5% 以下。

4. 悬浮液量、固体量、滤液量及滤渣量之间的关系

悬浮液过滤所得的滤液量与悬浮液中所含的液体量并不相等，因为湿滤渣中含有一部分液体。因此，在讨论过滤问题时，需要了解悬浮液量、固体量、滤液量及滤渣量之间的关系。

（二）过滤操作

在过滤操作中滤饼是由被截留在过滤介质上的颗粒堆积而成，颗粒之间存有空隙，空隙间连通起来便构成曲折迂回的滤液通道。由于颗粒很小，各通道的直径亦很小，而液固之间的接触面积又很大，所以滤液在通道内的流动阻力很大，流速很小，多属于层流流动范围。

过滤操作有两种典型的操作方式：一种是恒压过滤，另一种是恒速过滤。然而，在工业生产中并不适宜使整个过程在恒压或恒速下进行。若整个过程维持恒速，那么过滤操作到了末期，压力要升高至很高，过滤设备易产生泄漏，供料设备易发生超负荷。若过滤初期严格地维持恒压，由于介质表面尚无滤渣，会使得较微细颗粒穿越介质而引起滤液浑浊，或堵塞介质的孔隙，增大阻力。故常采用先恒速后恒压的复合操作方式。即过滤开始时先以较低的恒定速度操作，当表压升至所给定的数值后，再转入恒压操作。此外，工业上也有既非恒速又非恒压的过滤操作，如用离心泵向压滤机输送料浆即属此例。

1. 恒压过滤

恒压过滤是最为常见的过滤方式。恒压过滤是在压强差（推动力）维持恒定下进行过滤操作。对于这种操作其滤饼层不断增厚，使得过滤阻力逐渐增加，而过滤速率逐渐变小。

2. 恒速过滤

恒速过滤是维持过滤速率恒定的操作方式。当供料的体积流量等于滤液流出的体积流量，过滤速率便是恒定的。用排量固定的正位移泵向过滤机供料，并且支路阀处于关闭状态时，就是一种典型的恒速过滤。在这种情况下，由于随着过滤的进

行，滤饼不断增厚，过滤阻力不断增大，要维持过滤速率不变，必须不断增大过滤的推动力——压强差。

二、盘式真空过滤机

盘式真空过滤机又称为蝶式真空过滤机，是一种高效的过滤设备，由于占地面积小、处理能力大、造价低、易于大型化、技术成熟、工作可靠和操作方便等优点，在国外已完全取代了筒式真空过滤机。盘式真空过滤机在国外发展很快，制造的产品已形成系列，生产的规格齐全，最大规格的过滤面积已达 $480m^2$。国内开发的 ZPG 系列盘式真空过滤机主要用于选煤厂和选矿厂对悬浮液进行过滤脱水。

(一) 盘式真空过滤机的过滤原理

盘式真空过滤机的过滤原理是利用在真空作用下过滤盘内外两侧形成的压力差，使料浆中的液相通过过滤盘上的滤布，其中的固相颗粒截留在滤布上，液相由真空系统排出，达到固液分离的目的。过滤盘表面两侧的压力差由真空系统所产生的负压来形成。

(二) 盘式真空过滤机的结构

盘式真空过滤机利用滤盘内外两侧的压力差，使料浆中的液相通过滤布，其中的固相颗粒截留在滤布上，达到固液分离的目的。过滤机主要由槽体、主传动装置、过滤盘、分配阀、卸料装置和搅拌传动装置等几部分构成。

盘式真空过滤机结构过滤面由多个单独的扇形片组成若干个（一般 10 ~ 12 个）圆盘而构成。每一个扇形片为单独的过滤单元，由滤布做成布袋套在扇形片上形成滤室。工作时，过滤盘由调速电机通过减速器及开式齿轮传动来驱动，使之在装满料浆的槽体中以一定的转速顺时针转动。当过滤圆盘的某一滤扇处在过滤吸附区时，料浆中的固体颗粒借真空的作用附着在过滤盘上形成滤饼。搅拌器往复摆动防止固体沉淀。而滤液则经滤液管及分配头排出。当这一滤扇从矿浆液位中脱离而进入脱水区后，滤饼在真空的抽吸力作用下，水不断与滤饼分离，进一步从滤液管及分配头排出，滤饼因此而干燥。进入卸料区后，滤饼用反吹风和刮刀自滤盘上卸下，落入排料槽，由集矿皮带运走。整个作业过程连续不断地进行。

扇形片由螺栓固定在主轴（空心轴）上，拆卸及更换滤布方便，甚至可以在过滤机运转过程中进行，生产检修方便。

三、陶瓷过滤机

陶瓷过滤机是由芬兰奥托昆普公司研制的一种高效节能型过滤设备。它不用滤布，只利用陶瓷板中的毛细现象实现固体与液体分离；具有处理能力强、滤饼水分较低、节能效果好、生产成本低、自动化程度高、环保效果好和操作维护简便等优点，是一种具有发展前途的高效节能型过滤设备，在世界各地有色金属选矿厂对铜、锌、铝、铅、镍及硫等精矿脱水过滤中获得广泛应用。这种过滤机兼备了常规真空盘式过滤机和压滤机两者的优点，结构简单，滤饼水分低，能耗低，滤液清澈，自动化程度高，处理能力大（一般为圆盘式真空过滤机的 3 倍），无滤布损耗，减少维修费用，设备结构紧凑，安装费用低，且生产成本更低。目前，全世界有多个国家使用，我国广东凡口铅锌矿首先使用，目前已有许多矿山选厂使用这种设备。

目前又开发出加压型陶瓷过滤机以满足高海拔地区使用，其过滤机理和工艺效果有新的突破。我国是能源相对短缺的国家，开发低能耗陶瓷过滤机，潜在市场很大，势在必行。

（一）陶瓷过滤机的原理

陶瓷过滤机独特之处是利用毛细效应原理用于脱水过滤，用亲水性材料和烧结氧化铝制成陶瓷过滤板上布满了直径 $1.5\mu m$ 和 $2\mu m$ 小孔，每一个小孔即相当于一个毛细管。这种过滤板经与真空系统连接后，当水浇注到陶瓷过滤板时液体将从微孔中通过，直到所有游离水消失为止。而微孔中水阻止气体通过，形成了无空气消耗的过滤过程。当陶瓷过滤板浸入过滤矿浆中时，在无外力作用下，借助毛细效应产生自然力进行脱水过程，过滤板堆积固体颗粒形成滤饼。滤液通过滤盘进入滤液管连续排出，直到排干为止。整个过程只需一台很小的真空泵，就能获得处理能力大和滤饼水分低的效果。

陶瓷过滤机运用陶瓷的毛细现象，在抽真空时，只能让水通过，空气和矿物质颗粒无法通过，保证无真空损失，极大地降低了能耗和物料水分。工作过程主要分为六个区，即吸浆区、过滤区、淋洗区、干燥区、卸料区、反冲洗区，反复循环。

（二）陶瓷过滤机的结构

TC 系列陶瓷过滤机主要由主机部分（机架和矿浆槽、主驱动轴、分配阀、卸料装置、陶瓷板）、搅拌系统、清洗系统（超声波清洗装置、反冲洗装置、化学清洗装置）、真空系统、控制系统等组成。

陶瓷过滤机用于磷精矿脱水，滤饼水分稳定在 10%～13%，比带式过滤机低

10%。滤饼干燥，水分低，解决了产品流失、运输困难和环境污染等问题。陶瓷过滤机自动化程度高、真空度高、生产效率高、运行成本低、维护工作量少，是磷精矿脱水设备中较为理想的一种设备。

四、带式压榨过滤机

带式压榨过滤机是世界上一种发展较快的污泥脱水设备，它结构简单、操作方便、能耗低、噪声小、可连续作业，因而美国、英国、德国及奥地利等国相继对它进行了研究和开发应用。除了城市废水处理的污泥脱水，已普及到造纸和纸浆、选矿、选煤、化工、制药和食品等行业，以及工业废水污泥处理，它是一种消耗功率小、处理量大、连续操作的过滤设备。

(一) 带式压榨过滤机结构原理

带式压榨过滤机结构原理是借助于两条环绕在按顺序排列的一系列轮筒上的滤带实现挤压脱水的设备。设备系统主要包括重力脱水区、楔形压榨区、压榨脱水区、给料混凝系统、过滤压榨脱水系统、卸料装置、冲洗装置、接水装置、张紧装置和纠偏装置等，影响其脱水效果的主要因素是过滤压榨脱水系统。

带式压榨过滤机的过滤属于表面过滤，但与传统的表面过滤（板框过滤和真空过滤）又有所不同。传统的表面过滤要求过滤介质的孔径小于或等于待滤料浆中固体物质的粒径；而带式压榨过滤机则是利用高分子絮凝剂能快速聚集固体微粒的机理，将细小颗粒絮凝成大絮团，再用孔径比待滤物料中固体物质的粒径大得多的过滤介质去过滤，以达到高效过滤的目的。

(二) 带式压榨过滤机脱水的工艺流程

待脱水的污泥首先由泵送入混凝反应器中，与化学絮凝剂进行充分的化学絮凝反应，形成絮团后流入重力脱水段；在重力的作用下脱去大部分自由水，而后污泥进入楔形预压段。在此阶段中，一方面使污泥平整，另一方面使污泥受到轻度挤压，逐渐受压脱水，为后面的压榨脱水做好准备；然后，污泥进入 s 形压榨脱水段，在此段污泥被夹在上、下两层滤网中间，经过若干由大到小的辗筒的反复压榨和剪切脱水，使污泥形成滤饼状，最后通过卸料装置将滤饼卸掉，卸料滤饼的滤带经过自动清洗装置清洗后，再参加新的工作循环，即完成了污泥脱水工作。

滤带是一个柔性体，其工作中会因为多种原因产生跑偏现象，系统设计了自动调偏装置。滤带长度是一定的，当滤饼厚度变化时，通过自动张紧装置来保证滤带的恒张力。

（三）带式压榨过滤机的设备结构

带式压榨过滤机是利用双层滤带夹持着待滤物料在脱水鲲上进行压榨脱水的，其脱水过程一般分为重力脱水区、楔形预压脱水区和挤压及压榨脱水区三个区。从能量转换的角度上来看，带式压榨过滤脱水过程是用化学能和机械能相结合的方法进行化学絮凝机械压榨的脱水过程。

1. 重力脱水段

重力脱水段的主要作用是脱去物料中的自由水，使物料的流动性减小，为下步过滤作准备。其结构在设计上分为两层。经过絮凝预处理后的物料，首先进入第一层重力脱水段，在物料自身重力的作用下脱去大量的自由水，剩余表面稀泥，经过翻转机构的翻转，将稀泥翻到第二层重力脱水段，进行再次重力脱水，使物料变成半固态。

2. 预压脱水段

预压脱水段是由若干个直径相同的轮筒组成，上、下两层排列的轮筒分别托住上、下两条滤网，下层轮筒是固定的，上层轮筒可以是固定的，也可以做成可调的。这样，就可通过调节上层轮的高度，来调节上、下滤网之间所形成的"楔形"空的角度的大小，对不同的物料施加不同的压力为压榨脱水做好准备。

3. 压榨脱水段

压榨脱水段是由若干个不同直径的轮筒组成，两条滤带呈 S 形依次环绕于轮筒之间，轮筒的直径由大逐渐变小，形成一定的压力梯度，使物料所受的压强由小逐渐加大。这样，经过预压脱水后的物料，在挤压力和剪切力的作用下，达到逐步脱水的目的，最后形成滤饼而排掉。

4. 张紧装置

张紧装置是带式压榨过滤机的重要组成部分，既可方便地安装与拆卸滤带，又能保证带式压榨过滤机的处理效果。因为物料的性质和对滤饼含水率的要求不同，使张紧的压力也不同。一般来说活性污泥为 0.30MPa，煤泥为 0.40MPa。

5. 调偏装置

在滤带的行走过程中，由于物料在滤网上布料厚度不均、滤网厚度的差异和辊筒之间的累积平行度的误差，造成滤网跑偏。如果不能及时地调整，轻者会影响设备的运行效果，使处理能力减小，严重的会使滤网破损断裂，设备停机。因此通常带式压榨过滤机都设有滤带单支点调偏机构。

6. 清洗装置

为使带式压榨过滤机能连续有效地工作，设备上设有自动清洗装置，该装置利用喷嘴的水力冲击滤网，从而使滤带自动再生。

(四) 带式压榨过滤机的应用开发

1. 滤带清洗再生技术的开发

滤带再生效果的好坏将影响到滤饼剥离和脱水效率。传统采用高压水喷洗滤带的方法。这种方法的最大缺点是用水量大，每小时需 5 ~ 10t/m（水压 0.8 ~ 1.0MPa），清洗下来的污泥混入清洗液回流，增加了水处理系统的负荷。国外开发出了一种滤带超声波清洗新技术。这种超声波清洗机构装置在滤带返回的一定部位，部分返回滤带浸入清洗水槽内，由超声波发振装置发出的振波从行走着的滤带反面（非滤带承载面）向滤带辐射，使附着在滤带面上的污泥浮离于水槽水中，然后由设在超声波发振器后的高压清洗喷嘴辅助喷洗，使滤带完全再生。

2. 高效絮凝技术的开发

絮凝剂的添加量、添加及其对各类污泥的适用性等絮凝处理方法的高度化，已成为各类重点研究的课题之一，日本对二液法的研究取得了不少成果。二液法就是采用不同离子型的高分子絮凝剂或者不同种类的（有机或无机）絮凝剂进行污泥调质的方法，有一段加药与二段加药之分。一段加药是在重力脱水前或者重力脱水过程中先后添加絮凝剂；二段加药是在重力脱水前在悬浮污泥中添加高分子絮凝剂能使污泥形成粗大絮团，促进游离水分离。重力脱水后在浓缩污泥中添加无机絮凝剂能提高污泥絮团强度，增强污泥挤压剪切脱水能力。因此，二段加药对调节污泥性状，对防止污泥从滤带两侧溢出和滤带跑偏、折皱，对提高滤饼剥离性能和降低滤饼含液量以及提高脱水处理效果等都有一定作用。

第二节　沉降

沉降分离是利用物质重力的不同将其与流体加以分离。空气的尘粒在重力的作用下，会逐渐落到地面，从空气中分离出来；水或液体中的固体颗粒也会在重力的作用下逐渐沉降到池底，与水或液体分离。

沉降分离技术的发展除了设计使用不同机械原理的沉淀、澄清、浓缩设备，主要集中于絮凝剂的开发上。当物料粒度很细时，特别是粒度小于 5 ~ 10um 的矿泥，细小颗粒之间由于范德华力的相互作用使其吸引，经常呈无选择的黏附状态。又由于细粒物料本身具有很大的比表面、质量小、表面能高，属于热力学不稳定体系，故细粒物料之间的黏附现象，经常可以自发产生。

一、沉降分离原理及方法

(一) 球形颗粒的自由沉降

工业上沉降操作所处理的颗粒甚小，因而颗粒与流体间的接触表面相对甚大，故阻力速度增长很快，可在短暂时间内与颗粒所受到的净重力达到平衡。所以，重力沉降过程中，加速度阶段常可忽略不计。在重力场中进行的沉降过程称为重力沉降。

1. 沉降颗粒受力分析

若将一个表面光滑的刚性球形颗粒置于静止的流体中，如果颗粒的密度大于流体的密度，则颗粒所受重力大于浮力，颗粒将在流体中降落。此时颗粒受到三个力的作用，即重力、浮力与阻力。重力向下，浮力向上，阻力与颗粒运动方向相反 (向上)。对于一定的流体和颗粒，重力和浮力是恒定的，而阻力却随颗粒的降落速度而变。

2. 沉降的加速阶段

由于小颗粒的比表面积很大，使得颗粒与流体间的接触面积很大，颗粒开始沉降后，在极短的时间内阻力便与颗粒所受的净重力 (重力减浮力) 接近平衡。因此，颗粒沉降时加速阶段时间很短，对整个沉降过程来说往往可以忽略。

3. 沉降的等速阶段

匀速阶段中颗粒相对于流体的运动速度称为沉降速度，由于该速度是加速段终了时颗粒相对于流体的运动速度，故又称为"终端速度"，也可称为自由沉降速度。

4. 影响沉降速度的因素

沉降速度由颗粒特性 (形状、大小及运动的取向)、流体物性及沉降环境综合因素所决定。

上面得到的球形颗粒在相应各区的沉降速度公式是表面光滑的刚性球形颗粒在流体中作自由沉降时的速度计算式。自由沉降是指在沉降过程中，任一颗粒的沉降不因其他颗粒的存在而受到干扰。即流体中颗粒的含量很低，颗粒之间距离足够大，并且容器壁面的影响可以忽略。单个颗粒在大空间中的沉降或气态非均相物系中颗粒的沉降都可视为自由沉降。相反，如果分散相的体积分率较高，颗粒间有明显的相互作用，容器壁面对颗粒沉降的影响不可忽略，这时的沉降称为干扰沉降或受阻沉降。液态非均相物系中，当分散相浓度较高时，往往发生干扰沉降。在实际沉降操作中，影响沉降速度的因素有：

（1）流体的黏度。在滞流沉降区内，由流体黏性引起的表面摩擦力占主要地位。在湍流区内，流体黏性对沉降速度已无明显影响，而是流体在颗粒后半部出现的边界层分离所引起的形体阻力占主要地位。在过渡区，则表面摩擦阻力和形体阻力都不可忽略。在整个范围内，随雷诺准数的增大，表面摩擦阻力的作用逐渐减弱，形体阻力的作用逐渐增强。当雷诺准数超过 2×10^5 时，出现湍流边界层，此时边界层分离的现象减弱，所以阻力系数突然下降，但在沉降操作中很少达到这个区域。

（2）颗粒的体积分数。当颗粒的体积分数小于 0.2% 时，前述各种沉降速度关系式的计算偏差在 1% 以内。当颗粒浓度较高时，由于颗粒间相互作用明显，便发生干扰沉降。

（3）器壁效应。容器的壁面和底面会对沉降的颗粒产生曳力，使颗粒的实际沉降速度低于自由沉降速度。当容器尺寸远远大于颗粒尺寸时（例如 100 倍以上），器壁效应可以忽略，否则，则应考虑器壁效应对沉降速度的影响。

（4）颗粒形状的影响。同一种固体物质，球形或近球形颗粒比同体积的非球形颗粒的沉降要快一些。非球形颗粒的形状及其投影面积均对沉降速度有影响。

（5）颗粒的最小尺寸。上述自由沉降速度的公式不适用于非常细微颗粒（如 $\leq 0.5\text{mm}$）的沉降计算，这是因为流体分子热运动使得颗粒发生布朗运动。

（二）非球形颗粒的自由沉降

对于非球形颗粒的自由沉降，可引入球形度和当量直径的定义后按球形颗粒的计算公式来进行计算或校正。

1. 球形度球形度

$$a_S = \frac{S}{S_P} \qquad (3\text{-}1)$$

式中：S——与颗粒体积相等的一个圆球的表面积，$S = \pi r2$；

S_p——颗粒的表面积。

2. 当量直径

当颗粒体积为 V_P 时，由 $\frac{\pi}{6}d_e^3 = V_P$ 得当量直径 d_e 为：

$$d_e = \sqrt[3]{\frac{6}{\pi}V_P} \qquad (3\text{-}2)$$

二、重力沉降设备

重力沉降的特征是沉降速度较小，因此沉降所需的时间长，为使颗粒能分离出来，流体在设备内所需的停留时间相应也长，因此这类设备的基本特征是体积大。

1. 降尘室

分离气体中尘粒的重力沉降设备称为降尘室。气体从降尘室入口流向出口的过程中，气体中的颗粒随气体向出口流动，同时向下沉降。如颗粒在到达降尘室出口前已沉到室底而落入集尘斗内，则颗粒从气体中分离出来，否则将被气体带出。

降尘室结构简单、阻力小，但体积庞大、分离效率低，只适合于分离直径在75μm 以上的粗粒，一般作预除尘用。

2. 沉降槽

利用重力沉降分离悬浮液或乳状液的设备称为沉降槽，在此仅介绍分离悬浮液的沉降槽。沉降槽通常只能用于分离出较大的颗粒，得到的是清液与含 50% 左右固体颗粒的增稠液，所以这种设备也称为增稠器。

沉降槽有间歇式和连续式两类。连续式沉降槽是一个大直径的浅槽，料浆由位于中央且伸入液面下的圆筒进料口送至液面以下，经一水平挡板折流后沿径向扩展，使速度减缓。随着颗粒的沉降，液体缓慢向上流动，经溢流堰流出得到清液。颗粒则向下沉至底部形成沉淀层，由缓慢转动的耙将其排出。

沉降槽内，颗粒的沉降受多种因素的影响，其沉降过程大致可分为两个阶段：第一阶段在沉降槽的上部，在此区域内，颗粒浓度较低，可近似按自由沉降处理；第二阶段处于沉降槽的下部，随着颗粒浓度的增大，颗粒浓度的影响以及颗粒对流体性质的影响明显加大，属于干扰沉降。由于影响沉降过程的因素复杂，通常由实验来确定沉降速度。

三、离心沉降设备

工业上应用的离心沉降设备有两种型式：旋流器和离心沉降机。旋流器的特点是设备静止，流体在设备中做旋转运动产生离心作用，常用于气体非均相混合物分离的旋流器为旋风分离器；用于分离液体非均相混合物的旋流器为旋液分离器。离心沉降机的特点是盛装液体混合物的设备本身高速旋转并带动液体一起旋转，从而产生离心作用。

(一) 旋风分离器

旋风分离器在工业上应用已有近百年的历史，由于它结构简单、造价低廉操作方便、分离效率高，目前仍是工业上常用的分离和除尘设备，一般用来除去气体中直径 5μm 以上的颗粒。

1. 基本结构与操作原理

旋风分离器是一种最简单的旋风分离器，主要由进气管、上圆筒、下部的圆锥筒、中央升气管组成。

含尘气体从进气管沿切向进入，受圆筒壁的约束旋转，做向下的螺旋运动，气体中的粉尘随气体旋转向下，同时在惯性离心力的作用下向器壁移动，沿器壁落下，沿锥底排入灰斗；气体旋转向下到达圆锥底部附近时转入中心升气管而旋转向上，最后从顶部排出。

从图中可以看到气流在器内的运动情况，通常，把下行的螺旋形气流称为外旋流，上行的称为内旋流（气芯），内、外旋流的旋转方向相同，外旋流的上部是主要除尘区。器内的压力分布则是由器壁附近的最高往中心逐渐降低，气芯处可低于出口处压力。

2. 旋风分离器的性能

旋风分离器性能指标主要有三项：临界直径、分离效率和阻力。

（1）临界直径。旋风分离器能被完全分离出来的最小颗粒直径称为临界直径。临界直径是评价旋风分离器分离效率高低的重要依据。

临界直径的大小很难准确测定，一般可在下列的简化条件下推导出来：

第一，假设进入旋风分离器的气流严格按螺旋形路线做匀速运动，其切向速度等于进口气速。

第二，颗粒在沉降过程中，穿过气流的最大厚度为进气口宽度。

第三，颗粒沉降速度服从斯托克斯公式。

（2）分离效率。旋风分离器的分离效率有两种表示方法：一是总效率；二是分级效率，又称粒级效率。

总效率即进入旋风分离器中的全部粉尘能被分离出来的粉尘质量分数。

总效率是工程上最常用的，也是最容易测定的分离效率，此表示法的最大缺点是不能表明旋风分离器对各种尺寸颗粒的不同分离效果。

分级效率是按颗粒的粒度大小分别表示某一尺寸的颗粒被分离的效率，一般按质量分数计算。

（3）旋风分离器的阻力。阻力是评价旋风分离器性能好坏的重要指标。当气体流经旋风分离器时，由于进气管、排气管及主体器壁所引起的摩擦阻力、气体流动时的局部阻力及气体旋转运动所产生的动能损失等，造成大量的能量消耗。

影响旋风分离器性能的因素多而复杂，物系性质和操作条件是其中的重要方面。

一般说来，颗粒密度大，粒径大，进口气速高及粉尘浓度高等情况都有利于分离。旋风分离器的所有性能指标均与旋风分离器的进口气速有关，所以进口气速的选择十分重要。适宜的进口气速应使旋风分离器有较大的分离效率，且其阻力又不致太高。一般取进口气速在 10~25m/s 之间，最高不能超过 35m/s。

3. 常用旋风分离器的型式

旋风分离器的性能不仅与含尘系统的物性、含尘浓度、粒度分布以及操作条件有关，还与设备本身的结构尺寸密切相关。只有各部分的结构尺寸适当，才能获得较高的效率和较低的阻力。

旋风分离器的进气口有四种方式：切向进口、倾斜螺旋面进口，蜗壳形进口及轴向进口。由于切向进口方式简单，使用较多；倾斜面进口，便于使流体进入旋风分离器后产生向下的螺旋运动，但其结构较为复杂，设计制造都不太方便，近年来已较少使用；蜗壳形进口可以减小气体对筒体内气流的冲击干扰，有利于颗粒的沉降，加工制造也较为方便，因此也是一种较好的进口方式；轴向进口常用于多管式旋风分离器，为使气流产生旋转，在筒体与排气管之间设有各种形式的叶片。前三种进气口的截面形状多采用稍窄而高的矩形。

减小旋风分离器的器身直径可以增大离心力，增加器身长度可以延长气体停留时间，所以，细而长的器身形状有利于颗粒沉降而使分离效率提高，但超过一定限度时效果便不明显，陡然增大阻力；而且当器身过细时，易使下锥体锥角过小造成排灰不利，容易堵塞。

减小涡流的影响，采用带有旁路分离器或采用异形进气管可以改善涡流的影响；排气管和灰斗尺寸的合理设计也可使除尘效率提高。

我国对已定型的若干种旋风分离器编有标准系列，如标准型、CLT、CLT/A、CLP 等型式，其详细尺寸及主要性能可查阅有关资料及手册。现举几种化工中常用的类型作简单介绍。

（1）标准型旋风分离器。这种旋风分离器的结构简单，容易制造，处理量大，适用于捕集密度大且颗粒尺寸也较大的粉尘。

（2）CLT/A 型。CLT/A 型是具有螺旋面进口的旋风分离器，其结构与标准型旋风分离器相似。

（3）CLP 型。CLP 型采用蜗壳形进口，进口位置较低且带有旁路分离室。根据器身及分离室的形状不同，又分为 A 型和 B 型。含尘气体进入分离器后即分成上、下两股旋流，较大的颗粒随旋转向下的主气流运动，达到筒壁落下；细微尘粒则由一小股旋转向上的气流带到顶部，在筒盖下面形成强烈旋转的灰尘环，促进细微尘粒的聚结，然后由气流携带经旁路分离室下行，沿切向进入主体下部，粉尘沿壁面落入灰斗，气体则与内部主气流汇合。这种结构对细粉尘分离效率较高。

（4）扩散式。扩散式旋风分离器构造：圆筒下部为一上小下大的外壳，底部有一中央带孔的倒锥形分隔屏，气流在其上部转向排气管，少量气体在分隔屏与外壳之间的环隙，将粉尘送入灰斗后，再从中央小孔上升，就减少了粉尘重新卷起的可能性，提高分离效率。这种形式的旋风分离器适用于净化颗粒浓度较高的气体。

（二）旋液分离器

旋液分离器又称水力旋流器，用于从液体中分离出固体颗粒，其结构和操作原理与旋风分离器类似。悬浮液在旋液分离器中被分为顶部溢流和底部底流两部分，由于液体黏度大、密度也大，颗粒沉降分离比较困难，所以一般溢流中往往带有部分颗粒。旋液分离器可用于悬浮液的增稠或分级，也可用于液液萃取等操作中形成的乳状液的分离，还可以用于不互溶液体的分离、气液分离以及传热，传质和雾化等工业操作生产中。

与旋风分离器相比，旋液分离器的特点是：形状细长，直径小，圆锥部分长，有利于分离；中心经常有一个处于负压的气柱，有利于提高分离效率。

旋液分离器结构简单，没有运动部件，体积小，处理量大；但由于颗粒沿器体壁面高速运动，产生较大阻力，同时也会造成设备严重磨损，一般应采用耐磨材料制造。

（三）离心沉降机

离心沉降机用于液体非均相混合物（乳状液或悬浮液）的分离，与旋流器比较，它的特点是：其转速可以根据需要调整，即它的分离因数可以在很大幅度内变化，对于难分离的混合物可以选用转速高、离心分离因数大的设备，所以这类设备适用于分离比较困难的体系。

离心沉降机的种类很多，从操作方式上分，可分为连续操作离心机和间歇操作离心机。较常见的有转鼓式离心机、碟片式离心机等。

（1）转鼓式离心沉降机图。它的主体是上面带翻边的圆筒，由中心轴带动其高速旋转，由于惯性离心力的作用，筒内液体形成以上部翻边边缘为界的中空垂直圆柱体。悬浮液从沉降机底部进入，形成从下向上的液流，颗粒则随液体向上流动同时受离心力作用向筒壁沉降，如到顶端之前沉到筒壁，即可从液体中除去，否则仍随液体流出。

（2）碟片式离心机。碟片式离心机可用于分离乳状液和从液体中分离少量极细的固体颗粒。机内有 50～100 片平行的倒锥形碟片，间距一般为 0.5～12.5mm，碟片的半腰处开有孔，各碟片上的孔串联成垂直的通道，碟片直径一般为 0.2 ~ 0.6m，它们由一垂直的轴带动高速旋转，转速在 4000 ~ 7000r/min，离心分离因数可达 4000 ~ 10000。

在碟片式离心机中，要分离的液体混合物由空心转轴顶部进入，通过碟片半腰的开孔通道进入各碟片之间，并同碟片一起转动，在离心力作用下，密度大的液体趋向外周，到达机壳外壁后上升到上方从重液出口流出；轻液则趋向中心而向上方较靠近中央从轻液出口流出。各碟片的作用在于将液体分成许多薄层，缩短液滴沉降距离；液体在狭缝中流动所产生的剪切力也有助于破坏乳状液。澄清操作的碟片上不开孔，料液从四周进入碟片通道向轴心流动，固体颗粒在离心力作用下，向碟片外缘移动，沉积在转鼓内壁，可间歇地加以清除。

碟片式离心机也简称分离机，广泛用于润滑油脱水、牛乳脱脂、饮料澄清等。

（3）管式超速离心机、超速离心机的分离因数一般高达 15000 ~ 60000，转速高达 8000 ~ 50000r/min。为了减小转筒所受的应力，转筒设计成细长形，转筒直径 0.1 ~ 0.2m，管高 0.75 ~ 1.5m。乳状液从下部引入，在管内自下而上运行过程中，在离心力作用下，由于密度不同分成内外两层，外层走重液，内层走轻液，分别从顶部的溢流口流出。若用于从液体中分离出极小量极细的固体颗粒则需将重液出口堵塞，只留轻液出口，附于管壁上的小颗粒可间歇地将管取出以清除之。

第三节　离心过滤

一、离心过滤分离原理

以离心力作为推动力，在具有过滤介质（如滤网、滤布）的有孔转鼓中加入悬浮液，固体粒子截留在过滤介质上，液体穿过滤饼层而流出，最后完成滤液和滤饼分离的过滤操作。按严格定义，离心过滤仅是指滤饼层表面留有自由液层，即经过滤形成的滤饼层内始终充满液体的阶段，这在工业上很少应用。工业上所应用的离心过滤，包括自由液面渗入滤饼层内部液体的脱除，有时还包括洗涤滤饼的水的脱除。离心过滤和离心脱水操作似乎很相似，但在流动机理和计算方法上完全不同。

离心过滤是将料液送入有孔的转鼓并利用离心力场进行过滤的过程，以离心力为推动力完成过滤作业，兼有离心和过滤的双重作用。离心过滤一般分为滤饼形成、滤饼压紧和滤饼压干三个阶段，但是根据物料性质的不同，有时可能只需进行一个或两个阶段。

以间歇离心过滤为例，料液首先进入装有过滤介质的转鼓中，然后被加速到转鼓旋转速度，形成附着在鼓壁上的液环。粒子受离心力而沉积，过滤介质阻止粒子的通过，从而形成滤饼。当悬浮液的固体粒子沉积时，滤饼表面生成了澄清液，该澄清液透过滤饼层和过滤介质向外排出。在过滤后期，由于施加在滤饼上的部分载荷的作用，相互接触的固体粒子经接触面传递粒子应力，滤饼开始压缩。

二、离心过滤机型式及操作

离心过滤机有多种型式，也有间歇与连续之分，还可以根据转鼓轴线的方向将离心过滤机分为立式和卧式。下面介绍几种典型的离心过滤机。

(一) 三足式离心机

三足式离心机是一种常用的人工卸料的间歇式离心机。离心机的主要部件是转鼓，壁面钻有许多小孔，内壁衬有金属丝网及滤布。整个机座和外罩借三根拉杆弹簧悬挂于三足支柱上，以减轻运转时的振动。料液加入转鼓后，滤液穿过转鼓上的滤布，在机座下部排出，滤渣则沉积于转鼓内壁。等一批料液处理完毕，或转鼓内滤渣量达到设备允许值时，可停止加料，继续转动一段时间，沥干滤液。必要时，也可于滤饼表面浇以清水进行洗涤，然后卸料，清洗设备。

三足式离心机的转鼓直径一般在 1m 左右，转速不高（<2000r/min），过滤面积约 $0.6 \sim 2.7\text{m}^2$。其优点是构造简单、制造方便、适应性强、运转平稳等。一般可用于间歇生产中的小批量物料处理，尤其适用于各种盐类结晶的过滤和脱水，晶体不易受到损伤。缺点是卸料时的劳动强度大，生产能力低。近年来已出现自动卸料和可连续生产三足式离心机。

(二) 刮刀卸料式离心机

刮刀卸料式离心机的原理：悬浮液从加料管进入连续运转的卧式转鼓，机内设有耙齿以使沉积的滤渣均布于转鼓内壁，待滤饼形成一定厚度时，停止加料，进行洗涤、沥干，然后借液压传动的刮刀逐渐向上移动，将滤饼卸出机外。继而清洗转鼓，进入下一个操作周期。整个周期的运转均采用自动控制的液压操作。

刮刀卸料式离心机的每一操作周期约 $35 \sim 90\text{s}$，连续运转，生产能力较大，劳动条件好，适宜于连续过滤生产过程中直径在 0.1mm 以上的颗粒。这种离心机不适于细、黏颗粒的过滤，过滤时间过长，不够经济，而且刮刀卸渣不彻底，颗粒破碎严重。

（三）活塞往复式卸料离心机

活塞往复式卸料离心机，它也是一种自动操作离心机。在平卧的转鼓内衬以金属网板，由水平轴带动转动。料浆由加料管送到一个旋转的圆锥形漏斗中，此斗将滤浆加速后送到滤筐内。沉积在筐壁上的固体物迅速脱水，形成饼状物。一个往复运动的推渣器将固体渣向筐边缘推送 30～50mm，然后退回以空出新的过滤面来接纳新送到的滤浆。锥形加料斗与推渣器一齐作往复运动。滤渣在推到筐边缘落下之前，有喷头向其洒水进行洗涤。

活塞往复式卸料离心机的转速多在 1000r/min 以内，适用于颗粒直径较大（>0.15mm），浓度大（>30%）的滤浆，适用于食盐、硫酸铵、尿素等的生产中。活塞往复式卸料离心机在卸料时对晶体的损害较小。

三、过滤过程的节能与强化

能源、水处理、环保等领域的过滤过程处理量通常很大，需要大型化、大功率、自动连续的过滤分离设备。因此，开发节能型的过滤设备，强化过滤过程非常重要。

（一）节能型压榨式过滤过程

对于普通过滤过程，在过滤后期仍不断向滤室内加入悬浮液，充满滤饼层的滤室内继续挤进固体颗粒、排出滤液，滤饼层颗粒间隙的存液空间越来越小，降低滤饼含液率，操作时间较长，效率较低。

隔膜压榨在过滤后期，停止进料，向隔膜腔内输入压缩空气或其他高压流体，推动隔膜压榨滤饼层，可以快速完成滤饼的脱液。其优点是脱液速度快、效果好。与普通过滤相比，带有压榨隔膜的厢式压滤机，在过滤后期再经由隔膜进一步挤压滤饼以降低滤饼含湿量。在压榨脱液操作中，隔膜的质量是关键。不同压榨压力和压榨起始点是节能效果的关键参数。

（二）难过滤物料及强化过滤

难过滤物料主要指高黏度、高分散性、高可压缩、颗粒极细小的物料。难过滤物料的形状特征为胶状物（不定型物质），软体粒子、针状微粒，形态多变为乳化物、蛋白、淀粉、糖类、脂类等。难过滤物料成分复杂，分离要求高，固体颗粒小，分散度高，形成的滤饼可压缩，液相黏稠。过滤时速度很慢，脱液效果不好；当含有胶体粒子、高可压缩性、尺寸极小或针状粒子时，容易堵塞孔隙，使操作压力逐步升高；过滤滤材孔隙被小颗粒塞住则需经常清洗，有可能导致滤材寿命缩短；滤材无法阻挡极微小的颗粒、致使滤液达不到分离要求。

此时，需要通过强化过滤提高过滤分离效率，主要方法包括物料预处理（预增浓、絮凝和凝聚）、加入助滤剂助过滤、加入表面活性剂、薄层滤饼过滤（限制滤饼层增厚）。其中加入表面活性剂，目的在于降低界面张力，使颗粒表面疏水化。颗粒表面越疏水，所形成的疏水毛细管壁的黏附功就越小，流体流动阻力小，滤液通过的流速快。同时，加入表面活性剂可以破坏或减薄固体表面的水化膜，毛细管直径加大，提高滤液的流通量；采用限制滤饼增长的薄层滤饼过滤可使过滤过程在薄层运动状态下进行，限制滤饼厚度，减少阻力，运动状态下过滤可降低物料黏度，同时可连续加料、过滤、卸渣。

此外，还可将上述强化过滤技术集成，利用各自工艺的优势达到强化过滤，提高分离效率的目的。

第四章　液固旋流分离过程检测及调控

第一节　相位多普勒粒子分析

一、PDPA 测试系统的组成及原理

(一) PDPA 测试系统的组成

相位多普勒粒子分析仪（Phase Doppler Particle Analyzer, PDPA）技术是目前技术较成熟，精度较高，应用十分广泛的一种单点测量技术。通过 PDPA 可测量旋转流场中连续相的一些基本参数，如切向速度、轴向速度和各分量的均方根（root mean square, RMS）湍动速度，以及一些基本流动特征，如切向速度指数、零轴速包络面、二次涡流等。下面针对 35mm 轻质分散相型水力旋流器，通过改变其进口流量和进口尺寸，探测旋转流场速度分布规律及随工况和结构尺寸的变化规律。

相位多普勒粒子分析仪（PDPA）也称粒子动态分析仪（PDA），采用两相流测量技术。本章实验采用 Dantec Dynamics 公司（丹麦）所生产的 PDPA 系统，主要由发射光路元件组（包括激光器）、接收光路元件组（包括光检测器）、三维坐标平移架、信号处理器和软件系统组成。

(二) PDPA 测试原理

(1) 多普勒频移。激光多普勒测速仪（Laser Doppler Anemometry, LDV）是基于多普勒频移开发出来的流体测速设备。多普勒频移是指物体辐射的波长在传播过程中，波源、传播介质、接收器存在相对运动，导致波被压缩或拉长，频率发生变化的现象。

(2) PDPA 的流速测试原理。由于流体实验中的粒子速度远小于光速，故频移量十分微小，所以 PDPA/LDV 一般采用干涉或差动技术来进行测量，通常可分为参考光、双散射、双光束三种光路类型。本书采用的 Dantec Dynamics 公司（丹麦）所生产的相位多普勒粒子分析仪（PDPA）流速测试原理与激光多普勒测速仪 LDV 是相同的，即根据运动颗粒在通过两束相交的相干光时，颗粒的散射光发生多普勒频移，

由于频移与运动速度存在正比关系计算得到颗粒的速度。和 LDV 不同的是，该系统同时发射四束激光，分别为两束绿光和两束蓝光，四束光所在的两个平面成 90° 布置，相当于两组双光束型 LDV 系统，可以实现流速的三分量测量和粒径的测量，并可以根据不同的频率和波长来辨别结果的对应关系。

二、旋转湍流场 PDPA 检测及调控

针对两种流量 500L/h 和 1500L/h，以及 1500L/h 流量下三种进口尺寸 4mm×8mm（旋流器 1）、5mm×10mm（旋流器 2）、6mm×12mm（旋流器 3）的旋流器内流场，采用 PDPA 进行测量，每个测量点的样本数为 2000，将所有采样颗粒的速度进行分析，获得切向和轴向的平均速度，以及切向和轴向的均方根速度。

（一）通过流量调控切向和轴向速度分布

首先，切向速度在壁面处由于壁面的黏滞效应，其速度为零；其次，从壁面到轴心，切向速度陡然增大到一定数值，这是由于边界层的效应；再次，切向速度相对缓慢地增大到轴心空气柱附近达到峰值，这是自由涡区域；最后，从最高点陡降至零，这是强制涡区域。而轴向速度同样由于边壁的黏滞效应壁面速度为零，然后经过边界层区域其绝对值突然增大到一定数值，轴向速度在靠近边壁处速度为负（方向向下），越往中心，向下的速度越小，并在约 1/3 半径处穿过零点。这个零点在各个高度截面的连线就是零轴速包络面。但是，在一些截面上，存在不止一个零点，也就是说，轴向速度分布曲线在该位置"波动"，因此有研究者称为零轴速波动面。

当进口流速增大时，切向速度的绝对值随之增大，很明显的，这种增大主要是整个流场的速度发生了线性的增加，如不同进口流速情况下旋流器内截面上无量纲切向速度和轴向速度对比图所示，无论是切向速度还是轴向速度，两者的分布趋势均基本一致，因而旋转流场的无量纲切向速度分布形态基本不受进口流量的影响。实验中为了获得真实的工况，没有通过调整进出口开度刻意控制或消除空气柱，因此在空气柱附近的强制涡区域，速度是无法测量的，事实上，和边界层区域相似的，强制涡区域本身也是粒子布撒的难点区域。由于进口速度增大对水力旋流器内的湍动流场的平均速度分布影响是线性增加的，将重点放在进口大小引起的流场速度分布和流动结构变化的问题上，实验工况确定为 1500L/h。

（二）通过进口尺寸调控切向速度分布

旋流场内速度分量，尤其是切向速度分量，直接和进口输入的动量有关，而进口尺寸的增加提高了输入旋流器进口的流体的动量，因此是值得注意和研究的。

有关研究证明了，直接提高进口流速可以同时提高进口速度和轴向速度。在此基础上，1500L/h工况下，测定三个不同进口尺寸的旋流器内切向速度和轴向速度。在本书作者团队先前的工作中，发现水力旋流器在进口尺寸减小的情况下，切向速度会有较大的提高。这个现象的意义在于，在处理量一定的情况下，减小进口尺寸同样能够提高旋流场的切向速度，即离心力，从而提高分离效率，因此需要探讨进口尺寸变化时旋转流场切向速度的变化规律，为更好地认识旋转流场和旋转流场的分离机理及其影响因素，提供有益的参考结论。而在水力旋流器的结构参数中，进口尺寸是重要而又基础的一项，大量研究人员对旋流器构效关系的研究表明该参数对分离精度的提高意义重大，即采用较小的进口尺寸可以提高分离精度。

不过，之前研究人员主要的关注点在分离实验中旋流器进口尺寸的选择对分离效率的影响上，很少有报道侧重于不同进口尺寸下旋转流场的探测和研究。Hwang研究了进口宽度变化下的流体运动和分级效率变化，证明了更小的进口尺寸对应了更大的分级效率。Siangsanun研究了进口尺寸为3mm和5mm的非传统的新式旋流器，通过采用CFD研究三种不同进口的液固分离水力旋流器，发现切向速度、双峰轴向速度和二次涡流的分布形态有显著不同。虽然上述工作揭示了不同进口尺寸的水力旋流器内流场的一些特征，但是，其系统性和深入程度仍有不足，对不同进口尺寸下各速度分量和流动结构的变化情况缺少专门的分析，对进口尺寸变化对分离效率影响的相关机理探讨也比较薄弱。切向速度在靠近轴线的位置均存在一个峰值，这个峰值将整个半径分成强制涡区域和准自由涡区域。在准自由涡区域靠近边壁附近，则可以看到一个迅速下降（理论上会降为零）的切向速度区域，这个区域可以定义为边界层，也就是黏性流体在壁面存在的一个速度梯度较大的区域。

（三）通过进口尺寸调控轴向速度分布

进口尺寸对轴向速度的最大值的影响不大，但是对零轴速包络面影响较大。旋流器的LZVV离旋流器边壁最近，但是其最低点又离底流口最远。这种现象说明LZVV离壁面的距离可能和进口尺寸有关，即进口尺寸越大，LZVV离壁面的距离越远。另外，大尺寸的旋流器旋流较弱可能也是一个原因。

（四）通过进口尺寸调控切向和轴向RMS速度分布

旋流器边壁附近和轴心附近具有较强的切向RMS速度，与He等的PDPA旋流场测试研究结果相类似。但是与其不同的是，边壁处的切向RMS速度更大，这可能是由于轻质分散相型水力旋流器和液固分离型水力旋流器之间结构尺寸的不同导致。轴向RMS速度在边壁处最大，这与He等的测量结果一致。对切向和轴向RMS速度的综合分析显示，最大的湍流强度主要出现在向下的速度占据的空间内，也就是靠近边壁的区域。另外，通过对三种尺寸的旋流器内切向和轴向 RMS 速度的对比发现，随着进口尺寸的减小，RMS 速度均会不同程度地增大，所以旋流器 1 具有最大的湍动强度。由于湍动强度和旋流器内的能量耗散有关，而且由于进口压力损失的存在，相同进口流量下，旋流器 1 的压力降必然大于旋流器 2 和旋流器 3。

第二节　粒子图像测速

粒子图像测速仪（Particle Image Velocimetry，PIV）采用一种瞬态、多点、非侵入式的流体力学测速方法。近几十年来得到了不断完善与发展，PIV 技术的特点是超出了单点测速技术（如 LDA）的局限性，能在同一瞬态记录下大量空间点上的速度分布信息，并可提供丰富的流场空间结构以及流动特性。PIV 技术除向流场散布示踪粒子外，所有测量装置并不介入流场，具有较高的测量精度。

近二十年来，激光测量技术进步很快，流动可视化、显示分辨等受到高度重视，并由此集成引入诸多新技术，尤为重要的是激光片光、计算速度、激光扫描等方面取得了一系列重要进展。PIV 又称粒子图像测速法，是一种基于颗粒应变位移测量的散斑技术，融合了光学、计算机、图像处理、流体力学等多门学科。

一、PIV 测试系统的原理和组成

（一）PIV 测试技术原理

粒子图像测速仪（PIV）能够得到全流场的瞬态速度矢量场及其导出物理量。是当今实验流体力学发展中的一个里程碑，可实现复杂环境下全流场的无接触、无扰动、高准确度测量和显示，特别适用于湍流等非定常复杂流场的测量，是研究湍流等复杂形态瞬态流动的有力手段。

在流场中散播示踪粒子，用激光片光源照射所测流场区域，摄取该区域粒子图像的帧序列，并记录相邻两帧图像序列之间的时间间隔，进行图像相关分析，识别示踪粒子图像的位移，从而得到流体的速度场。PIV 技术的关键在于建立良好的光学成像和分析系统，主要包括激光光源、时钟触发、图像获取传输及分析等。图像分析的关键在于有效建立示踪粒子图像位移的算法，目前常用的算法主要是快速傅里叶变换（FFT）互相关分析。

（二）PIV 测试系统组件

旋转流场的粒子图像通过 CCD（电荷耦合元件）系统（TSI 公司，美国）采集，通过在跨帧相机上安装 60mm 微距镜头（Nikon，日本）来提高图像的清晰度以及灵活的焦距调节。采用一台 500mJ 脉冲的激光器（镭宝，中国）作为激光光源，实际使用中采用 350mJ 脉冲的能量并调节相机的光圈即可获得满意的粒子图像。采用由 25mm 柱面镜和 500mm 球面镜组成的镜片组来产生片光源，前者的目的是将激光束扩展成片状光，后者的目的是将发散的片光聚焦到需要的厚度（1～2mm）。镜片组根据聚焦镜片的焦距设置在旋流器轴线上方约 500mm 的位置，通过与光学平台垂直的螺纹孔板固定，镜片组安装在激光导光臂的出口端，产生的片光作为示踪粒子的照明使用，以获得粒子的散射光图像。粒子图像完成采集后，通过 Insight3G（TSI 公司，美国）软件进行处理，获得速度分布信息。

三、旋转湍流场 PIV 检测与调控

（一）分流比调控

分流比是指旋流器内，分散相出口流量和进口流量的比值，在液固分离型水力旋流器内，主要指底流口和进口的流量比值。分流比在进口流量一定的情况下，对轴向速度的影响十分巨大。

首先，分流比减小，向上轴向速度显著增大，向下的轴向速度显著减小，这是显而易见的。其次，分流比导致旋流场内压力梯度的变化，使得空气柱直径发生改变。

再次，随着分流比的减小，LZVV 变得逐渐不连续，说明在局部位置，流体只存在向上的运动，换言之，过小的分流比导致了过大的向上的轴向速度，使得流体冲撞旋流器壁面，流场的稳定分布被破坏。最后，分流比对上锥段的 LZVV 影响最小，在这个位置，两个 LZVV 区域重合的位置较多。

然而，在下锥段，LZVV 更靠下和靠近边壁，更小的分流比对应了更长的 LZVV，说明流体在旋流器底端仍然存在向上的趋势。同样，在柱段和进口段，也可以发现 LZVV 更为靠近边壁。

由于分流比改变了轴向速度分布，分流比为 0 的工况下旋转流场中心处强制涡区域的切向速度明显增大，而边壁处的切向速度则有一定的削弱。

采用 PIV 层摄分析法，可以满足一般情况下切向速度的测量。但是限于其测试原理，仅能给出特定平面上的切向速度分布，无法和 V3V 一样，得到整个微旋流器内部的 3D3C 速度分布。

（二）进口角度调控

引入进口雷诺数来表征微旋流器不同进口流速下的螺旋流场流动，则：

（1）轴向速度分布。微旋流器内旋流的轴向速度向上，而外旋流部分轴向速度则向下。零轴速包络面作为反映微旋流器分离性能的重要参数。

（2）径向速度分布。和轴向速度分布类似的，平均后的流场结构在不同流量下呈类似线性的关系，后续的分析同样引入无量纲径向速度进行分析。即将所得到的径向速度值除以相对应的进口流速。

（3）中轴线流线图。轴向速度向下的分量增大，而微旋流器底流口直径不变，导致内部流体产生大量积压，循环流流量变大，最终二次涡流数量增多。

（4）短路流流量。沿微旋流器溢流管外壁面从溢流口底部未经旋转离心作用直接进入溢流口流出的部分称作短路流。短路流的存在，较大地影响了微旋流器的分离性能。显而易见的是，进口角度的存在能够对短路流起到抑制作用。通过 PIV 测试所得到的轴向速度结果，微旋流器中不同轴向高度位置的。

第三节　体三维测速

体三维测速仪（V3V）是目前最成熟的三维流场测速方案之一。鉴于旋转流场的变化与分离效率和能耗等的密切联系，基于世界上最先进的三维三分量（3D3C）测量技术 V3V，搭建了旋转流场三维光学直接测量系统，实现了三维体区域内包括切向、轴向和径向的三个速度分量的精确测量，颗粒位置识别精度达到 $20 \sim 80 \mu m$。并通过这些数据计算等值面、流线、涡量等数据来全面表征旋转流场的状态。研究过程中，通过折射率匹配消除了旋流器壁面曲率对测量的严重影响，标定了旋流器内部的空间数据，并通过成功布撒示踪微球，分析获得了示踪微粒在流场内的三维运动图像，并基于图像追踪法研究其运动规律。最大化地实现良好的跟随性，实现了旋转流场内的体三维速度测量。研究还实现了对旋流场内重要分离指标零轴速包络面的测量，这对分析旋流场的分离区域判断有着重要的意义。最后，研究对旋流场内的二次涡流进行了测定，其对旋转流场的分离功耗和状态稳定性具有重要的意义。

目前主要的光学流场测速技术，无论是基于多普勒效应的 LDV/PDPA，还是基于粒子图像方法的 PIV/V3V，均属于粒子示踪法，必须以示踪粒子为媒介，通过粒子反射或者散射出的光信号间接测量流体的运动。相对于普通 PIV 和 PDPA，测试难度较大，对实验条件的要求更为苛刻，适用于常规 PIV 和 PDPA 的光学条件并不能满足体三维流场测试的要求。通过分析体三维光学流场测试方法的测试光路对颗粒在三相机成像时"判定三角"的影响，确定 V3V 测试时必要的光学条件，并以此为依据，采取针对性的措施来优化体三维流场测试的实验条件。其中最重要，同时也最难实现的两点是：改善旋转流场内示踪颗粒与 CCD 相机之间的散射光光路条件；根据需要制备合适的示踪颗粒。也就是说，既要满足粒子信号在接收器上可以得到真实的反映，又要满足粒子本身对流体的跟随性，以及物性参数可调节等特性。前者，可以通过旋流器壁面和工作流体的折射率匹配来改善粒子和感光元件之间的光路。而后者，可以通过微流控的方法合理调节颗粒的形状、尺寸、密度等物性参数。上述实验条件的优化，可以在很大程度上提高测试精度，提升测量实验的成功率，为获得真实可信的流动参数，确定流体结构的表征和计算打下坚实的基础。

第四节　旋流场中颗粒自转和公转检测

一、检测原理

粒子的不规则形状和表面特征均可作为颗粒自转行为的辨识标志，对于球形粒子，一般只能通过表面特征进行自转辨识。而此辨识标志的辨识度对检测精度产生重要的影响。本实验所用高单分散性的示踪微球是利用自制的两级毛细玻璃管微流控装置制备的，该微球是由双球核液滴固化而成的球状固体颗粒。两级微流控装置常用于制备油包水包油（O/W/O）或水包油包水（W/O/W）型复合液滴。从内层至外层分别为内相（inner phase，IP）、中间相（middle phase，MP）和外相（outer phase，OP，也称接收相）。通过调控三相之间的流量比即可控制中间相包含内相液滴的个数。内相与外相都为水相，且组成成分基本相同，只是内相中加入了体积分数为 3% 的碳素墨水使得球核颗粒呈现黑色，作为示踪微球示踪的标志。中间相为透明油相，其成分中添加了体积分数为 1% 的光引发剂。当示踪微球乳液滴模板制备完成后，置于紫外光下约 7min，油相由于光引发剂的作用会固化为固体高分子材料，即完成示踪微球制备。

流场中颗粒自转运动将通过微球两个对称分布的黑色球核的相对位置变化来辨识。利用高速相机成像方法辨识示踪微球自转运动有两种方式。

方式一：颗粒自转轴平行于高速相机成像平面，两个球核的重叠和分离交替过程表征了微球的自转运动。

方式二：示踪微球两个球核中心连线与高速相机成像平面平行，即颗粒自转轴垂直于成像平面，球核中心连线方向的变化表征了微球的自转。

当前是数字摄影技术的时代，目前市场上摄影设备普遍采用数字式图像传感器，根据传感器元件分为 CCD（charge coupled device，电荷耦合元件）和 CMOS（comple-mentary metal-oxide semiconductor，金属氧化物半导体元件）两大类。与胶片成像一样，数字图像传感器的成像感光元件也是一个矩形，但不同的是数字感光元件的分辨率是由更小的矩形像元的数量决定。在有限的像元数量下，一个物体在数字感光元件上成像时所使用的像元数量越多，则图像越清晰，即对物体的细节表现得更加完整。

当颗粒的密度与流体相当，浮力和惯性力可以忽略，颗粒粒度远小于流体速度梯度最小的长度尺度时可视颗粒对于其具有很好的流体跟随性，这样的粒子被称为示踪粒子，常用于流场测试。

颗粒自转跟随性通过颗粒相对旋转松弛时间进行判定。

二、检测设备和方法

(一) 检测平台

实验装置主要包括两个部分：一是旋流分离系统，二是高速运动分析系统。旋流分离系统流程：物料罐中的水通过涡流泵增压后从旋流器切向入口进入石英玻璃旋流器内，在旋流器内形成三维螺旋湍流，然后分成两股流体分别从旋流器的顶部的溢流出口和底部的底流出口排出，经两支管路返回物料罐。为了防止示踪微球在旋流分离系统中循环使用，在溢流返回管和底流返回管的末端加装滤网回收示踪微球。为了降低由于旋流器壁面造成的光的折射，在石英玻璃旋流器外加装一个矩形水套。在旋流分离装置稳定运行的情况下，通过一个小支路上的加粒器加入示踪微球，可最大限度地减小循环系统的波动。示踪微球在旋流器进口处通过一根内径为1mm 的长注射针头注入进口中心。基于以下两个因素，实验检测域内微球数量得到严格控制：

(1) 示踪微球直径近似为注射针孔内径的一半，微球只能一个接一个地依次通过孔道；

(2) 针孔外的流体流速高于针孔内的流体流速，微球刚出针孔就加速离开，使得两个相邻颗粒之间的间距拉大。因此，颗粒之间的相互碰撞、颗粒之间的相互遮挡以及颗粒浓度对流体黏度的影响都忽略不计。

(二) 误差分析

根据微球自转双球核重叠与分离的辨识方法，图像分析中最小检测角（自转测量精度）为 $\pi/2$，因此造成误差的主要原因是高速相机的拍摄帧频有限，使得记录微球自转的自转角度可能偏离真实值。

公转速度对于修正微球自转速度非常重要，其同时也表征了旋流器的离心分离能力。

由于低速自转微球的切向速度更大而公转半径更小，其平均公转速度明显大于高速自转微球的公转速度。

微球的公转速度是由于其跟随流体运动产生，与流体曳力相关。与此不同，微球的自转速度是由旋流场中流体公转速度梯度产生。微球在柱段和锥段的自转速度值相近，沿整个轴向介于 1000～2500rad/s 之间。该结果表明，旋流器的锥形结构有利于维持颗粒的高自转速度。与各向同性湍流中的颗粒自转速度相比，旋流场中的微球表现出了更快的迁移速度和自转速度。旋流器内微球的快速迁移和高速自转运动对成像系统提出了非常高的空间和时间分辨率的要求。幸运的是，这个问题利用具有高辨识度的双球核示踪微球解决了。

第五节　表/界面污染物 SERS 检测

表面增强拉曼光谱（surface-enhanced Raman spectroscopy，SERS）效应是由 Fleischmann 第一次在粗糙的银电极表面吸附的嘧啶分子拉曼信号中发现的，现在已被发展成为一种能够应用在生物、医疗、环境检测等领域的高灵敏度、低检测下限，甚至能够达到单分子检测水平的先进检测技术。因为贵金属纳米颗粒簇之间产生的"热点"能够提供很强的 SERS 增强因子，影响 SERS 检测的关键是 SERS 基底的"活性"，即制备具有合适纳米结构的贵金属颗粒。现阶段制备 SERS 基底的方法有金属溶胶法、电沉积法、电化学氧化还原粗糙法、机械法等。金属溶胶法在制备过程中会产生副产物及中间产物干扰 SERS 检测；电沉积法、机械法或激光刻蚀法虽然不会产生多余离子及副产物，但是会造成大量贵金属的浪费，同时会提高成本。随着环保节能的大势所趋，急迫需要开发一种无离子"污染"，易于制备且 SERS 信号稳定的绿色制备基底的方法。

一、颗粒表面污染物旋流分离在线 SERS 检测

到目前为止用来检测颗粒表面污染物的主要方法有气相色谱法、气相色谱—质谱联用、原子吸收光谱、红外光谱、拉曼光谱等方法。其中气相色谱—质谱联用、原子吸收光谱通常需要经过复杂的样品前处理过程，并且要求有精密的分离检测仪器用于定量检测。此外，还不能同时进行多元素分析检测，更重要的是这些方法都不适用于现场的快速检测。而表面增强拉曼光谱技术由于其具有分析速度快、检测灵敏且操作简单等优点，故而在颗粒表面检测方面具有很好的应用前景。SERS 作为一种高灵敏、快速的光谱分析技术，由于其检测灵敏度高，水干扰小，并且可以提供生物分子和化学分子的结构指纹信息，已经被广泛应用于环境污染物现场快速检测中。

二、界面 SERS 检测

近年来，在煤化工生产过程中需要大量添加助剂来提高煤转化率。破乳剂、缓蚀剂等添加剂中含有的大量的氯离子导致产品油中氯的含量逐年增多，氯腐蚀已扩展到了加氢裂化和催化重整等二次加工装置，严重威胁着煤化工厂的安全生产。更重要的是，这些含有氯离子的油很难避免进入化工废水中，提高了化工废水处理的难度。在化工废悬浮液处理中，通常是油滴分散于水相中进行溶质的相间传递，液滴群在设备中的行为极其复杂，且当油滴随着悬浮液通过预涂层时，油滴与水相就在多孔预涂颗粒之间形成的弯曲微小孔道中形成层流状态。为此，引入一个微流控通道内的层流萃取过程作为基本模型，来深入地研究微小通道中油／水两相中氯离子的运动情况。

第五章　机房设备的安装及调整

第一节　放线确定设备的安装位置

（1）以井道顶部样板为基准，通过楼板预留孔洞，将样板的轴线引入机房内。

（2）在机房地坪上划出曳引机承重梁、限速器、选层器、发电机组、控制屏等设备的定位线。

（3）检查预留孔洞的尺寸位置是否正确，否则应调整。调整时应和土建人员取得联系，以避免破坏土建结构。

第二节　曳引机承重梁的安装

一、安装方法

（1）当有隔声层或顶层高度足够时，一般把承重梁安装在机房楼板下面。这种方法就是在土建施工时，将钢梁与楼板浇注成一体，钢梁两端必须牢固地埋入承重墙内。有导向轮时，应在楼板导向轮位置上留出一个长洞，长洞的几何尺寸应使导向轮自由无卡阻运转。

（2）通常将承重梁安装在机房楼板上面。承重梁与楼板的间隙不小于50mm，两端埋入承重墙内，有导向轮时同上。这种方法采用的较广泛。

（3）当机房足够高时，可将承重梁安装在高出机房楼板面约600mm的混凝土墩上，或一端埋入墙内，一端固定在混凝土墩上。三根承重梁固定在混凝土墩的端部应用一块12mm厚的钢板相互焊接使之牢固。这种方法采用的也较广泛。

（4）机座安装一般是先浇注混凝土墩，由土建完成，然后再将机座用地脚螺栓固定。

二、安装要求

（1）承重梁安装位置和相互间距必须按电梯安装平面图进行。

（2）承重梁埋入墙内的部分应超过墙厚中心20mm，对于薄墙除超过中心20mm外，总入墙不得小于75mm。对于砖墙下面应垫混凝土梁或不小于16mm厚的钢板。固定后用200#以上的混凝土浇筑，不得产生位移。

（3）架设承重梁的混凝土墩的位置必须在承重井道壁正上方。

（4）承重梁顶面水平度应不大于0.5/1000，相邻两根承重梁的高度差应不大于0.5mm，承重梁相互间的平行偏差应不大于6mm，总平行度以轿厢和对重中心连接线为准。

三、标准对承重梁的要求

有机房电梯的机房分上置式和下置式两种机房，上置式机房一般设置于楼宇的顶层，是比较常见的一种设计方式。对于上置式机房《电梯安装验收规范》GB10060-2011对机房等作了明确的规定，其中5.1.7款对曳引机承重梁的安装作如下规定：承重梁应支承在钢筋混凝土过梁或金属过梁上，承重梁如需埋入承重墙体内，其埋入端的长度应超过墙体中心至少20mm，且支承长度不应小于75mm。安装后承重梁的水平度不大于2/1000，两根梁的高差不大于2mm、平行度不大于6mm/全长；若使用三根承重梁时，中间梁的上平面不得高于左、右梁。由于曳引机承重梁承载的重量包括曳引机自重、轿厢自重及载荷、对重、平衡与悬挂系统及其他附件的静载荷外，还承受电梯运行或因故障停梯时产生震动载荷，真可谓"千钧系于一梁"。因此对承重梁两端部的支承情况有严格要求，若安装不当造成电梯运行轻则造成产生共振、抖动、震动加速度超标，重则造成设备损坏和乘客伤亡事故。

四、常见的问题与应对措施

曳引机承重梁安装中的常见问题主要表现为：

（1）安装人员没有按制造商提供的安装工艺技术图纸进行安装，工字钢承重梁埋入承重墙体长度不够（甚至不足50mm）承重梁端部直接安在砖墙的墙体上及端部未进行固定（如浇注混凝土）。造成承重梁支承处强度不够，电梯运行几年后出现曳引机承重梁（工字钢）支承处下方混凝土和砖块裂变粉碎等问题，严重影响电梯的正常安全运行；

（2）两承重梁不平行、两端部存在高低差、梁的水平度与平行度都不符合要求，造成曳引机的曳引轮垂直度不符合设计要求，若曳引绳张紧力再调整不当就容易造成曳引绳跳槽；

（3）工字钢承重梁长度不够，安装人员现场焊接，由于曳引机承重梁为电梯的主要受力件，其受力特点是上部受压、下部则受拉。由于安装工地的焊接条件与焊接工艺都偏离正常焊接要求，焊缝通常都存在裂缝、未焊透、气孔等缺陷，该焊缝在反复拉、压应力的作用下，会产生裂缝或裂缝不断扩大，以至于造成焊接处断裂事故；

（4）工字钢承重梁直接安放在楼板面上或砖墙上，曳引机工作时产生的机械震动与电磁震动会引起楼板震动，影响到就近楼层住户的正常生活。

五、问题的原因分析

（1）对于电梯机房的设计问题，主要是设计人员不熟悉电梯结构特点和没有按照《电梯制造与安装安全规范》GB7588-2003、《电梯主参数规范》和《电梯安装验收规范》GB/T10060-2011等标准规范进行设计，不了解标准规范对电梯机房、曳引机承重梁安装的相关要求，以至于设计失误；

（2）由于现代电梯设备的多样性，对电梯机房等的设计应考虑到多种型号的适应性和兼容性，不能过于狭窄；

（3）使用（建设）单位没有与设计单位及时沟通与协调，当改变选型时应及时通知设计单位变更设计。

由于近几年电梯的高速发展，电梯安装队伍迅速扩大，大量年轻人员进入安装队伍，这些人员虽然经过培训，取得《特种设备作业人员（电梯安装维修）作业证》，有了从事电梯安装的资格，但对电梯的基本知识和各部件的安装要求还都不了解，根本没有掌握电梯安装的基本要领，基本上不知电梯的标准和规范要求；而电梯安装公司的技术与管理人员对安装现场又没有进行认真指导和检查，导致没有按照标准、规范和施工技术工艺的要求进行安装施工。

六、无机房电梯曳引机承重梁未埋入墙体的检验

无机房电梯的驱动主机一般都安装在井道里，大部分都是通过在井道内安装承重梁（工字钢）来支撑曳引机。按照要求承重梁要埋入墙体，但在实际工程中部分曳引机的承重梁没有埋入墙体，于是就出现了对没有埋入墙体承重梁的处理问题。

（一）无机房电梯曳引机承重梁不埋入墙体的现状

少部分无机房电梯在安装时，由于井道土建结构没有预留曳引机承重梁埋入墙体的孔洞或台阶，同时，由于井道对建筑结构的承重受力需要不允许再开孔（因为

这个墙体是支撑整个大楼受力的），导致无机房电梯安装时承重梁不能埋入墙体。这种情况下，电梯制造单位或者安装企业常采取的方法是通过承重梁断面焊接法兰面，法兰面与墙体通过6~8个高强度的膨胀螺栓（有些企业叫化学螺栓）与钢筋混凝土墙体进行连接。在检验时，可能遇见以下情况：由于受建筑结构的限制，不允许打洞开孔，因为这个墙体是支撑整个大楼受力的，安装单位通过承重梁断面焊接法兰面，然后法兰面通过螺栓与墙体连接，那么这样做，究竟是否符合要求？达到什么样的标准算符合要求？

（二）检验规则和规范的要求

（1）《电梯监督检验和定期检验规则—曳引与强制驱动电梯》TSGT7001-2023第1.2A（4）项规定："用于安装该电梯的机房（机器设备间）、井道的布置图或者土建工程勘测图，有安装单位确认符合要求的声明和公章或者检验专用章，表明其通道、通道门、井道顶部空间、底坑空间、楼层间距、井道内防护、安全距离、井道下方人可以到达的空间等满足安全要求。"监督检验的方法是首先对提供资料的齐全性进行核查；其次对提供的井道布置图包括井道、通道及距离尺寸要求进行核查，包括无机房电梯承重梁井道的布置图和实际安装现场是否相符。

（2）《电梯安装验收规范》GB/T10060-2011第4.3.2条要求："当驱动主机承重梁需埋入承重墙时，埋入端长度应超过墙厚中心至少20mm，且支承长度不应小于75mm。"这是电梯对墙体和承重梁连接最常用方法的技术要求。

通常承重梁是埋入墙体的，那么对现场没有埋入墙体的承重梁，检验人员要如何把握？要达到什么要求呢？

（三）检验要点

（1）检查井道布置图与现场施工是否相符。如果现场施工承重梁没有埋入墙体，而厂家提供的井道布置图是按正常要求的承重梁埋入墙体的井道布置图，那么这个图纸肯定是不符合要求的，因为现场没有采取这种安装方式，审核时要把问题指出来。

（2）要提供制造单位对法兰面与墙体连接螺栓的受力情况的计算说明书。承重梁要能承受整个电梯的重量（包括曳引机、对重、悬挂系统、轿厢等）。如果承重梁不埋入墙体，是通过螺栓和墙体连接的，最终这6~8根螺栓要承受整个电梯的重量，因此就要计算螺栓的剪应力是否满足安全要求。同时，还要满足静载和动载试验的要求，动载包括停电突然停梯、125%下行制动试验。该计算说明书要由制造单位盖章确认。

（3）要由土建设计单位提供与螺栓连接的钢筋混凝土墙受力情况的计算说明书。该计算说明书也须由制造单位盖章确认。

（4）检查现场安装是否按照设计图纸的技术要求进行施工。比如说螺栓和墙体的孔洞中心线是否一致；法兰面与工字钢横断面的焊接是否牢固，焊接尺寸是否满足图纸要求；安装工艺是否规范等。这些都需要在现场认真检查。

（5）检查机房、设备间井道布置图与现场是否一致。如果不一致，要做设计变更，设计变更要履行由使用单位提出、经整机制造单位同意的程序。

第三节　曳引机的安装

一、安装方法

（1）当承重梁在机房楼板中或楼板下方时，可在机房楼板承重梁的位置上按曳引机的底座外轮廓浇注一个混凝土台座，高度一般为300mm；台座上按曳引机底盘上的固定螺栓孔预埋地脚螺栓或留下地脚螺栓孔，固定时再浇注。

台座下面应按图样上分布点垫好防振橡胶砖，找平找正，然后将曳引机吊起稳装在混凝土台座上。经校正水平度和垂直度及地腿螺栓后，将螺母拧紧固定，使台座和曳引机连为整体。最后再用事先裁好的地腿螺栓的挡板、压板，垫以橡胶砖将台座与地面固定。

地面地脚螺栓的固定方法有两种：一为土建浇注楼板时预埋，二为混凝土板上用冲击钻开孔再使用膨胀螺栓。

（2）当承重梁在机房楼板上方时，可在钢梁上铺两块同曳引机底板形状大小相同的钢板，其厚度不小于20mm，两块钢板中间按图中分部点垫上防振橡胶砖。下面的钢板与钢梁焊接，上面的钢板钻孔用螺栓与曳引机底盘连接固定。经调整后把挡板和压板固定在底下的钢板上，一般用螺栓固定，用以固定整个机座。

（3）对于一般杂物梯、货梯，在噪声标准要求不高的场所，也可将曳引机直接稳装在钢梁上或钢架位置上面的地板上。

装在钢梁上时要在钢梁上钻孔，并垫橡胶砖，用螺栓固定曳引机。钻孔时要注意不能损伤钢梁立筋。

直接稳装在地板上要垫橡胶砖，并用挡板、压板固定。

二、曳引机位置的确定与调整

1∶1 曳引方式的曳引机位置的确定与调整。

（1）在机房曳引机的上方从两侧的墙上拉一根水平线。一般可用方木竖起在墙侧，然后再拉线。

（2）从该水平线上悬挂放下三根铅垂线，一根对准井道顶样板标出的轿厢中心点，另一根对准对重装置的中心点（楼板上土建已留孔洞），第三根为曳引轮铅垂线。

（3）移动曳引机使绳轮纵向中心线与轿厢中心线和对重中心线形成的垂面重合，使绳轮纵向中心面上的水平节圆直径端点垂直于轿厢中心垂线。

三、安装要求

（1）曳引机直接固定在承受梁上时，必须实测螺栓孔，并用电钻开孔，严禁用气割开孔，其位置误差不大于 1mm，不得损伤钢梁立筋。

（2）曳引机为弹性固定时，必须用压板、挡板、橡胶垫等定位固定。

（3）曳引机底座与基础间隙的调整应用钢垫片，经调整应符合以下要求。

①不设减振装置的曳引机座水平度不大于 2‰；

②曳引机轮的位置偏差，在前后方向（向着对重）不应超过 ±2mm；在左右方向不应超过 ±1mm；

③曳引轮的垂直度偏差不大于 0.5mm（指空载时），曳引轮在水平面内的扭转即 a、b 之差不应超过 ±0.5mm。

曳引机电动机与底座连接牢固，蜗杆与电动机轴的同轴度允许误差为：刚性连接小于 0.02mm，弹性连接小于 0.1mm；径向跳动不超过制动轮直径的 1/3000，如发现不符，必须严格检查测试，并调整电动机垫片以达到要求。

（4）曳引轮位置与轿厢中心及轿厢中心线误差应符合的要求。

四、曳引机的空载运转

曳引机找正后未挂曳引绳前，先将悬挂的垂线取掉，进行空载运转，正反转各 1h。

（1）先测试电动机，方法参见本丛书《低压动力电路及设备安装调试》，并连接好临时启动装置和电源。

（2）检查曳引机。用干净的煤油清洁减速箱内腔和蜗轮蜗杆齿面，直到从减速箱放油孔内流出的煤油不含有泥沙和污物为止。清洗时应边洗边盘动，使减速箱转动起来，煤油应收集后过滤以备再用。清洗完后将箱内煤油清理干净。

（3）在减速箱内注入指定牌号的、清洁的润滑油，油量应在蜗杆中心位置。

（4）减速机箱体分割面、窥视盖等应紧密连接，不得渗油漏油。

（5）用松闸扳手打开制动器闸，用手扳转电动机尾部的飞轮往返数十次，使油充分渗入蜗轮蜗杆所有齿轮的啮合面。

（6）主轴两端均装有滚动轴承，应添钙基润滑脂。可用油枪从轴架盖和轴座体上的油杯注入。

（7）空载运转必须使曳引机无杂音、无冲击和异常振动。减速机箱内油的温升不超过60℃，温度不高于85℃。

（8）调整制动器。制动器有多种型式，但结构基本相同，一般由电磁铁、制动臂、制动瓦、制动弹簧等组成。

安装时应卸开电磁铁的铁心，检查电磁铁在铜套中能否灵活地运动，一般可用少量的细石墨粉或铅笔芯末作为铁心与铜套的润滑剂。

为了防止在吸合时两铁心的底部发生撞击，吸合后其底部间应留有适当的间隙。此间隙值的大小应不影响铁心的迅速吸合，不应出现松闸滞后现象。一般是使两铁心在铜套内相碰触，然后各退后0.3~0.5mm。正常情况下，松闸时间不大于0.085s，线圈的温升应为60℃以下，最高温度不大于105℃。

制动带与制动轮工作表面的间隙可通过制动臂上方的松闸量限位螺钉来调整。如有定位螺钉和调节螺钉的应同时对其调整，保持制动带上下间隙一致。

制动带必须和制动轮密贴抱合。制动瓦与制动臂采用活动连接，使瓦块有一定的自由活动量，瓦块与制动轮的中心高误差不大于0.5mm。

调整制动弹簧时要做到以下两点：

①既有足够的制动力矩，又不影响电梯的平稳性。

②制动瓦圆周的中心应和电动机制动轮中心重合，即制动瓦和制动轮间的间隙应一致。一般是使电梯作静载试验时，压紧力应足以克服电梯的自重。在做超载运行时，压紧力应使电梯可靠制动，不溜车。

（9）制动器的手动松闸有两种方式：

①用扳手将制动弹簧的连杆螺栓转动90°，装在连杆上的挡块的凸缘将制动臂推开而达到松闸的目的。使用完后，应将螺栓转回原状。

②用一杠杆用手向下压，使动铁心运动，顶杆推动运转臂转动，将两侧制动臂推开而达到松闸的目的。

一般情况下应将手动松闸工具放在机房一固定地方。

将上述九项工作做好后即可启动电动机，观察曳引机空载运转的情况。应测试电动机的启动电流和运转工作电流，测听电动机的声响以及温升和振动情况。对于减速器应观察有无振动，绳轮有无摆动，声音是否正常，有无漏油等。

五、曳引机驱动系统设计

(一) 曳引机安装位置确定

电梯的曳引方式有两种。一是上置式，即将曳引机安装在楼层井道的上方。这是一种最常用的曳引机安放方式，其优点是安装所需要的面积较小，对建筑物所施加的负载也较小，但是其运载能力较低，一般用于建筑物中的载人电梯。二是下置式，即将曳引机安放在建筑物的下端。其优点是电梯的运载能力较大，但是其对建筑物施加的负载也会增加，安装机房所占的空间较大。一般用于大面积的船舶升降电梯中。

(二) 曳引比和曳引绳缠绕方式确定

曳引力是通过钢丝绳和曳引轮之间的摩擦来产生对电梯轿厢的上下运动的。载客电梯中常用的半绕式传动和全绕式传动，其曳引比 $i_{12}=1$，钢丝绳承重：电梯轿厢总重 $=1:1$。而用于载重较大的货运电梯中其曳引比常可以达到 $2:1$、$3:1$ 甚至于更高。

曳引绳的绕绳方式和曳引绳的选择也能很大程度上改变钢丝绳和曳引轮的摩擦力。电梯的曳引绳的绕绳方式是和曳引机的安装位置、电梯轿厢的载重及电梯的运行额定速度等紧密联系的，选择绕绳方式也要充分考虑到这些因素对其影响，在保证最佳的传动比的同时减少轮组和曳引绳的数量。全绕式传动和半绕式传动虽然曳引比都是 $1:1$，但是半绕式传动的电梯运行额定速度较全绕式传动而言相对较低。这也决定了低速载客电梯用半绕式传动而高速载客电梯选用全绕式传动。

(三) 曳引绳的选择确定

由于电梯曳引中特殊的工作环境，使得曳引绳也需要选择特殊的钢丝绳。首先是对钢丝绳强度的要求，载客电梯的安全性是优先考虑，另外曳引用的钢丝绳在工作中弯折次数较多，因此一般选择特级钢丝。其次是对其耐磨性和抗扭转性的要求，电梯中所用的钢丝绳一般是多股的，其股与丝的捻向和捻法对钢丝绳的影响较大。通常选用右交互捻的钢丝绳。还有就是对其绳芯的要求，需要其具有很好的挠性，天然纤维芯是最优的选择。

（四）曳引机的类型安装选择

1. 常用的两种曳引机的区别

电梯中常用的曳引机有两种：有齿轮曳引机和无齿轮曳引机。有齿轮曳引机是借助于机械齿轮装置来达到驱动电梯运行的目的。其主要的结构有曳引电动机、蜗轮、蜗杆、制动器、曳引绳轮、机座等，其广泛用于运行速度 $v \leqslant 2.0\text{m/s}$ 的各种货梯、客梯、杂物梯，有着强的运载能力。这种曳引机有一个很大的缺点就是运行噪声较大，需要安装蜗轮副作减速传动装置来控制电梯稳定运行和降噪。这也就导致其需要的安装面积大，需设置专用的安装机房。无齿轮曳引机其与有齿轮曳引机最本质的区别是缺少机械齿轮机构。通过将曳引轮直接安装在电机传动轴上来达到驱动电梯运动。在运行的时候噪声小，并且平稳，但是其运载能力不高，对于工业上要求载重量的电梯中无法普及使用。这种曳引机具有结构简单，安装面积小，一般不需要专用的机房设备，在对面积有较高要求的楼层建筑中应用广泛。并且伴随变频技术的普及和发展，永磁电机也应用到曳引机中，这可以在既降低安装面积，又能保证很高的传动效率。

2. 曳引机选择的要求

曳引机的选择是根据曳引机有关额定参数所得电梯的运行速度、电梯额定速度以及曳引机安装空间的要求来确定的。应满足《电梯制造与安装安全规范》GB7588-2003 中 12.6 中电梯速度的要求，即当电源为额定频率，电动机施以额定电压时，电梯的速度不得大于额定速度的 105%，宜不小于额定速度的 92%；另外还需要满足：

（1）电梯的直线运行部件的总载荷折算至曳引机主轴的载荷应不大于曳引机主轴最大允许负荷；

（2）曳引机的额定功率应大于其容量估算；

（3）电梯在额定载荷下折合电机转矩应小于曳引机的额定输出转矩；

（4）电梯曳引电机启动转矩应不大于曳引机的最大输出转矩。

六、基于 ANSYS 的电梯曳引机轮齿失效

电梯在城市中的应用越来越普及，随着楼层的不断增加，电梯的运行速度越来越快，曳引机的功率也随之不断升高。近年来，各种电梯冲顶事故时有发生，主要原因就是电梯曳引机的蜗轮失效，因此对曳引机减速箱的轮齿失效分析成为目前亟须解决的问题。

曳引机又被称为电梯驱动主机，是电梯的动力来源。输送与传递动力使电梯正常运行是电梯曳引机的主要功能。在电梯技术飞速发展的今天，曳引机一般分为有

齿轮曳引机和无齿轮曳引机，比较常见的是有齿轮曳引机。有齿轮电梯曳引机通常由电动机、联轴器、制动器、减速箱、曳引轮、机架和导向轮及附属紧急盘车装置等部件组成。有齿轮曳引机通常是利用减速箱将电动机动力传输到曳引轮，以实现动力传输和减速比要求。为了提高电梯运行时的平稳性、减少运行噪声和减速箱体积，一般情况下使用蜗轮蜗杆减速箱。按蜗轮蜗杆的布置方式，通常又可分为上置式和下置式。

电梯减速箱出现下列情况之一，将视为达到报废技术条件：

（1）蜗轮副、斜齿轮、行星齿轮出现影响安全运行的轮齿塑性变形、折断、裂纹、齿面点蚀、胶合或磨损等形式的严重失效；

（2）传动轴、轴承或键出现影响安全运行的损坏；

（3）减速箱体出现裂纹。

（一）国内外研究现状分析

国内已经有不少学者对齿轮的失效分析做了研究，但是针对电梯曳引机蜗轮的失效分析还是少有涉及。欧阳惠卿等对比相关技术标准的要求，针对电梯用减速箱中齿轮、传动轴、箱体，分析其失效模式、机理和风险，提出电梯用减速箱的报废技术条件。刘兴华论述齿轮失效的各种形式，分析产生的原因，提出切实可行的解决方法。丁康和王延春讨论激振能量对轮齿失效和轴弯曲产生的振动调制现象的影响，指出变速箱三种不同的调制现象：齿轮啮合频率调制、齿轮固有频率调制和传动箱固有频率调制产生的根本原因是激振对量的不同，同时提出相对应的齿轮箱振动故障诊断方法并将它们成功地运用到轮齿失效和轴弯曲的工程实例中。陈忠和郑时雄简述齿轮箱传统信号分析技术与经验模式分解（EMD）技术的异同，并详细论述 EMD 的分解原理和傅里叶变换的关系。通过应用 EMD 分解技术，将齿轮箱振动加速度数据进行分解，得到 IMF（Intrinsic Mode Function）模式分量，而后提出相应的两种失效参考指标，并且分别验证其在特定条件下的有效性和可操作性，为齿轮箱振动的故障诊断提供参考方法。

在工业生产中齿轮及齿轮箱的失效和故障诊断已经引起各方学者的关注。电梯属于特种设备，与老百姓的日常生活息息相关，尤其驱动主机的异常振动对电梯安全有重大影响，因此电梯曳引机减速箱的蜗轮蜗杆失效分析迫在眉睫。

（二）常见曳引机减速箱蜗轮失效形式

在有齿轮曳引机的减速箱中，蜗轮蜗杆机构变速箱是目前应用最为普遍的。蜗杆通常选用 45 钢或 40Cr 材料，一般为阿基米德螺旋蜗杆。蜗轮通常应选用锡青铜或铝青铜材料铸造而成，但现在由于行业恶性竞争，导致大幅度压低生产成本，所以目前均大量采用高铝锌基合金材料来代替。这种替代材料价格便宜，质量轻，机械特性好，但缺点是热敏性高，对铸造的要求高，容易产生气孔、疏松和夹渣等缺陷。由于材料和结构上的因素，蜗杆的强度一般高于蜗轮的强度，所以通常都是蜗轮的轮齿失效。

电梯曳引机的减速箱通常是封闭环境，散热条件不好，并且连续长时间的重载运行，所以蜗轮蜗杆的蜗轮非常容易失效。工程应用中比较常见的蜗轮轮齿的失效形式有齿面胶合、齿面磨损、齿面点蚀、轮齿折断和齿面塑性变形等。电梯曳引机的减速箱中齿面磨损和轮齿折断最常见。

（三）建模分析

设定一般参数：载重 800kg，梯速 1.75m/s，曳引机功率 15kW，转速 1500r/min，曳引轮直径 620mm，极数 4。为简化计算，便于观察轮齿，假设齿顶直径 48mm，齿底直径 30mm，齿数 10，齿厚 4mm，弹性模量 2.06×10^{11}，密度 7.8×10^{3}，最大转速 5.7rad/s。

通过考察蜗轮在高速运转时发生多大的径向位移，从而判断其变形情况以及蜗轮运转过程中齿面受到的压力作用。ANSYS 软件以它的多种分析功能而成为 CAE 软件的应用主流，在工业的各个方面应用广泛。利用 ANSYS 有限元分析软件进行建模分析，步骤如下：

（1）建立蜗轮模型：定义单元类型和实常数、定义材料属性、建立几何模型。

（2）对建立好的模型进行网格划分。

（3）定义边界条件并求解：其中定义施加载荷为旋转离心力，由 5.7rad/s 转速产生；定义位移边界条件为固定蜗轮内孔边缘各节点的周向位移。

（4）查看结果：查看变形和径向应力。

由求解结果可知，最大变形位于轮齿的外齿廓最大处，数值为 0.004mm，此处最易发生轮齿磨损，最大径向的位置位于齿根处，数值为 0.158e+09，此处最易发生轮齿折断。

要求进行维保，选用合适的润滑油，必须加到规定的量，按时更换；对于没有达到更换时间的润滑油，在维修保养时只要打开油箱盖观察到油的黏度变稠、变稀、润滑油发黑变质等异常现象也应该立刻更换。电梯减速箱的温度不宜过高，在日常维保时可以尝试触摸轴承的端盖和减速箱外壳，如果温升异常、应立刻检查原因、排除原因后方可继续运行。曳引机减速箱应定期保养，及时更换符合要求的润滑油。当发现轮齿有磨损和折断现象时，应及时进行修复或更换，确保电梯安全运行。

第四节　导向轮和复绕轮的安装

一、导向轮的安装

导向轮是把曳引绳从曳引绳轮引向对重一侧或轿厢一侧所应用的绳轮。通常导向轮导向对重一侧。

（一）检查

检查导向轮转动部位油路畅通情况，并清洗加油。

（二）放线

由楼板放下一根铅垂线，使其对准样板的对重中心点，然后在其两侧根据导向轮的宽度另放两根重线，以校正导向轮的偏摆。

（三）校正

移动导向轮，使导向轮绳中心与对重中心垂线重合，并在轴支架与曳引机底座或承重梁的固定处用垫薄垫片来调整导向轮的垂直度，同时调整与曳引轮的平行度。

（四）紧固

导向轮位置经调整确定后，用双螺母加弹簧垫将螺栓紧固。

（五）安装要求

（1）导向轮的位置偏差，在前后（向着对重）方向不应超过 ±3mm，在左右方向不应超过 ±1mm。

（2）导向轮的垂直度偏差不大于 0.5mm。

（3）导向轮与曳引轮的平行度偏差 b 不超过 ±1mm。

二、电梯导向轮异响

电梯是一种以电动机为动力的垂直升降机，电梯配置导向轮，其主要的作用是增大轿厢与对重之间的距离、改变电梯钢丝绳的运动方向，并起到滑轮组省力的作用，从而减小曳引机的输出功率和力矩，达到节能高效、增强电梯运行稳定性的效果。随着人们生活水平以及消费观念的日益提高，人们已经不能仅仅满足于对直梯的运输需求和安全需求，对乘坐的舒适度要求也越来越高。

（一）对象描述

电梯导向轮装配一般由导向轮、轴承和轴三大部分组成，按照其材质来分，可分为尼龙和铸铁导向轮。按照其结构来分，可分为密封轴承型和非密封轴承型导向轮，这两者结构的区别主要在于：前者导向轮轴承是密封的，轴承出厂本身自带油脂，导向轮不设有注油孔，使用中无须定期加油；后者导向轮轴承是非密封的，轴承出厂本身无油脂，只涂有一层防锈油，导向轮设有加油孔，使用中需定期加油保养。轴承作为当代机械设备中一种极其重要的零部件，它的主要功能是支撑机械旋转体，降低其运动过程中的摩擦系数，并保证其回转精度，确保部件运行平稳、可靠。

（二）异响原因分析

导向轮转动时，轴承内部需有足够的润滑油脂进行润滑，以减少轴承内部滚子间的摩擦及磨损，防止其烧粘；排出摩擦热，防止轴承过热，防止润滑油自身老化；也有防止异物侵入轴承内部，或防止轴承生锈、腐蚀之效果，提高轴承的使用寿命。此外，导向轮作为一个装配部件，对每个零部件的尺寸都有所要求，包括其外观尺寸、粗糙度、圆柱度等。现针对导向轮运行异响的异常情况进行检测分析，发现其异响的原因主要由以下几方面导致：

1. 入水生锈

轴承本身是个精密零部件，其对使用环境和保护措施要求较高。轴承一旦进水，油脂就会发生变质，从而失去其润滑的效果。轴承得不到良好的润滑，滚子之间的摩擦力增大，加剧轴承的磨损，从而产生异响，这也大大降低了轴承的使用寿命，意味着这个导向轮即将报废，这是一个不断恶性循环的过程。

2. 轴承缺油

轴承内部润滑油脂不够，滚动时产生干磨，加剧发热胀大，摩擦力增大，发出刺耳的响声，轴承甚至已完全失效卡死。对导向轮轴承缺油的原因进行查核，主要是以下两方面造成：

（1）制作时加油不规范。针对非密封型轴承，在装配前应先对轴承进行加油。装配时，在导向轮储油室注入足够的油脂，保证有油脂不断进入轴承内部，防止导向轮在运行一段时间后，轴承内部润滑油脂消耗完而出现干磨，致使轴承失效产生异响。

（2）保养不到位。轴承运转中，需不断地消耗润滑油脂，为避免轴承润滑油脂消耗完，导致轴承出现干磨的情况，需定期对电梯导向轮进行加注油脂处理，保证轴承运转润滑油脂充足。针对安装完成并进入维保阶段的电梯，按照《特种设备安全技术规范》规定，半年需对轴承进行保养检查，并规定电梯移交维保后注油和一年一次的定期注油。

3. 装配问题

装配尺寸超差。轴承外径表面出现非轴承本色的浅黑色的摩擦痕迹，这是由于轴承外径与导向轮轮毂相对蠕动摩擦产生。按照设计要求，轴承外径与导向轮轮毂之间的配合应为过盈配合。从轴承外径摩擦的痕迹来看，说明导向轮轮毂的尺寸没有达到设计的加工要求（尺寸公差、粗糙度、圆柱度等），在电梯上下启动和停止不断交错使用过程中，使导向轮的孔径磨损（一般轴承的硬度较高，孔径磨损较为严重），导致轴承在运转过程中，有间歇性地走外圈，即外圈打滑。轴承走外圈，会使用轴承外径与轮毂内孔产生摩擦，受此影响失去固定支撑主轴的功能，使导向轮内孔与轴承外径之间产生振动式的接触并发生异响。

（三）解决方案

1. 入水生锈

（1）导向轮轴承入水生锈，轴承已失效，产生异响和卡阻时，均需更换导向轮。由于考虑到现场更换导向轮轴承的工作难度，建议再出现因轴承入水生锈引起导向轮异响时，更换整个导向轮装配，而不是单单更换轴承。

（2）导向轮出厂前用防水布进行包装，避免运输过程中导向轮淋雨。现场加强对物料的保管，应尽量放到室内，防止物料淋雨。当现场条件不允许，需将物料放在露天的条件下时，应做好防淋雨和浸水的措施，如搭雨棚，放在干燥的地方，不允许将物料摆放在潮湿低洼积水处。

2. 装配问题

（1）当发现导向轮跑外圈时，应及时更换处理，避免出现钢丝绳打滑和磨损，导致钢丝绳断股，影响电梯的正常运行。

（2）针对导向轮装配尺寸超差问题：导向轮装配前，对各个零部件的尺寸进行检查无误后方可进行装配并提供相关检验记录，且在装配完需用手转动轴承，检查是否有异响和卡阻。均无异常后，方可装箱发货。

三、复绕轮的安装

有的电梯将曳引绳引出曳引轮后再经另一绳轮再次绕入曳引轮，这种兼有导向作用的绳轮称为复绕轮。

复绕轮的安装方法、要求和导向轮基本相同。复绕轮与曳引轮水平方向应偏离一个为曳引绳槽距1/2的差值。

第五节 限速装置的安装

限速装置由限速器、张紧轮及重砣、钢丝绳组成。电梯运行时由于某种原因出现超过正常速度而达到某一高速时，限速器第一限速动作，超速开关动作，切断电源，制动器制动，使轿厢停止运行，停在某一位置上。如果轿厢速度太大，如钢丝绳断开，加速到限速器做第二限速动作，通过安全钳的配合，将轿厢夹持在导轨上，使轿厢停止。

一、限速器的工作原理

限速器多为离心式，有甩块式和甩球型两种。

(一) 甩块式限速器的工作原理

当轿厢超速下降时，绳轮在钢丝绳的带动下旋转加快，因而离心锤的离心力也相应增大。当离心力增大到一定值时，离心锤的凸齿与锤罩上的棘齿相碰，带动锤罩转动，并使偏心叉随着回转。由于偏心叉与绳轮之间存在偏心距，偏心叉在回转一定角度时，触动微动开关动作，切断主接触器电源，电动机停止并制动，轿厢停止；速度再快，偏心叉回转更大角度，夹绳钳将钢丝绳夹住不动，进而使安全钳动作，将轿厢强行制停在导轨上。

(二) 甩球型限速器的工作原理

甩球型限速器的工作原理和甩块式限速器的工作原理基本相同，当轿厢超速下降时，绳轮在钢丝绳的带动下转速加快，通过伞齿轮传给转轴，转轴带动甩球旋转，甩球在离心力作用下压缩调节弹簧，同时带动活动套向上移动，而使杠杆系统向上提起，当提到一定位置时触动微动开关或使钳块夹持钢丝绳，进而使轿厢停止。

二、限速装置的安装方法

限速器通常安装在机房楼板上或隔声层里，也有的将其安装在承重梁上，限速装置的安装应和轿厢同步进行。

(一) 安装位置的测定

由限速器绳轮下旋端的绳槽中心吊一垂线到轿厢安全钳拉杆绳头中心，再从拉杆下绳头中心到张紧装置绳轮槽中心另吊一垂线，并使这四点垂直重合。然后由限速器另一端绳槽中心至张紧装置另一端绳槽中心再另吊一垂线，且使这两点垂直重合，位置即可确定。

如果限速器绳轮与张紧装置绳轮的直径不同，应以与轿厢相连一侧为基准并符合上述要求，另一侧以两绳轮槽中心线在同一垂直面上为准。

（二）限速器安装

限速器安装在机房楼板上时应预埋螺栓或使用膨胀螺栓，稳固在混凝土基础上，混凝土基础应大于限速器底座边 25～40mm，也可用不小于 $\delta=12mm$ 的钢板作为基础与机房楼板固定。

（三）限速器绳索的张紧装置安装

应用压道板将张紧装置的固定板紧固在位于底坑的轿厢导轨上。

（四）缠绕钢丝绳

在限速器轮和张紧装置绳轮之间绕上钢丝绳，钢丝绳两端与安全钳绳头拉手相连，用绳卡固定牢固。限速器钢丝绳不允许上油。

三、安装要求

（1）限速器绳轮的垂直偏差度不大于 0.5mm。

（2）限速器钢丝绳至导轨距离的偏差不应超过 ±5mm。

（3）限速器钢丝绳应张紧，正常运行时不得与轿厢或对重相接触，不应触及夹绳钳。

（4）张紧装置距坑底地坪的高度应符合规定。

（5）张紧装置自重不小于 30kg，其对钢丝绳每分支的拉力不小于 150N。

（6）限速器动作时，其夹绳装置能充分承担钢丝绳因驱动安全钳使电梯停止运动的拉力，且钢丝绳无打滑、限速器无损伤。

（7）限速器动作速度应不低于轿厢额定速度的 115%，出厂时应严格检查和试验，安装时不允许随意进行调整。

四、电梯限速装置的使用与故障消除方法

电梯经安装、调试合格后，便能正常地工作。由于电梯各零部件具有足够的安全系数，只要能正确地使用、保养和维修，便能继续正常工作下去。电梯一般可连续运行 20～30 年，并且不会发生严重事故。

电梯的安全设施,可能从来没有开动过一次,但是对安全设施必须定期进行保养,以便随时准备在急需时能立即无误地工作。所以,电梯的安全装置必须十分可靠。

电梯的安全装置,分为机械式和电气式两大类。本文主要介绍机械式安全装置中的限速装置的使用与维修。

限速装置由安全钳和限速器组成。这种装置的主要作用是限制电梯轿厢的运行速度。当轿厢超过额定速度运行时,限速器就会立即动作并通过传动机构——钢丝绳、拉杆等,促使(提起)安全钳动作,卡住导轨,使轿厢停止运行,同时切断电气控制回路。达到及时停车,保证乘客(货物)安全的目的。限速装置除了具有正常限速功能,在电梯发生因承力减小溜车、主钢丝绳折断脱绳等所造成的电梯轿厢加速向下运行时,限速装置也会立即动作,使安全钳卡住导轨,安全停车。在正常运行时,发生轿厢坠落事故的可能性很小,但也不能排除这种可能性。实践证明,如发生下述情况之一者,就可能发生轿厢或对重铁急速坠落的严重事故:

(1)曳引钢丝绳因各种原因折断;

(2)蜗轮蜗杆的轮齿、轴、键销折断;

(3)曳引摩擦轮绳槽严重磨损,造成当重摩擦系数急剧下降,平衡失调,轿厢又超载,则钠丝绳和曳引轮打滑;

(4)桥厢超载严重,平衡失调,制动器失灵;

(5)因基些特殊原因,如平衡对重铁偏轻、轿厢自重偏轻,造成钢丝绳对曳引轮压力严重减少,致使轿厢侧或对重铁侧平衡失调,钢丝绳在曳引轮上打滑。

按照国家有关规定,无论是客梯、货梯或医用电梯,都应装置限速器和安全钳。当轿厢下行超速时,要求限速器动作,阻止轿厢下滑,直到停止下降。高速电梯,在对重侧也装有上述装置。限速器的动作速度指夹持钢丝绳时的电梯速度。我国标准《电梯技术条件》GB/T10058-2009中规定,其动作速度不低于轿厢额定速度的115%。同时规定,对重限速器的动作速度应大于轿厢限速器的动作速度,但不应超过10%持时提起安全钳,因此必须要有足够的强度和耐磨性。我国规定,钢丝绳的直径不小于7mm,静载安全系数不小于5。实用中一般采用8mm以上的外粗式纤维芯钢丝绳。为了保证绳索的使用寿命,绳轮的直径应在绳索直径的30倍以上。

张紧装置的作用是使绳与绳轮之间有足够的压紧力,使绳轮能准确反映电梯的实际运行速度。我国要求张紧装置对钢丝绳每分支的拉力不小于150kN。

张紧装置具有多种结构,但不论何种结构,为了补偿钢丝绳在工作中的伸长,装置必须能上下浮动,同时其底部离井道底坑应有合适高度。为了防止绳索断裂或绳索过度伸长使张紧装置碰到地面而失效,在装置上均设有断绳开关,只要装置下跌，电梯控制电路就被切断。

限速器常见的有两种形式、三种结构：

(1)抛块式限速器(又称甩块式限速器)，因抛块似锤形，又称锤形限速器。按其在动作时对钢丝绳的夹持是刚性的还是弹性的，又分为刚性夹持式和弹性夹持式。

①刚性夹持式。这是一种常见的结构，没有超速开关抛块一般为铸铁件，它的作用是以抛开量来反映电梯的速度。两个抛块分别在底部与弹轮铰接，头部穿有压缩弹簧，弹簧固定在绳轮的弹簧座上。电梯需要停止时，电磁制动器的电磁线圈失电，两块铁芯失去电磁力，制动闸瓦在弹簧力的作用下抱紧联轴器，从而使电梯的曳引机停止运行目的。限速器的动作速度由弹簧的被压缩量调定，制造厂调定后加钳封，用户不能随意变动。

偏心叉用销轴与机架连接，其铰接点低于绳轮心轴，与绳轮间产生一个偏心距e。偏心叉平时与绳轮的垂直中心线成倾斜角α，α角关系到限速器动作影响时间，因此，应保证夹绳钳与钢丝绳有合理的间隙。正常情况下，绳钳与钢丝绳之间应有3mm以上的间隙。

电梯运行时，绳轮在钢丝绳的带动下旋转，抛块张开。当电梯的速度超出极限值时，离心力使抛块楔住棘轮罩上的棘齿，带动棘轮罩转动，使偏心叉随之回转，由于偏心叉与绳轮之间存在偏心距，偏心叉回转一定角度后，夹绳钳即将钢丝绳夹住。这种限速器对钢丝绳的夹持力是不可调的，绳索一旦被夹住，就愈夹愈紧，被称为刚性夹持式。

②弹性夹持式这是一种常见的结构，带有超速开关。限速器对电梯速度的限制分解为两个独立的动作。当电梯的速度达到超速开关动作速度时，抛块撞跌导电座打板，超速开关断开，电梯控制电路被切断，电磁制动器失电制动；如电梯继续加速下行，抛块进而撞跌夹绳钳，绳钳在自重作用之下，楔入钢丝绳。绳钳的工作端面呈偏心圆状，一旦楔入钢丝绳，就能随绳索的移动作同步偏转，将钢丝绳压住；同时，绳钳向后压缩弹簧，当弹簧提供的夹持力足以克服绳索拉力时，绳钳才完全将钢丝绳夹住，安全钳被提起。这种对钢丝绳的弹性夹持过程，使绳索被完全夹持前有一个滑移量，而受到缓冲，这种方式对绳索起到保护作用，使这种限速器适用于快速电梯。其绳钳对钢丝绳的夹持力可通过绳钳弹簧尾端的螺母调整。制造厂已作了测试调整，使用中不需要再调。

限速器超速开关的动作速度超前夹绳动作速度5%~10%。第二个动作是否出现，取决于第一个动作的效果。当超速开关动作后，电梯已被制动，或虽未完全制动，但速度已减慢，则第二个动作不会出现；只有当电梯速度继续加快时，第二个动作才会出现，但这种情况出现的概率较低，从而也降低了安全钳动作的概率，有利于电梯的安全使用和保护导轨。

这种限速器要将钢丝绳夹住，必须保证夹绳钳的自重足以克服钢丝绳的弹性变形反力而楔入绳索，并在一旦楔入后只与绳索作同步移动，无相对滑动。与刚性夹持式抛块限速器相比，这种限速器具有明显优点和先进性。

（2）抛球式限速器（又称甩球式限速器）抛球式限速器一般均为弹性夹持式，设有超速开关，在结构上以一对钢球代替了抛块，具有对速度的容量大反应灵敏的特点而被广泛用在快、高速电梯上。

绳轮的转速通过伞齿轮传递给转轴，转轴带动抛球转动，抛球在离心力的作用下向上压缩弹簧张开，同时带动活动套向上移动，使杠杆系统向上提起，当电梯的实际运行速度达到超速开关动作速度时，杠杆系统使开关动作，切断电梯控制电路；如电梯速度仍继续提高，抛球进一步张开，杠杆系统进一步上提，使钳块Ⅰ与钳块Ⅱ同时夹持钢丝绳（两个钳块间具有联动关系），使安全钳动作。

安全钢丝绳的技术检查和维修与曳引钢丝绳相同，它们都具有同等重要性。一般检查方法是，维修工站在轿厢顶上，司机开动电梯慢速在井道内运行全长，仔细检查钢丝绳和绳套，检查绳轮、张紧轮是否有裂纹和绳槽磨损情况，检查方法和内容与曳引轮相同。在运行中若钢丝绳有断续抖动，表明绳轮或张紧轮轴孔已磨损变形，应更换轴套。

为了保证限速器动作灵活、正确可靠，其旋转部分的润滑装置应保持良好，每月加油一次，每年清洗换油一次。

安全钳的动作要灵活可靠，有足够的强度能承受相应的冲击力。每月都要切实做好润滑工作，传动杆应给予足够的润滑，钳口和滚球可用油脂润滑、防锈。

安全钳实际上很难动作一次，有的几年、十几年也遇不到一次，但日常维护仍十分重要，做到有备无患，如果发生意外，能确保它立即投入安全保护。

第六节　选层器的安装

选层器的主要作用是供乘客预选层站，它是由盘面、钢架和传动机构组成的。盘面上由几组（和电梯层门数相同）定滑块和一组动滑块触点组成，动滑块由链条和变速链轮带动，链轮又和钢带轮连接，钢带伸入井道由张紧装置拉紧，和限速器基本相同，只是一个是钢带，一个是钢丝绳。钢带和轿厢连接，轿厢上下移动时带动钢带运动，并把轿厢的运动模拟到选层器动滑块触点上，完成电气触点的关断，成为一种确定轿厢位于厅站的开关。选层器上各组滑块触点用导线连接后，一部分送入控制柜，再用电缆引至轿厢的操作盘上，另一部分送入井道，与各层厅门指示灯、按钮连接，为乘客呼梯使用。

一、安装方法

（1）选层器位置确定后，用地脚螺栓将选层器固定在基础上。选层器的混凝土基础应高出地面50mm，四周大于选层器底面20mm，也可用型钢固定基础。

（2）钢带轮及其张紧轮位置的确定，其方法和限速装置相同，偏差按下面的安装要求执行。

（3）安装好轿厢顶和对重侧的卡带装置，将钢带穿过钢带轮和张紧轮，两端固定在轿厢顶的夹紧装置上。

（4）电梯安装全部结束后，应在电梯慢速行驶中调整选层器。

二、安装要求

（1）机房钢带轮链轮与选层器之间，纵向中心偏差应不大于1/1000，且本身垂直度偏差不大于0.5mm。

（2）机房钢带轮与井道张紧装置钢带轮的垂直中心偏差应不大于3mm。

（3）钢带应张紧，不得与轿厢或对重相接触，钢带与各活动部分润滑良好、传动灵活。

三、电梯数字选层器原理和可靠

电梯在运行中需要确定和显示轿厢的当前所在楼层，这种操作主要靠选层器完成。选层器在电梯控制系统中很重要，它决定电梯运行停靠的正确和安全性能。过去的选层器采用在井道各层中装磁隔板或用磁开关构成格雷码的方法，再早期的就是在机房装一个机械式的选层器。日前，普遍采用的是通过计算机微处理器计算处理井道信息进行选层的方法，如计算随曳引电动机或限速器转动产生的脉冲信号，或者用随轿厢运动而产生绝对数值来获得轿厢位置数字信息。这类选层器我们可以称为电梯数字选层器。电梯数字选层器有多种类型，如国内常用的有增减脉冲计数型选层器和绝对值编码选层器等。以增减脉冲计数型选层器为例，在介绍其工作原理的基础上重点讨论保证其可靠性的措施。

（一）增减脉冲计数型选层器工作原理

它是采用计算安装在曳引电动机转轴（或安装在限速器转轴）的增量型旋转光电

编码器的脉冲数和记录平层开关的动作点的方法来构成选层器的，其最大的优点是成本较低，维修调试方便。当旋转光电编码器安装在曳引电动机转轴时，可以和变频器共用一个旋转光电编码器。

(二) 保证其可靠性的措施

选层器在工作中受到各种因素的影响有可能出故障，其结果会造成电梯运行错层、冲顶或蹲底等故障风险，其中冲顶或蹲底可能造成人身危险，是不允许的。我们如何才能保证选层器的可靠性呢？对此，可以从以下两个层面来考虑：

(1) 从设计的层面来考虑，我们可以首先确定一个将选层器故障的风险降到最低的目标，然后应用风险分析的方法，制定相应的措施并实施于设计中，使之从根本上保障其可靠性；

(2) 从维护的层面来考虑，由于受到已有设计的限制，主要是对系统的选层器装置进行评估，找出可能产生的故障进行预防和处理。

1. 选层器故障的 FMECA 分析

故障是影响可靠性的重要因素，元部件的功能失效又是造成故障的最大原因，所以失效模式效应及危害度分析 FMECA（Failure Mode Effects and Criticality Analysis）是最常用的可靠性分析方法，FMECA 是从装配等级最低的硬件单元开始，对每一个潜在的故障模式分类，区分发生的概率，分析其对系统任务和安全产生的影响，最终列出故障模式及故障原因，给出消除或遇到可能的故障模式或减少其发生概率的 FECA 报告。

2. 最低风险目标的确定

将这个目标定为把选层器故障风险降低为，即使选层器出现了故障，也不造成任何人身安全的危险。具体表现为安全停靠，平层后停梯开门，不关人，不出现冲顶或蹲底。

3. 保护和预防措施

选层器部件失效故障的危险程度主要为平层感应器和分频器的类型，它造成错层进而可能造成冲顶、蹲底或困人，是导致系统重大损坏或造成危及人身安全的潜在原因，因此保护和预防措施首先是防止部件失效，同时要考虑万一有故障时，采用最基本保护的措施将风险降至最低风险目标。

(1) 最基本的保护措施。

井道两头终端装置强迫减速装置，通过专门的电路使之在出现上述故障时，不受控制器控制就能使电梯强迫减速至平层。

①在运行中，控制器看门狗不断检测 C_x 的输入，发现无信号，经控制器检测判

别任切这制变频器减速爬行行至强迫减速装置动作，控制器据此控制变频器减速爬行平层停梯，开门后禁止运行。

②在运行中，控制器看门狗不断检测 C_x 的输入，发现无信号，控制器通过检测判别旋转编码器损坏（可以设变频器有该保护动作信号输出），在确认变频器、制动器和曳引机正常的情况下，可控制曳引机减速停止，然后自动点动运行至平层停梯，开门后禁止运行。由于变频器受旋转编码器故障影响会保护停机，停机后由控制器控制变频器复位并将其切换到无旋转编码器工作模式再点动运行。若变频器不能切换无旋转编码器工作模式，则设变频器在旋转编码器故障时能延时继续工作 3~5s 才保护动作，控制器每次点动时间小于保护延时时间。对于这种情况，由于受到变频器功能的限制不一定能做到，此时采用旋转编码器不和变频器共用，另设一个安装在限速器转轴上的方案为更好，按①项方法或③项方法进行保护。

③脉冲输入信号干扰，严重时可能会使控制器错乱不能工作，由强迫减速装置动作结合专门电路，使变频器减速爬行至冲限位停梯，停梯后由此自动开门，之后电梯不能再运行。

④在运行中，控制器检测轿厢绝对位置等于楼层绝对位置时平层感应器是否有信号，若多次无信号可判别平层感应器有故障，程序中虽可由轿厢绝对位置确定平层位置，但因为不能确认门区，基于安全理由不开门，控制电梯运行到强迫减速装置动作，减速爬行至冲限位停梯开门，之后电梯禁止快车运行。

(2) 预防措施。

①对控制器、编码器和平层感应器进行较高的质量等级选择和降额设计；接线采用冗余配线，接线端子压接可靠。脉冲传输线采用屏蔽电缆，屏蔽线必须公共接地。

②轿厢绝对位置数值的修正。为了防止旋转编码器脉冲传送中出现误差，所以当电梯运行至平层感应器开关动作时，就将该点对应的楼层绝对位置数值 D，对轿厢绝对位置数值修正，这样保证了轿厢绝对位置计算的相对正确性避免了累积误差。

③终端强迫减速装置设定楼层数校正功能，下终端强迫减速开关动作时，楼层数校正为最低层。上终端强迫减速开关动作时，楼层数校正为最高层。当楼层显示为上或下终端楼层数而终端强迫减速开关没动作，控制器可控制轿厢往相反的终端校正。若再出现这情况即平层停梯开门后，禁止快车运行，控制器提示必须维修。同时终端强迫减速装置也对轿厢绝对位置数值进行终端校正。

④平层感应器可设多于一个，一般两个上、下门区各一个，保证有最低的冗余度。

⑤楼层绝对位置数值 D，在调试完毕后，应设为禁止修改。在运行中对控制器内存中的楼层绝对位置数值 D。进行校对，若有错则控制器提示重新学习井道信息

并禁止快车运行。

　　⑥对上、下终端强迫减速装置监测。若有异常，选层器也应能正常工作，但由于上、下终端强迫减速装置此时可能失去保护作用，故电梯应就近停靠开门后禁止快车运行，控制器提示必须维修。

第六章　井道设备的安装及调整

第一节　导轨的安装

井道的主要设备有导轨、轿厢、对重、缓冲装置，补偿装置以及钢丝绳。

导轨安装在导轨支架上，而导轨支架则固定在井道墙壁上，导靴是导轨和轿厢间连接传动的元件。由导轨、导靴和导轨支架组成的电梯导向系统，应保证轿厢和对重在井道内沿着导轨顺利无阻做垂直上下运动。电梯运行的轻快、平稳及噪声大小程度与导轨加工精度、安装质量有直接关系。因此，导轨的安装是电梯安装中最关键的一步。必须保证导轨的垂直及导轨间的距离相等，也就是说第一要垂直，第二要平行。

一、导轨安装位置的确定

（1）在土建工程砌筑或浇注井道时，根据电梯厂家提供的井道平面图和轿厢平面图确定导轨的安装位置，并在导轨中心位置的两侧或一侧预埋钢板、导轨支架或预留孔洞，预埋件的规格应符合要求。

（2）土建完工后，在井道顶部安装样板，然后放垂线。根据电梯厂家提供的轿厢平面图确定导轨的安装位置，然后用墨笔在井道墙壁上准确地划出导轨中心位置，或者是用墨斗从井道顶部放下以垂线为准在井道墙壁上打出一条导轨中心的垂直墨线，并在墨线两侧或一侧画出导轨架的位置。

上述两种方法无论哪种都要求导轨中心线要垂直，并且在井道平面上的位置要准确，全长误差不得超过1mm。

二、导轨支架的安装

（一）导轨支架位置的确定

导轨支架的位置、间距以及距井顶井底的距离应按图样要求确定。一般是从下往上，第一个支架距底坑为1m，以上至多每隔2m设一个支架，最末端支架距顶板不大于 0.5m。

支架的距离应和导轨长度对应，每根导轨至少用两个支架固定。另外支架的位置不能与导轨的接道板位置重合，应错开位置。

(二) 安装固定方法

(1) 支架通过撑脚直接埋入预留孔中，埋入深度大于 120mm，预留孔应内大外小，应用水泥砂浆灌注，水泥砂浆应用颗粒状。

(2) 支架直接焊在预埋铁板上，支架与铁板焊接的速度要快，分两次烧焊，先点焊再烧焊避免铁板变形。如果铁板预埋位置偏移太大，可采用另敷铁板加长，其板厚不小于 16mm，接出长度不大于 300mm，超过 200mm 时端部应用不小于的 16mm 的膨胀螺栓加固，加长板和预埋铁板接触面周围应焊接，焊缝长度应大于支架焊接长度。

(3) 膨胀螺栓固定，先用冲击钻在固定位置上打孔，孔径稍大于膨胀螺栓管径 1~2mm 即可，深度为管长加上 2.5mm，膨胀螺栓应选用大于 16mm 的。

(三) 安装要求

(1) 任何类别和长度的导轨支架，其水平度偏差 α 应小于 5mm。

(2) 导轨支架面与标准线 (导轨座面) 应留 1~2mm 的间隙，以便调整。

(3) 每根导轨至少应有两个支架固定，其间距不大于 2.5m。

(4) 支架应现场制作，应用角钢扁铁，入墙部分应有鱼尾，其尺寸大小和高度应实测实量，以保证导轨的平行度。

三、导轨的安装

(一) 导轨的种类、连接和固定

(1) 导轨的种类常见的有四种。最常用的是 T 形导轨，低速货梯和对重用导轨，常用型钢导轨。

(2) 导轨的连接。导轨的长度一般为 3~5m，连接时以端部的榫头和榫槽楔合定位，底部用接道板固定。为使榫头和榫槽的定位准确，应使榫头完全榫入榫槽，连接时应将起毛的榫头、榫槽用锉刀略加修正，接头处不应有连续的缝隙，局部缝隙不应大于 0.5mm。连接时不应有台阶。

（二）准备工作

（1）导轨放置时应用木块垫起，不宜超过四层。

（2）检查每根导轨的直线度，允许误差为每5m不超过0.7mm。清洗接头的凸凹槽，修整毛刺，修整时应用人工锉和砂纸，严禁使用砂轮。

（3）不符合直线度要求的导轨要进行冷调直，弯曲度过大或有扭弯的导轨应由厂家负责调整或更换。现场一般用导轨弯曲调整器手工调直。将有弯的导轨放入调整器中，一人操作丝杠，两人对照弯曲点移动导轨进行顶调。

（4）根据层高和导轨长度，以能将导轨抬入井道为准，预先将两根或三根导轨连接组对好，并把连接好的导轨编号，然后进行预组对，并将不妥之处修整好。预组对后拆开，按编号和凸凹槽按顺序排放好。

（5）在井道设立安装导轨的起重装置、滑轮或小型卷扬机。

（三）导轨安装步骤

（1）先校对样板架放下的导轨支架位置线，确认导轨支架符合要求即可拆除或移开，将压道板用螺栓穿拧在支架上。

（2）将预组对连接好导轨从底层运入井道，导轨连接端的凸榫头向上，凹榫槽向下。

（3）按预组装编号顺序将导轨吊起，到位后用压道板将导轨固定于导轨支架上，不要紧死，以便调整。接道板与导轨榫槽端用螺栓紧死连接好，并检查接口处有无不妥之处。

（4）位于底坑第一根导轨的下端，垫一块厚60～80mm的硬木。安装完毕后，将木垫撤去，放上接油盒。

（5）安装时应使各道导轨的接头处不在同一平面上，在预组对时就应将其错开。

（四）导轨的调整

（1）在距导轨端面中心15mm处，由样板架垂吊轿厢或对重的标准垂线，并准确地紧固在底坑样板上。

（2）在每档支架处，用钢板尺或校轨卡板，分别从下至上初校导轨端面与标准线的距离，不合适的要用垫片调整。可用3mm厚的不锈钢板制作。

（3）垫片应为专用导轨调整垫片，导轨底面与支架面的垫片超过3片时，应将垫片与支架点焊牢固，调整精度达不到时，可垫0.4mm以下的磷铜片补垫。

（4）用导轨卡规（俗称找道尺）精调，导轨卡规是检查测量两列导轨间距及偏扭的专用工具。将卡规卡入导轨，观测导轨端面、铅垂线、卡规刻度线是否在正确的位置上，导轨的对称面与基准面的偏移要进行调整。

扭曲的调整。将卡轨端平（一般卡规上装有水平尺），并使指针尾部平面直角处和导轨侧工作面贴平贴严。两指针尖端如指在同一水平线上，说明无扭曲现象；如指针偏离相对水平线，应在导轨与支架间垫垫片调整，使之符合要求，然后在反向用同一方法测量，使之符合要求。

间距的调整。将导轨卡规长度调整为导轨端面距离 L，端平卡规，使其一端贴紧导轨的端面，然后用塞尺测量另一端的间隙，其偏差应符合规定。

垂直度的调整。使导轨端面中心与所放垂线的连线在同一垂直面上。

以上三条必须同时做到，垂直度和平行度是导轨调整和今后运行中最重要的。

（五）导轨调整的要求

（1）每列导轨侧工作面对安装标准线的偏差每 5m 不应超过 0.7mm，两列导轨相互偏差在整个高度上不超过 1mm。

（2）导轨接头处允许台阶 a 不大于 0.05mm，超过 0.05mm 则应修整平滑，修整长度 b 为 250～300mm。

（3）导轨工作面接头处不应有连续缝隙，且局部缝隙不大于 0.5mm。

（4）导轨下端距坑底地面应有 60～80mm 的悬空。

（5）导轨顶端距井道顶板的距离应保证对重或轿厢将缓冲器完全压缩时导靴不会越出导轨，并且导轨有不小于 $0.1+0.03v^2$m（v 为电梯的额定速度）的余留长度，导轨顶端至井道顶板应有 50～300mm 的距离。

四、电梯导轨对轿厢震动的影响

目前，在我们的日常生活中，各处建筑中都可以随处看见电梯这种实用工具，而随着时代的发展，电梯的内在结构与外部构造也在不断地更新和发展。在其发展过程中，电梯的质量及减震的能力都在不断提升，这就使得电梯在运行过程中变得越来越安全、舒适。从历史数据分析，要想判别一部电梯质量的高低，首先要考虑的一个因素就是电梯在垂直方向上、水平方向上的振动能力大小，其次就是一些次要因素的影响，也就是说，要想保证电梯的质量，就要注意电梯导轨的振动。

（一）影响电梯轿厢振动主要、次要因素

电梯的使用主要存在于高层建筑中，由于楼层较高，一般人们在上楼的过程中都会选用乘坐电梯的方式。而在乘坐过程中，电梯的振动是影响人们舒适的最直接

感受的一个因素，上楼的时候尽管时间比较短，振幅较小时还好，一旦振幅过大，人们就可能会感受到不舒服，因此。从这个角度来说，电梯的振动是影响电梯质量的重要因素。

首先我们要说的是电梯的启动冲击，也就是我们平常乘坐电梯时，最初始的感觉，也就是在电梯启动的瞬间一种与电梯运行的方向同向或反向的一种现象，由于这种情况通常发生在极短的时间内，因此人们可能感受得不那么强烈。造成这种情况的因素主要是制动问题，因此解决好制动这一问题也就迎刃而解。

再有就是机械方面的因素：由于构成电梯的机械构件有很多，因此也会出现各种问题，例如在电梯的导轨方面，或者是支撑电梯运行的钢丝绳，以及轿厢方面等。

电梯的导轨问题是影响电梯的轿厢晃动的一个重要因素。简单来介绍一下电梯的构件轿厢同导轨之间的关系：电梯的轿厢与电梯导轨的运动是不可分离的，因此，在实际操作的过程中，轿厢运动是伴随着导轨的运动的，这也就是为何导轨可以直接地影响到轿厢的运动。因为电梯的导轨中有很多的槽、接口、支架螺栓等地方，因此在安装时，如果安装的槽与槽之间出现差错，或者在安装的接口处，没有对接完美，出现空隙过大的情况，就会导致电梯在运行过程用出现晃动的现象，这种情况下，乘坐电梯的人们就会在轿厢内感觉到头晕、脚下漂浮，影响乘坐的安全以及舒适度。还有一个原因就是导轨的外部因素，外部螺丝松动、外表由于长期不清理导致污物堆积从而阻碍轿厢运动，在运行过程中出现晃动。

目前，由于电梯的使用越来越广泛，因此人们对于电梯的安全非常关心，如今已经出现了一种仪器即电梯振动仪，这种仪器可以实时记录电梯运行时所产生的振动数据，并依据数据查看振动的曲线过程，这些数据也是辨别某一阶段中是何种因素影响的电梯轿厢的振动。

再有就是钢丝绳，也就是支撑电梯运行的曳引绳，在运行的过程中，由于各种原因都可能会造成绳子在运行的某一时刻，出现受力不均的情况，最终导致绳槽的受损，在运行过程中运行绳索受损，从而引起相对滑差，如此可能就会直接导致轿厢晃动，影响电梯的安全。为了保证钢丝绳的寿命以及其在运行过程中的安全，在安装的时候一定要注意在钢丝绳的安装处就有"呼吸"处，以保证钢丝绳在运行过程中可以实现放气的程序。

(二) 运行过程中出现的轿厢共振

共振原理简单来说就是事物自身的振动频率与其他物件所产生的振动频率之间所产生共鸣。在电梯的轿厢运动中也有这一现象，这是由于构成电梯的部件很多，除了电梯会有振动，各个部件也都产生振动频率。一般轿厢共振都是以电梯自身为主要振源，其他各部分构件作为激振源，在运行过程中通过钢丝绳的传递至轿厢。而这种共振也是会引起轿厢的振动，从而引发人们的不舒适感。当然这种共振现象不是不可以消除的，只要在安装的时候或者在之后的改装过程中改变电梯自身系统的固有频率，之后再检测出各部件之间的频率加之改变，就可以改变甚至彻底解决这种共振现象。

(三) 解决轿厢振动的措施与方法

经过上文分析，我们已经分析出导致电梯轿厢振动的大致原因，而电梯作为我们生活中不可或缺的一部分，如何解决它的弊端，提高电梯运作的质量与人们的舒适度就成为生活中基础机械的一个问题。下面就以上为例，阐述解决措施与方法。

启动冲击的过程是非常短暂的。而引起电梯的轿厢振动主要原因就是制动措施出现问题，因此设计者在电梯的制动方面应做好应急措施，以便解决启动时带来的冲击。

另外，也是最重要的一方面，在电梯的导轨方面，我们需要密切注意：因为电梯的轿厢的运作同电梯的导轨的运行是密不可分的，所以，在处理电梯的导轨时，其中涉及的卡槽、接口、轮齿、螺栓等之间的卡接都需要格外注意，以避免出现不必要的问题，另外，在导轨的外部的部件上，要注意出现堆积物从而影响电梯的运行状态。再有就是在钢丝绳方面，因为它是电梯的运行的主要支撑点，因此，在运作过程中要防止电梯出现受力不均的情况，防止其导致钢丝绳以及轮槽的损伤。最后就是对于电梯检验以及定期的保养方面：在造成电梯的安装。要进行检验确保电梯的安装情况符合标准，其次就是定期保养，再好的零件没有定期的保养也会缩短使用寿命，因此在使用过程中要对电梯的轿厢、导轨及各个部件做好维护，以保证电梯在使用过程中的安全，延长电梯的使用寿命。

第二节　轿厢的安装

轿厢由厢架和厢体构成，轿厢组装通常在顶站进行，便于起吊部件，核对尺寸和与机房联系，而对重侧在底坑进行。这样安排对挂曳引绳、通电试运行、电气部分检查等都有便利性和安全性。

轿厢内部净高度不应小于2m，使用人员正常出入轿厢入口的净高度不应小于2m，对于轿厢的凹进和凸出部分，也不管其是否有单独门保护，在计算轿厢最大有效面积时均必须算入，当门关闭时，轿厢入口的任何有效面积也应计入。

一、组装轿厢架

（1）拆除顶站脚手架且低于顶站层楼面。在顶站层门口对面的井道壁上平行凿出两个 300mm × 300mm × 300mm 的孔洞，两孔洞间距与层门口宽度相同，或者在土建施工时预留。

（2）在层门口与孔洞间、水平架起两根不小于 200mm × 200mm 截面的方木或型钢，校正水平度后将其用木楔挤紧。

（3）在机房承重梁上横向固定一根不小于 $\varphi 50mm$ 的钢管，由轿厢中心对应的楼板预留孔处系上钢丝绳扣，上面和钢管系好，悬挂一个 2 ~ 3t 的手拉葫芦用以吊装轿厢底梁、上梁、立柱等大件。

（4）把轿厢架下梁放在方木或型钢支承架上，使两端的安全钳口与两列导轨端面的间隙一致。按两列导轨中心线连线调整其水平度，上下的水平度应小于 2/1000。

（5）竖立轿厢两侧立柱，用螺栓和下梁连接，在整个高度上的垂直度偏差不超过 1.5mm，调整好后将螺栓紧固好。

（6）将上梁吊起与两侧立柱螺栓连接，然后再次复校立柱垂直度，合格后紧固拧死所有连接螺栓。组装好后测其对角线，允许误差小于 5mm。

二、安装安全钳

安全钳是电梯的保护装置之一，是用机械动作将超高速电梯强行制停在导轨上的机构，其操作通过一组连杆系统、限速器和选层器通过此连杆系统操纵安全钳。

安全钳安装在轿厢两侧的立柱上，由连杆机构、楔块垂直拉杆、楔块及钳座组成。

安全钳通过主动杠杆与限速器钢丝绳相连。正常运行时，由于横拉杆压簧的张力大于钢丝绳的拉力而使安全钳处于静止状态，此时楔块与导轨侧面保持恒定的间隙。

当限速器动作，钢丝绳被夹持不动时，由于轿厢继续下行，垂直拉杆被拉起，楔块与导轨接触，以其与导轨的摩擦消耗电梯的势能，将轿厢强行制停在导轨上。同时杠杆使串联在控制回路的行程开关常闭点打开，切断控制电源。

同样曳引绳断开、选层器钢带断裂也同样起保护作用。安装方法及要求：

（1）把安全钳的楔块分别放入轿厢架下梁两端或对重上的安全座内，装上安全钳的垂直拉杆，下端与楔块连接，上端与下梁的安全钳传动机构连接。

（2）调节上梁横拉杆的压簧，固定主动杠杆位置，使主动杆、垂直拉杆座成水平，并使楔块和拉杆的提拉高度对称一致。

（3）调整横拉杆的压簧张力，使其满足安全钳拉力的要求，同时在安全钳各动作环节加油润滑，使其动作灵活不卡。

（4）调节楔块拉杆上端螺母来调整楔块工作面与导轨侧面间的间隙 c，一般为 $2 \sim 3mm$，且间隙均匀，单楔块式间隙 c_1 为 0.5mm，或者根据生产厂家要求调整。安全钳口与导轨面间隙应不小于 3mm，两导轨差值不大于 0.5mm。

（5）在上梁上装上非自动复位的安全钳急停开关，并调整位置，使之当安全钳动作时即可断开控制回路。

（6）将主动杆末端和限速器钢丝绳两端的连接心形环连接好，并使其动作灵活。

（7）安全钳楔块动作应同步，安全钳动作后，只有将轿厢或对重提升起，才能使其释放，释放后安全钳即应处于正常操纵状态。

三、导靴的安装

导靴是引导轿厢和对重升降服从于导轨的装置，安装在轿厢架、对重架的两侧。导靴分滑动式和滚动式两种，滑动式又分为固定滑动导靴和弹性滑动导靴。

（一）滑动导靴

固定式滑动导靴主要由靴衬和靴座组成，弹性式导靴由靴座、靴头、靴轴、压缩弹簧或橡胶弹簧、调节套或调节螺母组成。

（1）四只导靴应安装在同一垂直面上，不得歪斜。安装时严禁机械外力强行安装，保证间隙正确。

（2）固定滑动导靴与导轨顶面间隙应均匀，每一对导靴两侧间隙之和不大于 2.0mm，与角型导靴顶面间隙之和为 $4mm \pm 2mm$；弹性滑动导靴的滑块面与导轨顶面应无间隙，每个导靴的弹簧伸缩范围不大于 4mm。

（二）滚动导靴

滚动导靴用三只滚轮代替了导靴的三个工作面，滚轮在弹簧的作用下，贴压在导轨的三个工作面上。

（1）滚轮安装对导轨应保证水平度和垂直度，压力均匀，整个轮的厚度和圆周应与导轨工作面均匀接触。调整限位螺栓，使顶面单个滚轮水平移动范围为 2mm，左右水平移动范围为 1mm。

（2）结合轿厢架或对重架的平衡调整，调节弹簧使其压力一致，避免导靴单边受力过大。

（3）导轨端面滚轮与端面间的间隙不应大于 1mm。

（4）导靴安装前应先将导轨油污锈迹清除干净，不得有油污。

四、反绳轮的安装

反绳轮安装在轿厢架的上染上，用螺栓固定。反绳轮与轿厢架上梁的间隙应均匀，相互间的差值不应大于 1mm。反绳轮的垂直度不超过 0.5mm，和曳引轮平行偏差不超过 1mm。反绳轮轴应上油润滑，通常有保护罩和档绳装置。

五、安装轿厢底及厢体

（1）厢底由槽钢或角钢组成的框架及由 4~5mm 厚的花纹钢板组成的地板构成。客梯的地板常采用多层结构，底板为薄钢板，中间是厚夹板，表面铺设塑胶板或地毯。此外厢底前沿设有轿门地坎和轿壁围裙。

把厢底吊起放置在下梁上，并垫以薄垫片来调整水平度，然后用螺栓连接轿底和下梁，然后在立柱和轿底之间装上斜拉条，用螺栓紧固好。轿底水平度不大于 2/1000。

（2）厢体常用 1.5mm 厚钢板制成，多块拼装，螺钉连接，块与块之间有镶条。壁板用螺钉紧固在底板或围裙上。顶部均开有安全窗。

将轿顶吊起悬挂在小梁上，先用螺栓临时固定。

装配轿壁，顺序为后壁、侧壁、前壁，用螺钉与轿顶、轿底、围裙固定，轿壁之间也用螺钉固定牢固。同时将通风窗、轿壁之间的镶条、门口、门灯装配好。

客梯厢内装潢考究，通常在完工时再装配，以免弄脏或损坏。

轿厢壁板应垂直安装，垂直度不大于 1/1000，各壁间隙应一致，拼装接口应平整，镶条要横平竖直。

装设防护栏杆，通常在对重侧的轿顶上和轿顶与井壁间隔大于 200mm 处的轿顶上装防护栏杆，高度不小于 1m，安装应牢固。

六、轿厢壁、轿厢顶装配

轿厢壁一般采用 1.5mm 左右的薄钢板制成，一般为多块拼装式，相互用螺栓连接。在客梯中，每块轿壁之间都镶有镶条，除起美化作用，还能起到减少振动在轿壁间相互传递的作用。

轿壁用螺栓紧固在轿厢底板上或围裙上。轿壁在装配后，在轿厢内部无法拆卸。

轿厢顶与轿厢壁一样，用薄钢板制成，除杂物梯及层门外操纵的货梯，均开有轿顶安全窗。安装方法及要求：

（1）首先将组装好的轿顶（如未拼装的轿顶可待轿壁装好后进行安装）用手拉葫芦吊起悬挂在上梁下面临时固定。

（2）装配轿壁，一般按后壁、侧壁、前壁的顺序，逐一用螺栓与轿顶、轿底（或围裙）固定，轿壁之间也用螺栓固定。

（3）对于轿底与轿壁之间装有通风垫、轿壁之间装有镶条以及有门口方管、门灯方管等的应同时一起装配。

（4）对轿门处的前壁和操纵壁要用铅垂线进行校正，其垂直度应不大于1/1000。

（5）各轿壁之间的上下间隙应一致，拼装接口应平整，镶条要垂直。

（6）轿顶与轿壁固定后，在立柱和轿顶之间安装缓冲垫。

（7）安装时应注意轿壁的保护，使其无污染和损伤。

（8）在轿顶上靠对重一侧应设防护栅栏，其高度一般不低于1000mm。轿顶其余侧与井道壁间距大于200mm时也应设防护逮栏。防护栅栏安装应牢固。

（9）为了便于在应急状况下使用安全窗，目前有的吊顶上附加了开启装置。当安全窗开启时，应能切断控制电路，使电梯不能启动，以确保安全。

七、称重式超载装置的安装

超载装置的种类有很多，现介绍几种常用的形式。

（一）活动轿底式

活动轿底式是指轿底和轿厢是分离的，中间支以称重装置。这种称重装置有机械杠杆式和压力传感器式两种。机械式可移动秤砣即可调节超载范围，副砣作为微调。压力传感器式可调节压缩弹簧、调节螺母和定位杆。这种称重装置都配以微动开关，超重时杠杆触及微动开关，其接点给出超重信号。

安装时应要与厢底同时进行，活动轿底四周距轿壁的间隙应均匀、合适，并检查活动轿底有无卡阻。

（二）活动轿厢式

这种装置采用橡胶块作为称量元件，橡胶块均分布在轿底框上，有6～8块，整个厢体支承在胶块上，橡胶块的压缩量通过装在轿底框中间的两个微动开关直接反映轿厢的重量。调节轿厢底上的调节螺栓的高度即可调整超载量的控制范围。安装方法基本同前，主要是要注意橡胶元件及轿厢和轿厢架间的间隙。

（三）轿顶称重式

轿顶称重式有机械式和橡胶块式，工作原理是通过弹簧或橡胶块的压缩，使杠杆触及微动开关。通常安装在轿厢的上梁上。

（四）轿门及自动门机构的安装

轿门及自动门机构与厅门联锁开闭，关系复杂，故将这部门内容放在本章最后，这样和下章厅门的安装便能衔接起来。但为了轿厢安装的完整性，这里只列出了标题。

八、多轿厢电梯曳引方式

（一）电梯曳引方式评述

在《中国电梯》杂志 2015 年第 26 卷第 3 期刊登的笔者和申益洙的文章《多轿厢电梯曳引方式设计研究》一文中，已经介绍了一些多轿厢电梯曳引方式的种类，例如曳引机和曳引绳拖动、吊索和电动机驱动、缆绳连接驱动、牵引链条悬吊、移动架驱动等方式。现在需要对上述曳引方式进行评述，明确它们的优缺点，以利于深入研究多轿厢电梯的其他驱动方式，例如链轮驱动、电动机—齿轮组传动、齿轮—齿条驱动、线性电机驱动等，并对已有的多轿厢电梯驱动方式的不足提出设计改进方法，推动多轿厢电梯驱动方式的设计和技术研究的进一步发展。

已有的单层轿厢电梯的曳引，是传统的曳引轮曳引井道式电梯，每个井道内只能有一台轿厢运行。这种结构型式的电梯在低层建筑中比较实用，而对于现代城市越来越多的高层建筑，存在轿厢数量少、运送能力低、候梯时间长的缺点。一旦电梯出现问题，整个井道将无法使用。现有的解决方案是通过增加电梯井道的数量以安装更多的单轿厢电梯。

利用传统曳引技术的双层轿厢电梯，在一定程度上提高了输送能力，缩短了候梯时间，但数量众多的电梯井道还是占用了大量宝贵的建筑空间和建筑成本，并未从根本上解决问题。对于人员多、负载大的高层和超高梯占用大量建筑空间、输送能力偏低仍是一个严重问题。

循环运转，由此可派生出其他多种运行方式。这种系统一停全停，一动全动，比较笨拙。而缆绳连接驱动，即所谓的第二代循环式多轿厢电梯系统，是将多台轿厢用多条缆绳两台一组串联，置于垂直循环井道内运行。虽然轿厢之间有一定间隔，但轿厢之间无法超越，遇到较大客流量时会造成井道内的拥堵现象。

移动架驱动的缺点是，需将轿厢及其对应的轨道一并移走，存在轿厢运行轨道不连续、转换机构需较大的驱动力，以及循环、避让过程复杂等问题；有的环型电梯还存在轿厢从一个井道循环到另一个井道时，轿厢出现翻转的问题。这种多轿厢电梯未考虑轨道的道岔问题，轿厢仅能在一个封闭条件下循环运行，存在运行效率不高和运力有限的问题。下面继续介绍多轿厢电梯其他曳引方式种类，并在后面探讨为避免出现反转，可用偏心驱动消除翻转的方法。

(二) 多轿厢电梯的链轮驱动

这里所说的链条和悬吊牵引链条不同，牵引链条和链轮无关。牵引链条悬吊是驱动主机通过减速箱、驱动轮轴带动驱动齿轮和巨型齿轮转动，巨型齿轮带动牵引齿条 (也叫矩形链条) 移动，从而牵引环型电梯运行。

链轮驱动也可以说是链条驱动，因为链轮和链条是一套系统：链条受链轮带动，组成水平运行辅助加速装置，同减速装置、传动机构、传感器等一起，组成推力机构，使环型电梯作垂直—水平转换并防止其晃动。或链轮驱动链条，通过控制驱动矩形来驱动环型电梯。

对于链式环型电梯，在电梯井中设置两个平行的由套筒式链条组成的驱动矩形，其长边与水平面垂直，短边与水平面平行，并用四个链轮固定驱动矩形的四个顶点，四个链轮至少有一个为驱动链轮，其动力控制系统控制驱动矩形中的链条同步运行。轿厢顶部设有支撑横杠，横杠的两端分别装入两个驱动矩形中位置相同的链条套筒中，轿厢随两个驱动矩形同步运动而运行。

该多轿厢电梯每间隔 N 个楼层设立一个层站。对于不设立层站的楼层，乘客离开电梯后，可步行上下 1～4 个楼层，前往目的楼层。

(三) 电动机—齿轮组传动

在双轿厢电梯过渡段的运行设计中，运行的双轿厢电梯为了防止碰撞，维修、存储和接待乘客，要由垂直运行转到水平运行进入存储间 (或称电梯间，在底层的称为车库楼层)，由电动机驱动齿轮、齿条带动轿厢，并由井道的竖井段经过渡段到达平巷段。我国设计的所谓自行式电梯是使整列轿厢依次同向运行，在轿厢的外壁上设有由电动机驱动的齿轮组，上、下两组齿轮的主动轮垂直轴线之间的距离为 δ。轿厢两侧的主动轮同轴连接且同向转动，轿厢导轨沿平巷段、过渡段及竖井段的井壁分布设置，其中平巷段两导轨之间的中心距与轿厢上、下主动轮圆心之间的距离一致，过渡段两导轨圆心的高度差也与上、下齿轮组中主动轮圆心之间的距离一致，过渡段两导轨圆心的水平距离和竖井段两导轨中心之间的距离相等。这样设计能使轿厢在由竖井段经过渡段到达平巷段时减少振动和增加运行平稳性。

(四) 齿轮—齿条驱动

在环型电梯的齿轮—齿条传动运行中，平层驱动机构可以采用齿轮—齿条传动：在每个平层厅和升降井的两侧壁上，有供平层用的齿条道轨和三相滑触电源导轨，轿厢上有用以平层的传动齿轮。在平层时，平层齿轮伸出，以齿轮在齿条上作纯滚动的方式，实现轿厢由升降井到平层厅的平移。另外，也可用电动推杆（电动机＋减速器）来实现这种平移。

在运行原理和供电上，在上行井道和下行井道内的两侧壁分别固定有上升齿条和下降齿条，轿厢上安装有用以升降的齿轮，升降齿轮左右各两个，轿厢上用以升降的齿轮由带制动器的电动机和减速器驱动。轿厢升降时以齿轮在齿条上作纯滚动的方式行驶。在升降井壁上固定有两条竖直的 T 形导轨，轿厢上有四对可开合的滚轮导靴沿这两条导轨运行。采用滚轮导靴，可以减小振动和噪声，减少导靴与导轨之间的摩擦力和节省能量。在每个平层厅和升降井道的两侧壁上，有供平层用的齿条导轨和三相滑触电源导轨，轿厢上有用以平层的传动齿轮；在平层时，平层齿轮伸出，以齿轮在齿条上作纯滚动的方式，实现轿厢升降井道与平层厅之间的平移。在顶层和底层的平层厅里有链轮和链条传动的过井轿厢架，根据下行或上行的需要由过井轿厢架载着轿厢进入下降平层厅或上升平层厅。

在中间层的每个平层厅和升降井道的两侧壁上，有供平层用的平层滑轨，滑轨在齿条处断开。轿厢上有用以平层的锥形滚轮。

轿厢垂直运行的实现方法如下：在上行井道和下行井道内的两侧壁固定有齿条，轿厢上安装有用以升降的齿轮，轿厢升降的时候以齿轮在齿条上作纯滚动的方式行驶；轿厢上用以升降的齿轮由电动机及变速机构驱动；在升降井井壁上固定有两条竖直的 T 形导轨，轿厢上四对可开合的滚轮导靴沿这两条导轨运行；在升、降井井壁上固定有供轿厢上下运行的三相滑触电源导轨，轿厢上的三个电刷以一定压力与电源导轨接触。

(五) 线性电机驱动

直线电机是一种将电能直接转变成直线运动机械能，而不需要任何中间转换机构的传动装置。线性电动机从 1983 年开始应用在电梯驱动研究中。直线电机作为对重的一部分，适合用于无机房电梯。1989 年开发了线性电机电梯，并投入日本市场。直线电机驱动的无绳电梯将改变过去的电梯配置状态，并将打破现行绳式电梯的界限。

1.直线电机驱动机构

线性电机驱动机构包括驱动动力源和三辆驱动小车，驱动小车Ⅰ与驱动小车Ⅱ之间、驱动小车Ⅱ与驱动小车ⅠⅢ之间通过球链装置相连，轿厢通过连接轴、转盘与驱动小车Ⅰ相连，驱动小车Ⅰ上设有制动器。该驱动动力源包括动力源活动部分和动力源固定部分，动力源活动部分包括定位轮组连接板，定位轮组连接板上固定初级电枢和定位轮组，定位轮组包括防侧倾定位轮和侧向定位轮，定位轮组通过定位轮组缓冲机构与定位轮组转轴相连，动力源固定部分包括轭铁和永磁体。该驱动动力源是感应直线电机或者电励磁同步直线电机或者齿轮齿条结构。定位轮组连接板上设有两组初级电枢，动力源固定部分设有两组永磁体，两组永磁体之间设置制动轨，制动器设置在制动轨上。驱动动力源的活动部分和固定部分在实际过程中可以互换。

2.线性电机用于线性驱动装置原理

在竖井的后壁上设置有一个不带电的驱动部件（例如线性电机驱动装置的辅助部件），线性驱动装置沿所述不带电的驱动部件移动。线性驱动装置有一个控制装置，该控制装置可实现对线性驱动装置在相应的电梯竖井内使轿厢上行或下行的控制。通过发出召唤信号，例如通过按动召唤键实现对线性驱动装置的控制。

在另一实施方式中，轿厢有另一旨在使轿厢独立地从一个电梯竖井进入停存竖井，或从停存竖井转移至一个电梯竖井内横向移动的驱动装置。另外，也可以应用线性驱动装置，实现电梯轿厢的垂直移动，并可以由如下方式实现轿厢的旋转，该线性驱动装置也可以用于实现在两个相邻设置的电梯竖井之间的水平移动。由于仅线性驱动装置需要与不带电的驱动部件脱开，所以优选该旋转与不带电的驱动部件的部分的旋转一起进行。由于在线性驱动装置与不带电的部件之间有很大的黏合力，所以为这种脱开要付出很大的代价。

3.线性电机动子用于转弯的铰链结构

线性电机动子用于转弯的铰链结构原理：用偏心驱动代替翻转移动。

轿厢在其下面的吊架上固定有对轮。另一对轮对角相对地设置在轿厢的上边棱上。这两个对轮对轿厢沿导轨进行导向。为此对轮必要时也可以具有突出的轮缘，以便确保在移动方向的导向。优选轿厢侧的驱动装置设置在电梯轿厢的背侧。这种驱动装置在轿厢背侧偏心设置将产生一个扭矩，从而在设置轿厢时仅需要两个对轮。该扭矩顺时针起作用并且在任何运行情况下其大小足以对对轮a、b的轮子加载压力。该扭矩由轿厢侧驱动装置的力和重力产生。

4.线性电机驱动的多轿厢电梯应用

通过对线性同步电机拖动的多轿厢电梯各参数的控制关系进行研究，得到电梯试验系统的配置方块图。在线性电机模式拖动设计中，电机的长度可以任意伸长，多轿厢电梯可以独立操纵，最简单的方法是实施集中控制方案。其中每个控制模式都直接同中心控制器相连接，但只能用在系统中有限个转子上。因此，转子控制应是越过局部控制器而分配代替它的中心控制器。

如果转子转动到电机的某区，则沿着这一路径的相关部分必须在预先确定的所需时限内分派或免除，又允许高效利用这一部分，以避免碰撞。为此要选择比较简单的中心调整机构，而这将由后面可度量的分配机构代替，使用实时计算机网络使电气状态和时间同步选择。

在当前实施中，多轿厢电梯系统中的轿厢由一层到另一层的运行，是通过中心调整装置对电机的这些区域间的第一扇形体进行有效检查，然后保持它们的移动，最后借助于调整保留区所有控制器的相互作用而移动轿厢。

与传统电梯系统不同的是：电梯轿厢的不平衡荷载和对重将显示在上部或下部，在这里我们总是分配向下荷载。系统仅在两个象限内这样操作"上部运动"或"下部产生"。因此，轿厢重量同转子一起提供了真实基础荷载，甚至带有空轿厢。这允许设计中使用很简单的反向位置控制环节，关于象限之间的开关也不需要特殊注意，在一个周期内该系统已经在信号象限内操作了。位置信号提出的系统的强壮性，可以同某种可以使用的位置测向方法一起发生，我们支配电枢电流的相位，刚好想要在开环控制情形下，只控制电枢电流。在位置信号减弱的情况下，电枢电流指令通常可获得允许的最大值，并且在开环操作下，电梯能延续它的周期。

第三节　对重的安装

对重由对重框架、导靴、对重铁块及绳轮组成，由曳引绳经曳引轮与轿厢连接，在运行过程中起平衡轿厢重力的作用。轿厢上升，对重下降；轿厢下降，对重上升。

设计对重架时还应注意以下两点：

（1）对重架的高度不应超出轿厢架的高度。

（2）对重架不但要保证能够把所需数量的对重铁装进去，还应保证当电梯提升高度很高时，补偿链或补偿绳及其张紧装置的不可忽视的质量对重架强度方面的要求。

一、对重

对重的用途是使轿厢的重量与有效荷载部分之间保持平衡，以减少能量的消耗及电动机功率的耗损。为了在钢绳与钢绳传动轮绳槽之间得到适当的摩擦力，这是必要的。对重是由曳引绳经曳引轮与轿厢相连接，对重是在曳引式电梯运行过程中保持曳引能力的装置。

对重装置位于井道内，通过曳引绳经曳引轮与轿厢连接，并使轿厢与对重的重量通过曳引钢丝绳作用于曳引轮，保证足够的驱动力。因为轿厢的载重量是变化的，因此不可能两侧的重量都是相等而处于平衡状态。一般情况下，只有轿厢的载重量达到50%的额定载重量时，对重一侧和轿厢一侧才处于完全平衡，这时的载重电梯才能达到平衡点。这时由于曳引绳两端的静载荷相等，使电梯处于最佳的工作状态。但是在电梯运行中的大多数情况曳引绳两端的荷重是不相等的，是变化的，因此对重只能起到相对平衡的作用。

二、对重装置的作用

（1）可以相对平衡轿厢和部分电梯载荷重量，减少曳引机功率的损耗；当轿厢负载与对重匹配较理想时，还可以减小曳引力，延长钢丝绳的寿命。

（2）对重的存在保证了曳引绳与曳引轮槽的压力，保证了曳引力的产生。

（3）由于曳引式电梯有对重装置，当轿厢或对重撞在缓冲器上后，曳引绳对曳引轮的压力消失，电梯失去曳引条件，避免冲顶（或蹲底）事故的发生。

（4）由于曳引式电梯设置了对重，使电梯的提升高度不同于强制式驱动电梯那样受到卷筒尺寸的限制和速度不稳定因而提升高度也大大提高。

三、对重装置的结构

对重装置主要由对重架、对重块、导靴、缓冲器碰块、压块及与轿厢连接的曳引绳和反绳轮（指2：1曳引比的电梯）等组成。

四、对重架

对重架用槽钢或用（3～5mm）钢板折压成槽钢形式后和钢板焊接而成。根据不同的曳引方式，对重架可分为用于2：1吊索法的有轮对重架和用于1：1吊索法的无轮对重架两种。根据不同的对重导轨，又可分为用于T形导轨、采用弹簧滑动的对重架，以及用于空心导轨、采用钢性滑动导靴的对重架两种。

五、对重块

对重块通常用铸铁制作或钢筋混凝土填充。对重块的大小，以便于安装或维修人员搬动为宜，一般有 50kg、75kg、100kg、125kg 等几种。对重块放入对重架后，需用压板压紧，防止电梯在运行过程中因发生窜动而产生噪声，对于金属对重块，则最少要用两根拉杆将对重块紧围住。

六、对重通常在底层安装

（1）在安装对重装置的导轨处搭一木质人字架，并悬挂一只手拉葫芦。注意任何物件不得和导轨绑扎或碰撞。

（2）将对重架运至坑底，把一侧的上下导靴拆下，然后把对重架吊起，应拴一根溜绳，防止撞击导轨。把对重架慢慢插入导轨就位，然后再把导靴安装好，其要求和方法同导轨导靴。

（3）把对重架吊起，下面用方木将其底部顶住垫牢，找平找正。

（4）把对重块浇铸口残渣剔净，逐一放入对重架，通常只装对重块的 2/3。应放平放稳，待电梯装好平衡试验时，再根据平衡系数加足对重铁块，并锁紧。

（5）有反绳轮时应清洗加油，绳轮垂直度偏差不应超过 0.5mm。

（6）在对重和轿厢之间安装底坑安全栅栏，底部距地 500mm，顶部距地 1700mm。护栅与导轨架连接固定不得采用焊接，以免导轨架受热变形。

七、电梯用混凝土对重块的利与弊

对重装置是曳引电梯的主要结构之一，能够平衡轿厢的重量、减少曳引机的功率需求与功率消耗，有利于电梯在各种工况下的曳引能力满足要求。

电梯对重块按制造材料的不同分为两类：金属对重块和复合材料对重块。金属对重块一般为铁质对重块，分为铸铁对重块和钢板对重块两种。复合材料对重块的种类较多，如混凝土对重块、铁矿粉对重块、重晶石对重块等，以混凝土对重块最为常见，其他种类的复合材料对重块很少见。

以前安装的电梯一般采用铁质对重块，多数采用铸铁对重块，少数采用钢板对重块。近几年安装的电梯多数采用混凝土对重块，少数采用铁质对重块，以钢板对重块为主。铸铁对重块在制造过程中有大量的环境污染，已经很少生产、使用。

相对于铁质对重块，混凝土对重块有明显的优点与缺点。

（一）混凝土对重块的优点

（1）采购成本低。当前，钢板对重块的市场价格约6000元/t，铸铁对重块的市场价格约3000～10000元/t，采用废钢渣与采用铸铁制造的对重块的价格相差很大、混凝土对重块的市场价格接近1000元/t。以一台额定载重量为1000kg、安装1.5t对重块的电梯为例，采用混凝土对重块比采用铁质对重块的采购成本低约3000～13500元。

（2）易于制造。混凝土对重块的结构很简单，一般在表面涂刷有防锈油漆的薄钢板外壳内浇筑混凝土，经密实成型，养护等生产工序后，即完成对重块的制造。混凝土对重块的外壳缝隙一般不作密封或防水处理。

（二）混凝土对重块的缺点

混凝土对重块易于吸收、释放水分，会导致电梯的平衡系数发生变化。未作防水处理的已成型混凝土块很容易吸收水分，混凝土块中含有的水分以毛细管水、吸附水、层间水和化学结合水等形式存在。自然条件下的混凝土含水量为2.9%～5.0%。室内环境空气的相对湿度变化范围一般为30%～80%，在此环境中的混凝土含水量一般会在0.8%～2.1%的范围内变化。（注：混凝土含水量是指成型的混凝土块中含有的水的重量与混凝土块总重量的比值）

因为电梯混凝土对重块的含水量会发生变化，会导致电梯的平衡系数发生明显的变化。

导致混凝土对重块的含水量变化的原因主要有：

（1）对未安装、临时放置的混凝土对重块未采取有效的防水措施，放置的对重块被水淋湿；

（2）已安装的混凝土对重块所在的井道内有漏水、积水，或井道内空气湿度大；

（3）安装时含水量较多的混凝土对重块在完成安装后，逐渐地失去水分。

以额定载重量为1000kg的电梯为例，估算混凝土对重块含水量增加时对平衡系数的影响。

八、成品保护

（1）对重导靴安装后，应用旧布等物进行保护，以免尘渣进入靴衬中，影响其使用寿命。

（2）施工中要注意避免物体坠落，以防砸坏导靴。

（3）对重框架的运输、吊装和安装对重块的过程中，要格外小心，不要碰坏已装修好的地面、墙面及导轨和其他设施，必要时要采取相应的保护措施。

九、注意事项

（一）应注意的质量问题

（1）导靴安装调整后，各个螺栓一定要紧牢。

（2）若发现个别的螺孔位置不符合安装要求，要及时解决，绝不允许空着不装。

（3）吊装对重过程中，不要碰基准线，以免影响安装精度。

（二）应注意的安全问题

装入对重块时，要防止挤压伤手和砸伤脚部。

第四节 缓冲器的安装

缓冲器作为电梯超速、失控或断绳时冲向底坑减缓轿厢与底坑间的冲击、吸收消耗电梯的下冲能量的保护装置，安装在底坑。按作用可分为轿厢缓冲器和对重缓冲器，同时对电梯的冲顶起保护作用。轿厢冲顶时，对重缓冲器对对重缓冲，进而使轿厢避免了与楼板的冲击。

缓冲器按结构可分为弹簧式和液压式。

一、缓冲器

缓冲器是一种安全保护的电梯安全装置。它安装在电梯的并道底坑内，位于轿厢和对重的正下方。当电梯在向上或向下运动中，由于钢丝绳断裂、曳引摩擦、抱闸制动力不足或者控制系统失灵而超越终端层站底层或顶层时，将由缓冲器起缓冲作用，以避免电梯轿厢或对重直接撞底或冲顶，保护乘客和设备的安全。

（一）电梯缓冲器分类

（1）大于1米每秒的电梯使用油压缓冲器（耗能型）；

（2）小于或等于1米每秒的电梯使用弹簧或聚氨酯缓冲器（蓄能型）。

（二）电梯缓冲器的作用

电梯在运行中，由于安全钳失效曳引轮槽摩擦力不足、抱闸制动力不足、曳引机出现机械故障，控制系统失灵等原因，轿厢（或对重）超越终端层站底层，并以较高的速度撞向缓冲器，由缓冲器起到缓冲作用，以避免电梯轿厢（或对重）直接撞底或冲顶，保护乘客或运送货物及电梯设备的安全。缓冲器应与地面垂直并正对轿厢（或对重）下侧的缓冲板。缓冲器是一种吸收，消耗运动轿厢或对重的能量，使其减速停止，并对其提供最后一道安全保护的电梯安全装置。

（三）缓冲器的类型

缓冲器按照其工作源理不同，蓄能型缓冲器和耗能型缓冲器。

1. 蓄能型缓冲器

蓄能型缓冲器主要指的是聚氨酯和弹簧缓冲器，适用于 1m/s 速度以下的。

（1）弹簧式缓冲器。当缓冲器受到轿厢（对重）的冲击后，利用弹簧的变形吸收轿厢（对重）的动能，并储存于弹簧内部；当弹簧被压缩到最大变形量后，弹簧会将此能量释放出来，对轿厢（对重）产生反弹，此反弹会反复进行，直至能量耗尽弹力消失，轿厢（对重）才完全静止。

弹簧缓冲器一般由缓冲橡胶、上缓冲座、弹簧、弹簧座等组成，用地脚螺栓固定在底坑基座上。

弹簧缓冲器的特点是缓冲后有回弹现象，存在着缓冲不平稳的缺点，所以弹簧缓冲器仅适用于额定速度小于 1m/s 的低速电梯。

（2）聚氨酯缓冲器。聚氨酯缓冲器是一种新型缓冲器，具有体积小重量轻，软碰撞无噪声、防水防腐耐油，安装方便、易保养好维护、可减少底坑深度等特点，近年来在中低速电梯中得到应用。聚氨酯缓冲器是利用聚氨酯材料页数的微孔气泡结构来吸能缓冲，在冲击过程中相当于一个带有多气囊阻尼的弹簧。重量轻、安装简单、无须维修、缓冲效果好，耐冲击，抗压性能好，在缓冲过程无噪声、无火花防爆性好，安全可靠，平稳是聚氨酯缓冲器的优势。目前广泛用于电梯市场。

2. 耗能型缓冲器

耗能型缓冲器又被称为油（液）压缓冲器。它的基本构件是缸体、柱塞、缓冲橡胶垫和复位弹簧等。缸体内注有缓冲器油。耗能型主要指液压缓冲器，适用于任何速度。

油压缓冲器结构。当油压缓冲器受到轿厢和对重的冲击时，柱塞向下运动，压缩缸体内的油，油通过环形节流孔喷向柱塞腔。当油通过环形节流孔时，由于流动截面积突然减小，就会形成涡流，使液体内的质点相互撞击、摩擦，将动能转化为热量散发掉，从而消耗了轿厢或对重的能量，使轿厢或对重逐渐缓慢地停下来。在使用条件相同的情况下，油压缓冲器所需的行程可以比弹簧缓冲器减少一半，所以油压缓冲器适用于快速和高速电梯。

油压缓冲器分类及工作原理：

常用的油压缓冲器有油孔柱式缓冲器、多孔式缓冲器、多槽式缓冲器等。

以上三种油压缓冲器的结构虽有所不同，但基本原理相同。即当轿厢（对重）撞击缓冲器时，柱塞向下运动，压缩油缸内的油，使油通过节流孔外溢并升温，在制停轿厢（对重）的过程中，其动能转化为油的热能，使轿厢（对重）以一定的减速度逐渐停下来。当轿厢或对重离开缓冲器时，柱塞在复位弹簧的作用下复位，恢复正常状态。

多孔式缓冲器工作原理：

多孔式油压缓冲器分为缸体内壁溢流和柱塞油孔溢流两种。缸体内壁具有溢流孔的油压缓冲器，当柱塞下移进入充满缓冲器油（液压油）的缸体中，油被迫从油缸壁的溢流孔进入外部的储油腔中，随着柱塞的下降，缸壁泄油孔数目逐渐减少，油流动的节流作用也增大，由此产生足够的油压，使轿厢的运动减速，直到平稳地停止。柱塞上带有泄油孔的油压缓冲器，在柱塞的下部有一空腔，柱塞四壁有一泄油孔，缸体平滑无孔，当柱塞被压下时，缸体上部渐渐盖住柱塞上的泄油孔，减少了泄油孔的数目和总泄油孔面积；油流动的节流作用也就增大，由此产生足够的油压，使轿厢的运动减速，直到平稳地停止。当提起轿厢使缓冲器卸载时，复位弹簧使柱塞回到正常位置，这样，油经溢流孔从油腔重新流回油缸，活塞自动回复到原位置。

多槽式缓冲器工作原理：

在柱塞上有一组长短不一的泄油槽，在缓冲过程中油槽依次被挡住，即泄油通道面积逐渐减少，由此产生足够的油压，从而使轿厢（对重）减速。当提起轿厢使缓冲器卸载时，复位弹簧使柱塞回到正常位置。

二、安装方法及要求

（1）根据电梯安装底坑平面图确定缓冲器位置。

（2）设有底坑槽钢的电梯，用螺栓把缓冲器固定在槽钢上；底坑没有槽钢，缓冲器则安装在混凝土基础上，混凝土基础应在土建工程中浇注好，否则要用冲击钻和膨胀螺栓。

（3）缓冲器底座和基础接触面必须垫平，接触严实。垫平找正时应用大于底座接触面1/2的铁垫片垫平。弹簧缓冲器顶面的水平度应小于4/1000；同一基础上安装的两个缓冲器顶部高差不大于 2mm；液压缓冲器活动柱塞垂直度偏差不应超过 ±0.5mm；缓冲器中心对轿厢架或对重架上相应碰板（一般为型钢）中心的偏移不应超过 20mm。

（4）液压缓冲器应按规定注足指定牌号的油料，用油标检查油缸内油面应在油标的上限和下限之间。

第五节　补偿装置的安装

一般电梯的提升高度大于 40m 时需安装补偿装置，用其来平衡和补偿电梯运行过程中曳引绳和随行电缆的自重变化对平衡系数的影响。

一、补偿装置的类别

补偿装置有补偿链和补偿绳两种。补偿链就是用 φ10～φ14 的圆钢做成的铁链，并在铁链中穿上麻绳以减小运行中的噪声。补偿绳就是常用的钢丝绳，在井道坑底有张紧装置。张紧装置由张紧轮及导轨组成，电梯运行时张紧装置沿着导轨上下移动。

二、补偿链的安装及要求

（1）补偿链安装时，一端通过活络接头与对重框架底不影响缓冲器作用的部位相连接，另一端与轿厢架下面的拉链板连接。

（2）补偿链在连接位置固定时，链条至少要绕 2 圈，把螺栓尽可能装在距悬挂点最近的地方。

（3）补偿链的长度 $L=$ 提升高度 + 6500mm。安装时不得打纽，链环间应串入麻绳，运行过程中不得与轿厢及并道其他物件擦挂，补偿链的最低点与坑底地面的最小距离为 100mm。

（4）在对重导轨上装设补偿链导向轮，使补偿链绕过这个轮，补偿链导向轮距对重最底部最小距离为 300mm，补偿链应在导向轮槽内滚动，补偿链环之间应当用润滑剂进行润滑。

三、补偿绳的安装与要求

补偿绳一端挂在轿厢底部，另一端挂在对重底部，并在底坑设有张紧装置，张紧装置另设导轨，使其能上下移动。为了使补偿绳张紧，其重量较重。在电梯正常运行时，张紧装置在坑底处于垂直浮动状态，只由张紧轮转动传递补偿绳的上下。当电梯要发生蹲底时，对重在惯性力的作用下冲向机房楼板，张紧轮就会顺着导轨迅速提起，触动导轨上部的行程开关，切断控制电路，避免蹲底。张紧装置的导轨、导靴的安装同前，其位置应按电梯技术文件或设计的图样确定。

（1）补偿绳的长度应实测实量，补偿绳头一端连在对重框架底部，另一端连在轿厢底部，将张紧砣置于导轨之间。补偿绳头做法和连接方法见曳引绳安装。

（2）坑底的张紧装置按图纸尺寸安装在坑底预埋槽钢上，一边绳轮的外缘对准轿底中心线，另一边的绳轮外缘对准对重框架中心线。

四、电梯动变平衡补偿装置

（一）设计思路

在电梯对重装置下面安装一个液体箱，在对重侧井道壁上（对重行程的 1/2 处）安装另外一个液体箱，用一根能输送液体的连接管，分别与两个液体箱相连接，根据电梯的不同运行模式（电梯的实际载荷），通过控制电磁阀和输送泵，改变两个液体箱里的液体分配，也就是改变电梯的对重重量。

（二）工作原理

当两个液体箱不在同一个水平面时（存在高度差），开启电磁阀（此时不用开启输送泵），利用液体自流原理，处于高位的液体箱的液体就会通过液体管路自行流向处于低位的液体箱。比如，在对重装置处于高位时，运动液体箱的液体会自流向固定液体箱，对重装置重量减少；反之，在对重装置处于低位时，固定液体箱的液体会自流向运动液体箱，对重装置重量增加。

根据电梯的实际承载情况，可以通过控制电磁阀的启闭，改变两个液体箱之间的液体分配比例，最终改变电梯的对重重量，使电梯处于或接近于理想的运行模式。

利用液体自流原理来改变电梯的对重重量的办法，存在一定的滞后性，仅适用于电梯运行模式变化有一定规律的电梯用户，如部分住宅楼和办公楼（写字楼），在固定的上班时间前后（大约 1h）就是乘梯高峰期，那么就可以在每天的上班高峰期到来前，适时开启电磁阀，加大运动液体箱的液体比例，也就是加大电梯的对重重量，以适应电梯高峰期的重载运行模式。过了高峰期，再逐渐减少电梯的对重重量，以适应电梯的轻载运行模式。

对电梯对重重量调节的及时性有一定要求的用户，需要开启输送泵，在不考虑两个液体箱高度差的前提下，可以随时调节两个液体箱之间的液体分配比例，也就是调节电梯的对重重量，使电梯更快速地接近 P 点运行。

第六节　穿挂曳引钢丝绳

曳引钢丝绳承载轿厢、对重和额定载荷重量的总和，并把它们连接起来，靠曳引机驱动使轿厢升降。曳引绳通过绳头组合与轿厢架和对重架连接。

一、曳引绳长度的测量

曳引绳的长度一般采用实测实量的方法。

（1）绳长的确定是轿厢处于顶层平层位置，对重位于底面与缓冲器顶面净距离为规定的 s 处为准，同时应复核 s 值。

（2）按上述要求用 $\varphi2mm$ 铁丝或 $1.5mm^2$ 的塑料铜线，根据不同的曳引方式、按曳引绳的走向和位置试穿，进行实测实量。这里要注意放铁丝或电线时按放电缆导线的方法，不得打结和盘绕。

二、绳头制作

（1）选择宽敞、清洁的地方，把成卷的曳引钢丝绳放开拉直，放绳的方法应和放导线的方法一样，用放线架放绳。用棉丝浸少许汽油将绳擦洗干净，并检查有无打结扭曲、松股断股、生锈腐蚀现象。在地面上进行预拉伸，消除内应力。把放开的钢丝绳放平放直，条件允许时最好将几根钢丝绳同时放开，然后用实测的细铁丝或塑料铜导线比好，一同截开。细铁丝或塑料铜导线应放平放直，截开前应复测一次实际长度，以免贻误。截开一般用剁子剁断，严禁气割。

（2）截断时应用 0.5～1mm 的铁丝将钢绳分断处扎紧，每处扎紧长度不小于钢绳直径。

（3）将绳头组合锥套内部清洗干净，把钢索截开处 300mm 段清洗干净，然后将绳头插入锥套中。解开绳头第一道铁丝，把钢丝股松散开，并把芯子取掉。用煤油清洗松散钢丝，除净油污和砂土。

（4）将每根钢丝单股弯折并用钳子将弯折点轻夹一下，使弯曲半径为 2mm 左右，并将钢丝尾端在原丝上自缠两圈，折弯和自缠总长应不大于插入锥套部分的长度。然后用煤油洗净擦干，整形后拉入锥套至极限并将钢丝绳导正，这时第二道捆扎处应露出锥套。

（5）将锥套大端朝上垂直固定，在下端出口处缠上布条或棉纱。将巴氏合金用干净容器加热熔化、去渣，温度宜为270℃～350℃，可用热电偶检测，也可用水泥袋纸放在熔液上方试验，立即燃烧为温度过高，发黄为过低，变焦为合适。温度过高会烧伤钢丝，过低会使流动性不良、浇注不饱满。温度合适时，把锥套用喷灯预热到40℃～45℃，然后将溶液一次性注入锥套。浇灌要严密、饱满、表面平整。浇注高度应为10～15mm。

冷却后取下小端出口的棉丝，应看到少量的合金渗出，即证明合金已渗至孔底，同时应检查钢绳是否与锥套成一条直线。

三、穿挂曳引绳

（1）穿挂曳引绳在机房中进行。在曳引轮上，穿过楼板孔洞逐根放下曳引绳，按绳的路径穿挂，最后将两端绳头装置分别穿入轿厢和对重架上，装好弹簧及垫，初步紧好，销钉穿好劈开。复绕式电梯其返回机房的绳头装置，必须稳装在承重梁上，不得直接稳装在楼板上。

（2）曳引绳穿挂完毕后应检查，特别是多槽轮，每根绳子对应的槽应一致，中间不得打纽、结节、交叉等。无误后，将轿厢用手拉葫芦吊起，拆掉垫木和支承架，再将轿厢缓慢放下，调整螺母，使每根绳子的张力尽量一致，一般偏差不大于5%。最后用双螺母锁紧。

（3）调整导靴和安全钳，钢丝绳与楼板孔洞每边间隙均应为20～40mm，孔洞四周应筑起高50mm、宽度适中的台阶。

四、中间试车

钢丝绳穿挂好后，便具备了中间试车条件。把已安装好的各个部位仔细检查一次，将井道中的架子拆除，并将有碍轿厢升降的物件拆除。如果电源和控制柜已装好，则可打慢车试行。慢车一般为点动控制，有问题时即可松手停车，慢车试行前应通知安装电梯的所有人员。通过慢车试行，检查前段安装中的不妥之处，如导轨、导靴、安全钳、制动器、绳轮、曳引机、对重、选层器钢带等传动部分，不妥之处应及时调整和修复。慢车试行时应注意电动机的运行情况，如电流、声音、转速和温升等。临时中间试车应注意有关安全事项。

如果电源和控制柜未装，可接临时电源点动试车，试验项目同前。

第七节　电梯厅门的安装

电梯作为高层建筑广泛应用的垂直运输工具，已经实现了方便快捷省力等多种功效。但是，作为特种设备家族的重要成员，电梯的设备安全隐患仍然时时存在。据统计，在电梯导致的各类人身伤亡事故中，由于厅门系统发生故障或维护操作失误导致的事故占电梯所有事故的80%以上。这个庞大的比例说明，电梯厅门作为事故频发的"重灾区"必须引起电梯安装、维修和使用单位的高度重视。

厅门和轿门配套，也分为中开式、旁开式和栅栏式。厅门由门框、门扇、地坎、导轨及附属的联动机构门锁组成。

一、厅门结构和技术要求

电梯厅门主要包括门刀、门轮、门锁、紧急开锁和厅门自关闭装置，按照《电梯监督检验规程》规定：

（1）门刀与门轮的间隙应保持在 5～10mm。

（2）厅门（货梯和病床梯除外）客梯中分门应在门锁关闭时，主动门的锁钩恰好进入锁档，并且啮合深度达到7mm以上，安全触点才能接通。同时，被动门副门锁的安全触点也恰好接通，这样才能在验证门锁工作到位的情况下，保证电梯的正常运行。

（3）厅门自动关闭装置。当电梯维修人员打开厅门维修检查和排除故障，因疏忽大意未关闭厅门时，自动关闭装置必须保证厅门能自动关闭，防止乘客坠入井道，发生事故。

（4）紧急开锁装置设置在厅门表面，有一个专用的三角钥匙开启的孔，经过旋转，能够强制打开厅门，从而进入轿顶进行作业，判定和排除故障，并在紧急救援时使用。紧急开锁装置还必须具备钥匙脱开后，锁钩自动复位的功能。

（5）厅轿门之间的防止夹人装置，分为光幕或安全触板两种。不同的是，安全触板在厅门关闭时，是伸出厅轿门之外的一个"小舌头"，当乘客的身体和物件触碰触板时，厅门就会由关闭转换到开门状态。而光幕是当乘客的身体和物件阻挡光射线时，形成关门到开门的转换，保证乘客不被厅门挤伤。

二、厅门地坎的安装

地坎安装在门口的井道牛腿上，它能控制门扇下沿只做直线运动。地坎位置的确定是由样板架标准垂线经计算和测量后确定的。安装前要检查地坎是否弯曲变形、有否机械损伤、几何尺寸是否合适、表面是否光滑明亮等。

（一）方法一

（1）层门地坎安装前，先在地坎上划出标记，一般用白石笔或画号笔，不得用金属物刻画。

（2）根据样板架垂放的开门净宽线，确定层门地坎的水平安装位置。层门地坎与轿厢地坎的间距按照平面布置图，一般般不大于20mm。水平度不大于1/1000。

（3）根据土建地坪标高，且考虑地面最终装修面（包括地毯）确定地坎平面的标高。地坎应高出装修地面（包括地毯）2～5mm，对于只抹灰的地平面应做成1/100～1/50的过渡斜坡。

（4）将地脚螺栓或地脚铁上好，用400#混凝土砂浆浇注地坎、按标准线及水平标高的位置进行校正稳固。稳固后应保养3天以上才可安装门框。

（5）井道无牛腿时，通常是在预埋铁件上焊上一块100mm×100mm的角钢，用螺栓将地坎固定。

既无牛腿又无预埋铁时应用不小于φ18mm的膨胀螺栓或射钉枪射钉固定角钢。

（二）方法二

这种方法应在轿厢导轨校正后进行。先根据轿厢导轨位置确定地坎的水平位置。然后按以上尺寸，做两根专用木尺，用以测量并确定各层地坎至导轨的距离。

地坎左右位置可按门口线及中线测定，其他同方法一。

无论哪种方法都应使地坎有足够的强度，地坎边沿的垂面上（井道内）不得有障碍物。

三、门框及门套的安装

门套由侧板和门楣组成，它的作用是保护门口侧壁，装饰门厅。一般有木门套、水泥门套、不锈钢门套，安装时通常有木工或抹灰工配合。

（一）门套的安装方法

先将门套在层门口组成一体并校正平直；然后将门套固定螺栓与地坎连接，用方木挤紧加固，其垂直度和横梁的水平度不大于1/1000，下面要贴紧地坎，不应有空隙，外沿应突出门厅装饰层，一般不大于5mm；最后浇灌混凝土砂浆，通常分段浇灌，以防门套变形。

（二）门框的安装方法

将门框立柱与地坎用螺栓连接固定，地脚螺栓埋入井壁固定或地脚螺栓折弯焊接在预埋件上；将门框横梁用螺栓与左右门框连接，垂直度和水平度仍不大于1/1000，校正后，用水泥砂浆将门框与墙面的空隙填实抹好。

四、厅门导轨的安装

导轨的作用是保证厅门门扇沿水平方向做直线运动，导轨有板状和槽状两种。

导轨与地坎应在同一垂直面上，应用铅垂线找正，横向的水平度应和地坎平行。导轨与地坎在导轨两端和中间三处间距 α 的偏差均不应超过 ±1mm；导轨 A 面对地坎 B 面的不平行度不应超过 1mm；导轨截面的不垂直度不应超过 0.5mm。

导轨固定前应用门扇试挂实测一下导轨和地坎的距离是否合适，否则应调整。导轨的表面或滑动面应光滑平整、清洁，无毛刺、尘粒、铁屑。

五、门扇的安装

门扇的上沿通过滑轮吊挂在导轨上，下沿插入地坎的凹槽中，经联动机构开闭。

（一）准备工作

门扇安装前应重新测量门框、导轨和地坎的垂直度、水平度，并仔细检查安装有无不妥之处；检查门扇滑轮转动是否灵活，并注入润滑剂；清扫导轨、地坎及凹槽，如防锈保护层应清除干净；检查门扇有无凹凸及不妥之处，并提醒安装人员高度注意，不得划伤和撞击门板。

（二）门扇的安装及调整

（1）将滑块在地坎凹槽内试滑，合适后安装在门窗下沿，然后将门扇立起，下沿将滑块插入地坎的凹槽里。在扇下沿两侧与地坎间分别垫上 4～6mm 的定距板（用硬质木材预先制作好），支好固定，再将门滑轮吊在导轨上。

用螺栓将门滑轮座与门扇连接并通过加减垫片来调整门扇下沿与地坎面的间隙，垫片总厚度不得大于 5mm，垫片面积与滑轮座面积相同。把定距板取掉，调整偏心挡轮与导轨下端的间隙，不应大于 0.5mm。

（2）调整门扇与门扇、门扇与门套的间隙均为 (6±2) mm；中分门门缝间隙不大于 2mm，双折中分门间缝间隙不大于 3mm；防火门的间隙应按制造厂技术要求调整；轻微用手扒开门缝时，强迫关门装置应使门闭合紧密，上下一致；用手拉推门扇应灵活无阻无卡，不应有不轻快现象；未装联动机构前，在扇中心处沿导轨的水平方向左右拉动门扇，其拉力不应大于3N。同样应用铅笔末在地坎处润滑。

六、轿门与厅门联动机构的安装

联动机构是厅门和轿厢门中间连接并使厅门和轿厢门同步动作的装置，有中分式和旁开式之分。中分式采用钢丝绳式联动机构，旁开式常采用单撑臂式、双撑臂式、摆杆式和钢丝绳式。

联动机构按图装配，用杠杆传动的旁开式门扇，在快慢门上装上杠杆组合；对于撑臂式联动机构要实现快慢门的速度比，必须做到各铰接点间的撑杆长度相等，且各固定门的铰链位于一条水平直线上。

用钢丝绳传动的旁开式门扇，在绳滑轮上装上钢丝绳，并与拉绳架相连接，调整两个绳轮间的距离，使钢丝绳张紧。

中分式门扇在闭合时，门中缝应与地坎中对齐，有自闭装置的门扇应在其装置的作用下自动关闭。

七、门锁的安装

门锁是电梯重要的安全装置，门锁除了锁门，使层门和轿门只有用钥匙才能在厅站外打开，还有联锁作用，只有各层的门都关闭严密确实在关闭状态时，电梯才能启动运行；在运行中，任一厅门被打开，电梯立即停止。

（1）最常见的门锁为撞击式机械门锁，它与门刀配合使用。门刀用钢板制成。它垂直安装在轿门外侧顶部，每一层站均能准确地插入门锁的两个滚轮中间，开门刀与各层厅门地坎和各层机械电气联锁装置的滚轮及轿厢地坎间的间隙（刀刃端面对地坎间）应为5~8mm。

（2）将轿厢停在顶层，从轿门的门刀顶面中心沿井道悬挂放下一根铅垂线至底坑固定，作为安装各层门锁的基准。然后在各层厅门上装上门锁和微动开关，这时将电梯打慢车，精确调整门锁位置，使门刀插入时准确无误并无一点撞击，安装人员站在轿顶上精心调整，使每层的门锁都在同一垂线上。将各层厅门门锁装好后，应再次打慢车仔细调整门锁位置，然后再将门锁螺栓紧密固定。

门锁的锁沟、锁臂及动触点动作应灵活，关门时无撞击声，接触良好，手动开锁装置灵活可靠。

（3）门锁的调整。电梯门锁常用的种类有很多，现仅以D10.4（D10.4-A）型和GS75-11型为例进行介绍。

D10.4（D10.4-A）型门锁安装时应注意以下两点：一是锁解脱后，撑杆能否在自重下回转到工作位置，当关门时能否将锁臂撑住；二是门闭合时，能否使撞击螺钉将撑杆顶开。

CS75-11 型门锁安装时应注意以下两点：一是拉簧的位置要合适，使滚轮在翻转后，其中心高于滚轮座的中心，同时应保证拉力不松弛；二是电气开关的触点应灵活可靠。

门锁装好后将主机和开门机接上电源打慢车，平层后立即停车，然后再启动开门机，这里要注意开门刀是否准确地插入滚轮之中。开门机启动后，仔细观察（站在轿厢顶上）轿门和厅门开动的情况，发现异常立即停止。观察门锁的动作，该层调整后，轿厢慢车至下层，当轿厢行至上层厅门中心以下时，将主机停车，人站在轿厢顶上用力扳动厅门，安装正常时门应紧闭扳不开，门锁正常，否则应重新调整。

再调整下层的门，直至最底层。将门和门锁调整好后，电梯机械部分已基本安装完毕。所有门的传动或转轴部位应上以少许机油，厅门轿门地坎的凹道中清扫干净后通常应加以部分铅笔末以增加润滑。然后调整并修复前段安装缺陷。

八、事故隐患及危害后果

一般来说，厅门系统的事故危害包罗万象，由于电梯的每一次停层均有一次厅门的开启或关闭，它处于频繁运动的状态。因此，事故隐患更加突出。从检验情况来看，主要包括以下几种：

（1）锁钩位置偏移，形成啮合深度不到位的"空档"，当厅门门缝偏大时，使乘客扒门时厅门突然打开，造成坠入井道事故发生。

（2）当电梯经过本层时，门刀距离门轮间隙太小，就会造成门刀碰撞门轮，导致门轮撞飞或厅门开锁，安全触点断开造成电梯突然停梯。假如间隙过大，又会发生门刀与门轮错位、脱落或挂不住门轮，使电梯平层时，导致门刀无法带动门轮水平运动造成厅门打不开的故障发生。

（3）门锁常见故障有以下几种。①安全触点的簧片由于外露最易落上灰尘，形成电路不通，信号反馈受阻，导致电梯停止运行。②门锁因电气故障和人为短接门锁回路导致电梯开门运行的重大隐患。例如，某交通大厦曾发生一起因门锁触点不通，维修人员盲目违章操作，短接门锁回路，致使楼层服务员在停门开启状态下，迈出厅门的瞬间，电梯突然向下运行，将其挤死的重大事故。无独有偶，太原市某单位的一台电梯也是因为门锁回路故障，导致电梯开门运行，给人留下电梯仍在本层停靠的假象，使井道外露，造成一名乘客摔死底坑的悲剧。③厅门虽然有弹簧或重锤自动关闭装置，但传动钢丝绳断裂、传动中相互摩擦挤压、厅门与门套位置偏离，发生轻微卡阻，以及厅门下滑道被异物卡住等现象，都会形成自动关闭装置失效的严重后果。当自关闭系统成为虚设时，事故的悲剧就不可避免。例如大同某单位的一台电梯就是因为厅门下滑道卡阻，使厅门无法关闭，导致乘客坠入底坑身亡的事故发生。④紧急开锁装置是供维修人员使用的专用钥匙。如果缺乏专人管理，盲目使用也会酿成大祸。例如某单位的维修人员就是因为盲目判断电梯在本楼层停靠，又打不开厅门时，急忙紧急开锁失足坠入底坑。⑤安全触板和光幕发生故障时，最容易在电梯关门过程中，由于乘客的急忙闯入而发生挤伤人员的事故。

从电梯检验情况来看，对厅门隐患的防范刻不容缓。虽然电梯厅门的频繁运动是一个水平方向的量变过程，在井道全封闭的保险系数中，又是一个仅供乘客出入的惟"窗口"，所以处在事故危害的"重灾区"也不足为怪。要加强防范就必须采取以下措施才能确保万无一失。①维修人员必须做到勤检查勤保养，对厅门系统部件的调整决不能走过场留死角。②对易损触点簧片和动作位置偏移的各类隐患，调整时切忌粗心大意马虎行事；对难以修复的零件要及时更换。③针对检验机构提出的问题隐患，逐条整改，保质保量。

虽然排除厅门故障，并不是专业技术的高难度，但应在高度重视的基础上，还应多下功夫，落实对门系统的细化检查，严格按照维修保养的项目、内容和要求，在定期和常规检查中，及时发现和调整门系统潜在的故障，把事故隐患消灭在萌芽状态中，使乘客安全得到保证。

第七章　安装条件及设施的验收

第一节　土建工程及开工应具备的条件

一、土木建筑工程的内涵与地位

土木建筑工程是一门为人类生活、生产、防护等活动建造各类设施与场所的工程学科，涵盖了地上、地下、陆地、水中各范畴内的房屋、道路、铁路、机场、桥梁、水利、港口、地下、隧道、给水排水、防护等诸工程范围内的设施与场所内的建筑物、构筑物和工程物的建设，其既包括工程建造过程中勘测、设计、施工、维修、保养、管理等各项技术活动，又包括建造过程中所耗的材料、设备与制品。因此，简单来说土木工程是一门用各种材料修建事先构思的，供人们生活、生产、防护活动所需的建筑物、构筑物及工程物的学科。

从土木建筑工程覆盖的范围可知，它们涉及国民经济中各行各业的存在、活动与发展，没有土木建筑工程为其修建活动的空间和场所（如房屋、道路、水利及配套的工程设施等）就谈不上各行各业的存在与发展。所以土木建筑工程在国民经济的发展中占有重要的地位，是国民经济的重要组成部分。国民经济中土木工程行业的发展状态和成就大小，可以说在相当程度上不仅特征了一个国家或一个地区的经济实力，而且代表了它的现代化发展水平。人们的衣、食、住、行也是件件离不开土木建筑工程，尤其"住"更直接依赖着土建工程，人们靠它提供栖息和生存的场所，它的完善程度又在不同程度上影响着人们创造社会财富的积极性。这一切都说明了土建工程的重要性，故又称土木建筑工程建设为基本建设。

二、土木建筑工程在当代的发展

土木建筑工程是一门历史悠久的经典学科，随着社会的发展和人类科技的进步，至今已演变为一门综合性现代大型学科，当今的土木建筑工程已摆脱了传统上狭义的土木建筑工程的概念，在渗入了机械、电子、化学、生物学科领域的技术基础上又为当代信息工程、计算机网络、智能技术等先进科技的发展，不断扩充土木建筑工程的自身。纵观20世纪50年代以来的土建的成就与发展，有以下的特征：

（一）土木建筑工程建造

土木建筑工程建造的工程设施已同设施自身的使用功能与要求或生产工艺紧密结合，一起建造出同时具备生活功能或生产要求的工程设施，例如公共建筑和住宅建筑的建造，除了土建工程的设施外还有给水排水、照明、通信、燃气供应、温湿度调控、防火报警、防盗监控等系统的设施，随着技术的进步，这种内在结合将体现得越来越完好。

（二）土木工程工业

为适应工业生产的发展，城市人口与商业网点的密集化以及交通运输的日益繁忙，近半个世纪以来，土建工程兴建了大批体现时代特色的设施。在城市房屋建筑方面，兴建了大批高层建筑，涌现了不少大跨度建筑和高耸结构；在城市交通方面建造了很多的高架公路和立交桥；在城市地下发展了地铁和某些公共建筑群（如商业网、影剧院等）；在城市区域间修建了高速公路和高速电气化铁路；跨越江河跨越海湾的大跨度桥梁陆续建成，同时出现了长距离的海底隧道、穿山隧道；大型工业项目、技术要求高、难度大的特殊项目（如核电站、核反应堆工程、海上采油平台、海上炼油厂等）不断在各国建成。这一切既表明了土木建筑工程在这一重要历史阶段的辉煌业绩，又表明了土木工程的建造技术在这一时期得到空前的发展，有能力建造要求严、标准高、技术难的工程设施。

（三）土木建筑工程的发展

1. 材料方面

材料是工程建设的基础，没有材料就没有工程建设，一般一项工程中材料费用约占工程投资的60%，且材料的性能、质量直接影响工程构筑物的坚固性、适用性和耐久性，此外，材质还影响工程结构的型式和建造方法，工程中许多技术问题的解决往往依赖材料问题的解决，而新材料的出现将促进工程技术的进步，所以长期以来人们非常关注材料性能和品种的发展。直至近半个世纪，在社会生产力和其他学科的推动下，材料科学的发展带动了建筑材料的变革。

（1）材料的性能和质量不断得到改善。结构承重材料向轻质高强方向改性，非承重材料向改善材性、优化材性的多功能方向改性，如混凝土材料领域中目前根据用途可选用承重用混凝土、保温隔热用轻混凝土和二者兼而有之的混凝土，而承重用混凝土抗压强度已由一般 $20\sim40\text{N/mm}^2$ 提高到 $80\sim100\text{N/mm}^2$ 或更高，轻混凝土容重已达 $6\sim10\text{kN/m}^3$，且一些性能（如耐久性、抗渗性、抗冻性等）都有很大的改善。

（2）品种不断增加，尤其是以有机材料为主的高分子化学建材投入应用。如建筑塑料制品（管材、装饰材料）、防水剂、黏结剂、外加剂、涂料及复合材料（纤维增强材料、夹层材料）等。

2. 土木建筑工程的建造技术

土建工程的建造技术在完成量大面广、技术复杂、标准不一的各类工程设施中得到充分发展与完善创新。建造过程（包括构配件的生产）实现了工业化、机械化与装配化。先进的计算机技术引入后，不仅使结构设计的计算理论得以精确化且实现计算机绘图替代烦琐的人工劳动，在施工管理中将概预算、组织设计、资金、工期、质量、人工、材料等信息资料由计算机处理，大大提高了管理效率与管理质量，当前正在开拓计算机辅助制造（CAM）以解决构配件的生产、加工和现场安装等过程。

三、土木建筑工程的未来趋势

展望未来，土木建筑工程同其他各行业学科一样，会在现有基础上更快地前进，然而在向前发展过程中，必将会面临许多重大而不可回避的现实问题需要解决。

当今世界正在从工业社会过渡到信息社会，工业经济正转向知识经济，新技术、新学科新材料不断崛起而且发展迅猛，地球的生态环境因生产的发展、技术进步而日益恶化，而人们的生活方式、生产活动、物质条件又发生着不可逆转的新变化，更严重的是，地球的有限资源将随人口的过度增长而日益匮乏加快耗尽等，这一切向人类的生存和发展发出了信号和挑战。

所以，未来土建工程的建设任务是在用高科技新材料充实完善自身的基础上，继续服务好社会生产力快速发展的同时，为人类创造出省能源、省资源的良好生态环境和舒适的生存条件。

四、土木建筑工程项目的建设与管理

（一）工程项目的建设程序

工程项目的建设程序是指一项工程从设想、计划建设到项目确定，从勘测设计到施工完成、竣工验收、投产使用等全过程应遵守的规定步骤和程序。

项目的建设程序是由国家有关部门制定颁布的工作程序，是从长期的项目建设实践中总结和归纳出来的具有客观科学性和规律性的制度或工作流程，对保证项目的正确实施，达到预期的效果和提高基本建设的经济效益不可缺少，尤其是对国民经济有一定影响的大中型项目更是如此。

根据我国现行的建设程序，大中型项目和限额以上投资项目按照下列程序进行。

1. 提出项目建议书

由业主单位提出拟建项目的建设必要性、可行性和建设的目的、要求、计划等设想的报告，报项目主管部门审批。

2. 进行可行性研究

项目建议书批准后，对拟建项目进行技术上是否先进、可靠、适用，经济上是否合理和有收益、市场上是否有需求以及拟建项目对资源、能源的需求、对生态的影响、对环境的污染等方面进行分析与论证，在对多方案进行比较的基础上推荐最佳方案，提出可行性研究报告，为项目的投资决策提供依据。

3. 选择建设地址

根据拟建项目的性质和对资源、能源、交通、地理、环境的要求，对建设地址进行多方案比较，提出选址报告，报主管部门批准。

4. 编制设计任务书

当项目可行性研究报告通过评估审定并经计划部门批准后，由项目主管单位组织计划部门、设计单位编制设计任务书，将项目列于国民经济计划中，明确规模、投资、人员、物资等内容。

5. 编制项目设计文件

在设计任务书和选址报告批准后，由主管部门指定或委托设计单位，按项目设计任务书要求，编制设计文件。设计文件是安排建设项目和组织工程施工的主要依据。

6. 进行项目设计

一般项目分初步设计和施工图设计两阶段进行。技术上比较复杂，设计经验不足的项目可分初步设计、技术设计和施工图设计三阶段进行。

7. 编制建设计划和建设年度计划

按批准的总概算和建设工期，合理地编制项目的建设计划和年度建设计划，计划内容应与投资、材料、设备和劳动力相适应，配套项目要同时安排相互衔接。

8. 建设前期的准备工作

建设前期准备工作主要有征地、拆迁和场地平整，完成施工用水、电、路等工程，组织设备、材料订货，准备必要的施工图纸，组织施工招标、投标，择优选定施工单位等。

9. 建设实施阶段

项目开工建设时间获批后，便进入建设实施阶段，这是项目得以实现的关键阶段，施工前要认真做好图纸会审工作，明确质量要求，按投资、按工期进行建设。

10. 竣工验收

当建设项目按设计文件规定内容全部完成后，便可组织验收，对一般项目可进行一次性竣工验收，对大中型项目应先进行初验，再进行终验。竣工验收以建设单位为主，组织使用单位、施工单位、设计单位和监理、质验单位共同进行，验收合格后交付使用，同时按规定项目进入质量保修期。

（二）工程项目的管理

工程项目的管理是以实现项目建设为目标的，按项目规定的程序对项目建设全过程（从规划、征地拆迁、勘测设计、设备选购、招标、建筑安装施工直至工程竣工验收等各阶段）进行计划、组织、协调、控制及指挥等系统的循环管理工作。

在整个项目的管理过程中组织管理是关键，由项目经理负责建立管理机构、确定人员、制定制度等工作，这支项目管理队伍的组成、人员的素质与水平的高低是反映有无力量去完成好该项建设任务的关键；计划管理是基础，从计划的制订、执行、检查、调正等为项目的实施提供良好的基础；控制管理是根本，通过项目建设全过程中质量控制、资金成本控制和进度控制的管理工作，从根本上确保项目按预期的目标完成；协调管理是保证，通过项目实施过程中内部工作矛盾、工作关系的调解和对外工作关系的协调，保证项目建设的顺利进行（运作）。

当前工程项目的建设都采用承包方式，因此在项目管理的系统内还有一项合同管理，对项目建设有关的各类合同，从条款的签订、执行、检查、变更、违约、解除等有关事宜应进行严格的管理，各类合同能否按规定的内容完成直接涉及项目建设的质量、成本和工期的完成状况。

（三）建设法规

建设法规指工程项目的建设和管理活动中，必须遵循国家权力机关或其授权的行政机关制定的各种社会关系的法律和法规。

我国的建设法规按照国家法制统一的原则，在国家宪法、国家法律及上一层次的法规指导下，不得与其相抵触的精神下制定的，按立法权限其内容结构可分五个层次。

1. 法律
由全国人大及其常委会审议发布的属国务院部委主管业务范围的各项法律。

2. 建设行政法规
由国务院依法制定并颁布的属国务院部委主管业务范围内的各项法规。

3.国务院部、委规章

由其按规定的职责范围依法制定并颁布的各项规章。

4.地方性建设法规

由省、自治区、直辖市人大及其常委会制定并发布的建设法规。

5.地方建设规章

由省、自治区、直辖市、省会和国务院批准的较大市政府制定并颁布的建设规章。有了建设法规，就可以规范指导建设活动的行为，保护合法的建设行为和处罚违法的建设行为。

五、土建工程及开工应具备的条件

(一) 室内安装

(1) 混凝土梁上预埋或预留的滑接线支架安装孔和悬吊式软电缆滑触终端拉紧装置的预埋件、预留孔位置应正确，孔洞无堵塞，预埋件应牢固。

(2) 安装滑接线的混凝土梁已完成粉刷工作。

(二) 室外安装

起重机电源侧的地面已平整，对于立杆、架线已无障碍。混凝土枕木的铺设符合要求。

第二节 机械设备设施安装应具备的条件

经济和科学技术的不断发展，带动了我国基础建设的发展。在建筑施工期间，不同机械设备的应用效率得到提高，机械设备安装工程期间设备的规模也在不断扩大。基于此，怎样做好机械设备安装工程施工工作，如何提高设备安装质量成为建筑施工期间一个关键课题。因此，本文结合施工设备安装实践，切实为机械设备安装施工提供理论借鉴。

一、建筑机械设备安装工程的施工技术要点分析

(一) 机械设备安装准备工作

目前，建筑工程机械设备基本实现智能化、集成化和自动化目标，做好机械设备安装工作能确保机械设备充分发挥其作用。在安装机械设备前，相关人员应做好机械设备安装前的准备工作。要安排专业的技术人员对运送到施工现场的机械设备进行全面的质量检查，检查设备的外观是否残缺、配件是否缺失，根据合同做好机械设备对照检查，检查内容包括机械设备的种类、尺寸、型号、数量等。机械设备安装验收完成后，要做好机械设备的保管和维护工作，避免人为原因造成机械设备的零件配件丢失。此外，相关人员要充分了解各类机械设备的基本情况，做好机械设备的资料整理，便于机械设备出现运行故障时能有足够的资料对比，及时做好应对处理。深入分析机械设备的安装设计图纸，确保安装施工精确可靠，同时制定完善的机械设备安装计划和应急机制，为机械设备安装工作的顺利开展提供良好条件。

(二) 设备安装技术要点

机械设备安装质量水平会直接影响整个建筑工程建设进度，因此，在安装机械设备时要做好以下几个方面。第一，小型机械设备的安装定位可利用人工操作方式，大型机械设备的安装定位则要借助吊车进行精确就位，在吊装大型机械设备时要注意在设备外表面进行包裹保护，避免运送安装机械设备时造成设备表面磨损掉漆。第二，在机械设备起吊时，安排专门的技术人员对吊装定位进行现场指导，保证机械设备能精确吊装在指定的位置，注意控制好机械设备的摆放力度，避免骤停放置机械设备造成设备碰撞磕坏。第三，待机械设备就位后，即可进行水平角度和边界尺寸的找平，水平角度找平能保证机械设备在水平面上开展日常安装和正常使用，边界尺寸找平的目的是保证机械设备安装的位置精确，确保机械设备运行正常，充分发挥机械设备在建筑工程施工中的作用。

(三) 机械设备调试运行要点

建筑工程机械设备的调试运行工作是极其重要的一个环节，它能反映机械设备在正式运行中出现故障问题的可能性大小，通过机械设备的调试运行，技术人员能及时校正机械设备，更好地了解机械设备的性能好坏，保证机械设备满足建筑工程后续施工应用的需要。机械设备调试运行操作时，要注意做好以下工作：第一，机械设备调试运行过程中要保证机械设备正常运行，设备声音稳定无杂音；第二，做

好机械设备运行温度测试工作，加强设备温度检测，确保设备运行期间温度处在可控范围内，满足施工技术要求；第三，机械设备调试运行后要做好数据记录与分析，对比机械设备的运行数据，一旦发现问题要采取有效措施及时处理问题。

（四）机械设备安装验收要点

机械设备安装工程的最后一个环节就是竣工验收，要求机械设备安装施工必须满足以下条件方可同意竣工验收，竣工验收条件为：第一，机械设备安装技术档案、施工管理数据、监理资料等完备可靠；第二，具备相关部门的机械设备安装工程验收合格资料等。为保证竣工验收工作落实到位，还必须做好以下工作：首先，根据合同内容规范，严格地验收机械设备的安装情况；其次，认真检查核对主要施工机械设备的出厂合格证明和质量检测报告，也要核对好机械设备的使用说明书，保证机械设备安装准确；此外，对建筑工程的隐蔽工程做好全面记录，仔细核查机械设备的安装工序是否正确，采取有效控制控制机械设备的安装误差，保障机械设备的安装质量。

二、机械设备安装工程存在事故问题

（一）前期施工准备工作存在问题

这一时期主要工作难点为设计图纸问题和选择安装材料问题，由于设计图纸问题与安装材料选择难度较大，必然影响工程施工质量。一些设计工作人员自身能力有限，知识储备量和经验不足，设计出来的图纸存在些许问题，设计图纸质量得不到保证。后续审核部门对设计图纸审核疏忽责任和力度不足，导致在具体施工环节无法明确控制点需要注意的问题，设计图纸粗糙而且不全面。这样一来，施工人员在安装期间尽管可依据设计图纸进行安装，但是受到无法很好地掌握控制点影响，定会导致其工作积极性降低，出现应付心理，机械设备安装施工质量无法保证，无法发挥设备的积极作用，影响企业的生产和发展。

（二）设备安装期间存在问题

在这一施工环节最容易出现的施工问题为施工技术和施工方案方面的问题，这不仅影响设备安装工作，也对设备自身质量造成了较大影响。当下，我国大部分施工企业在设备安装环节没有依据安装图纸和标准进行安装，导致安装工作和现场施工具体项目要求不符，现场安装工作"无法可依"。再加上机械设备施工人员自身能力有限，不具备丰富安装经验专业知识，不能及时准确掌握机械设备安装环节质量要点，无法保证机械设备的安装质量。

(三) 机械设备安装期间准备工作

设备在安装前期准备环节，具有通用性和代表性的工作主要包括以下几个方面：施工具体条件、施工准备基础、设备开箱检查与保管等工作。站在施工条件角度来说，在具体施工期间，需要保证机械设备安装施工满足设备技术文件方要求，在其允许后开展施工，坚决抵制无设备技术文件和设计文件而无效施工行为。对大型、中型、复杂、特色设备，在具体施工前施工组织要设计施工方案，做好施工前期准备工作，使得安装工程可以顺利开展。做好开箱检查工作也是不可忽视的。相关工作人员也要提高自身能力，学习专业知识和技能，保证机械设备安装工作有序开展，树立优先意识，分析设备安装期间可能出现的质量问题，明确质量控制点，在把握设备安装同时，保证整个工程施工质量。

三、机械设备安装工作有序探讨

为了解决设备安装工作中存在的问题，需全面贯彻相关标准，做好图纸设计工作，提高施工人员工作能力，提高施工质量，定期对施工工作人员培训，保证机械设备安装工作有序开展。

(一) 机械设备清洗工作

在进行设备安装时，也要注意机械质量，在对机械设备进行开箱检查后或对设备进行拆卸后，要及时把设备上遗留的铁屑和防锈剂及存放时遗留的灰尘清除，清理设备表面的碎石和积水油污，为了保证施工质量，必须把设备表面污渍清理彻底。设备安装期间常用的清洗剂包括非离子类型设备清洗剂、碱性设备清洗剂、石油溶剂等，可以用金属或纱布刮掉、清洗设备表面的遗留锈渍，设备表面干油可以利用煤油进行清洗，设备表面的防锈漆可以利用酒精和香蕉水等进行清洗。

(二) 机械设备的润滑工作

在保证设备内部和外部完全清洗干净后，对设备进行加油和润滑。润滑前要优先进行润滑实验，确定满足要求后再运用设备开展施工。润滑油加入设备前应进行过滤并达到规定的油标要求后，对设备需要润滑部分和油孔中加上充足润滑油，保证润滑油的润滑脂密封良好，降低损失，不用经常添加和换润滑脂。温度对润滑脂影响不大，运作速度和载荷性质对润滑脂影响较小，在垂直的润滑面上润滑油不易流失。为了增强润滑油效果，可以在润滑油的油脂中放入合理数量的石墨粉，形成更加坚固的油膜发挥缓动作用，最大限度地消除振动。

（三）设备的放线和操平

在设备进行安装前，要依据相关设计图纸和施工要求以及建筑物整体基准线，如建筑物的标高线和边缘线等，明确和科学画定设备安装的基准线。全部施工设备在平面中标高和位置界定，需要依据画定的设备安装基准线详细测量，切记不可以把柱、梁和墙在现实中标高线、边缘线和中线作为标准。这主要是由于不同建筑物相互间位置、距离和标高允许的偏差数值较大会给设备安装施工带来较大影响，设备放线工作无法良好开展。与此同时，在对设备进行放线期间不可以对单台设备进行位置画定，而是要优先画出机械设备安装标准线，每台安装设备可以依据这一标准线进行位置画定。设备的调平和找正工作与测量位置联系密切，不同的位置设备测量结果不同，特别是在水平区域中尤其明显，因此，要在测量的位置上对设备进行检验，做好复检工作，避免出现误差。

四、机械设备安装施工常见问题及措施

机械设备的一个特点就是体积大，运输不方便。为了解决机械设备的运输困难问题，大部分的企业都会选择将机械设备化整为零，将机械设备的零件拆解运输到指定的地点，然后由相关的工作人员来进行安装。这样的做法虽然解决了运输困难这个问题，但是同时因为机械设备安装的好坏程度对于工程最后的效果有着直接的影响，因而机械设备的安装对于相关工作人员的技术水平要求极高。

（一）机械设备安装施工过程管理的原因

1. 重要性

作为施工过程中最为重要的应用设备，机械设备在实际的施工过程中具有不可代替的意义非凡的作用。这也使得，机械设备安装的重要性得到了凸显，机械设备的安装效果的好坏直接影响整个施工的进行，如果机械设备安装得当，那么不仅仅会保障施工过程中的安全，还会提高施工的效率。

2. 复杂性

机械设备的施工是一个复杂的过程，它包括前期的施工准备阶段、施工的过程阶段、以及施工的收尾阶段。在施工的准备阶段，需要对于施工过程中用到的图纸进行仔细的阅读，对于施工过程中用到的施工设备各项数据的进行检查，确保施工的进行。这一阶段最为重要的一件事是检查设备零件是否有问题，确保施工的安全性和稳定性，并对错误的数据进行纠正。在实际的使用过程中，要做到精细地安装

调整施工设备。中国有句古话叫作"失之毫厘，谬之千里"，这句话在机械的施工过程中同样适用，仅仅是安装过程中一个很小的偏差，就会对机械设备最后的安装结果造成巨大的影响，所以在安装阶段，对于各方面有着严格的要求。最后，是机械设备安装的收尾环节，这一环节是对安装好的机械设备的试运营，对于各方面的数据进行调试，确认设备的安装是否完成，有无出现的问题。

3. 政府要求

近年来，国家对于工程管理的要求越来越高，因而在机械设备的安装过程中进行管理，能够保证安装的设备符合国家的要求，符合企业发展过程中的实际需要。国家对于企业的设备安装要求的提高也促进了机械设备安装的水平的提高，从整体上促进了机械设备安装的质量水平。

(二) 机械设备安装施工过程中常见的问题

1. 机械设备自身的问题

机械设备在运输的过程中难免会因为包装不够严密，或者运输过程中运输人员不够仔细，导致地机械设备的零件出现了问题。除此之外，还有些企业为了节约成本，在设备购买的初期贪图便宜，购买一些价格低但是质量无保障的机械设备。施工设备出现问题，如果在设备安装的过程中没有被发现，那么在以后的实际的施工过程中，会产生安全隐患问题，并且阻碍施工遭到阻碍，使企业的利益遭到破坏。

2. 安装人员的能力水平不高

我国大部分的企业在招聘员工的过程中，很少对企业的员工进行系统的岗前培训，这使得许多新入职而没有实际经验的员工在施工的过程中往往会遇到许多困难，这些不仅会对施工的效率造成阻碍，也会造成施工设备出现问题，产生安全隐患。同时，随着科学技术的提高，施工设备也越来越考验安装人员的素质水平。

3. 设备运行过程中出现差错

设备的试运行是对设备的检验的最后一个环节，也是最重要的环节，这个环节能够对之前设备安装的过程中存在的问题进行最后的检查。在企业的运行环节中，往往需要进行三种测试，分别是负荷式运转、成套设备空负荷式运转及单机空负荷试运转三种运行测试。

(三) 机械设备安装施工过程中常见问题的解决措施

1. 提高施工设备自身的质量

在设备购买的最初环节，对于设备的质量给出了非常高的标准，在实际的设备采购过程中，不贪图便宜购买那些质量无法得到保障的价格低廉的设备，而是精挑细选，选择那些性价比高质量好的机械设备。在机械设备的运输过程中，对机械设备进行严密的包装，确保机械设备能够在长途运输的过程中不会因为磕碰等情况出现问题，在设备的运输过程中，要足够小心，保证不会在运输过程中对机械设备造成破坏。

2. 将安装过程中每一步环节做细致

在机械设备安装的过程中，做到每一个步骤都精确到位，在机械设备安装之前的准备环节，将机械设备安装过程中的每一步都看仔细，每一个零件都进行检查，确保安装的过程中不会出现因为图纸或者零件出现问题而延误工期这一问题。在实际的操作过程中，对于图纸上涉及的每一步都落实到位，确保安装的过程是足够小心的，安装的技术是足够熟练的。在最后的运行环节，将需要做到的三步测试环节都检测到位，将机械设备存在的问题都做很好的检测，保证机械设备不会出现特别严重的问题。将机械设备出现问题状况的可能性降低到最小，保障施工的平稳运行。

第三节　土建工程的验收

建筑工程中基础工程与主体工程是建筑施工中两个最为重要的环节，其施工质量会影响到建筑的结构安全和功能使用。因此，在建筑施工时需要细致地对地基进行施工质量评定，待质量达到工程要求和相关标准后方可进行主体结构的施工，以保障建筑的安全性和可靠性。本文从土建工程结构的验收和组织出发论述了建筑结构验收的质量评定，并详尽地分析了建筑主体结构的验收内容及控制要点。

一、土建工程验收的原则

土建工程竣工验收是建筑工程中重要的一环，其目的是检验工程是否按照设计要求建造并达到了预期效果。其设计原则主要包括以下几个方面：

（一）法规遵守原则

在进行工程竣工验收之前，必须按照国家有关法规和技术标准要求进行施工。同时，工程建设涉及的各个方面，都需要严格遵守有关的国家法律法规，确保施工安全、施工质量等各方面符合标准。

（二）设计规范原则

在建筑物的设计过程中，需要符合国家建筑设计规范，保证建筑物设计的合理性、可行性。在进行竣工验收时，需要对设计图纸进行审核，确保建筑的各项技术参数和结构符合规范的要求。

（三）工程质量控制原则

在建筑工程竣工验收中，重要的一点就是要对工程建设过程中的各个环节进行质量控制，保证施工质量达到预期目标。同时，工程验收还包括材料质量检验和设备品质评估等方面的内容，以确保建筑物满足使用要求。

（四）设备安全性原则

除了注重建筑物的结构安全性外，还需要对设备的安全性进行评估。在施工过程中，需要对设备进行检验，确保其符合安全性要求。在工程竣工验收中，还需对设置在建筑物内的电气、水暖设备进行检查，以确保整个建筑的安全性。

（五）环保节能原则

在现代建设中，环保节能是一个重要的问题。在工程竣工验收中，需要检查建筑内部设施设备对可持续发展的影响，如地球保护器的使用、新能源技术的应用等。同时，还需对建筑本身的环保性进行评估，以确保建筑具备较高的环保性能。

（六）安全防火原则

在建筑物的设计过程中，需要注重防火性能。提高建筑的防火性能能够为人们的生命和财产安全提供较大的保障。因此，在工程竣工验收中，需要对防火安装进行检验，以确保建筑物具备良好的防火性能。

二、土建工程结构验收

（一）土建工程结构验收的组织

建筑工程结构验收要以《建筑工程施工质量验收统一标准》为依据在验收过程中要由监理总工程师、项目责任人、质量负责人、技术负责人进行联合验收。验收的目的是检验建筑的安全性及可靠性。检验方向也是以地基和主体结构为主，其中参与验收的人员应包括建筑的设计人员和施工技术人员。验收的组织者应以质检站人员和监理总工程师为主，因建筑主体结构的要求较为严格，验收过程还应做好技术资料的准备工作，切实按照国家相关的规定和标准进行验收，同时质量监督部门应做好建筑各阶段隐蔽工程的验收以确保主体结构的工程质量。

（二）土建工程结构验收的质量评定

依据建筑安装工程的质量检验评定标准建筑工程结构，也应进行分部分项的验收，其中分部工程验收要由施工技术人员先进行验收，然后再由监理单位进行质量评定，最后经质检站检验。验收地基和主体结构要由施工技术单位和质量部门进行联合验收。建筑结构的质量评定要在装修进场前完成，其中建筑结构施工质量评定包括施工技术责任人对建筑结构的质量评定、施工企业技术责任人与质检部门的联合评定，施工企业上报的施工质量经质量监督站评定工程质量等级，质量监督站的核查评定。另外，对于多层或高层建筑的主体结构验收需分段进行，结构验收完工后再做总的验收签证，如有地下室工程，需经人防部门验收。

（三）土建工程结构验收的主要内容

土建工程基础和结构的验收应包括观感检查、隐蔽工程验收、质量验收、工程技术资料检查，下面就建筑结构观感检查和工程技术资料检查的内容进行论述。

1. 土建结构的观感检查

土建工程结构的观感检查应从工程的实际要求和施工标准出发，其中包括混凝土、预应力钢筋构件安装、砌砖、钢结构制作、焊接、螺丝等。观感检查中有些是在工程完工后验收，而有些则需要进行随工验收，其中预应力钢筋和构件安装及钢结构应进行随工验收，以此来避免重大施工漏洞的发生。基础结构的观感检查包括打桩、混凝土灌桩、沉箱、沉井、防水混凝土及连续墙等。另外建筑工程的采暖卫生、煤气、强电弱电安装、通风空调、消防喷淋、电梯、装修也在验收观感质量检查之列。

2. 土建工程技术资料的检查

土建工程技术资料的检查应包括钢材出厂质量合格证及复试报告、焊接试（检）验报告，焊条（剂）合格证、水泥出厂报告及复试报告、防水材料合格证和复试报告构件合格证或抽检报告、砖出厂合格证及复试报告、混凝土和砂浆强度报告、结构吊装记录、施工记录、隐蔽工程检验记录技术复核、施工技术质量交底、施工进度计划表、施工组织设计、分项分部工程验收记录、设计变更、工程商洽、质量评定技术签证、工程图纸等。如有遗留问题需进行复验或实测。

（四）土建工程结构验收的控制要点

1. 施工技术资料

土建工程中主体结构和地基的验收非常重要，而在验收主体结构过程中我们只能看到工程的外表，有些施工项目已经被隐蔽而无法进行检验，这时需要我们对施工的技术资料进行检查以此来帮助我们分析建筑的主体结构并进行客观系统的检验，同时，以技术资料为基础的检验也可以提高检验的质量和效果。在技术资料检验中主要检查施工项目的安装资料、质量控制资料、安全及功能的检验资料，包括建筑材料的试验报告、施工试验资料、见证试验资料、分项分部工程资料、隐蔽工程资料、建筑物标高、全高测量记录、建筑物沉降测量记录。在资料检验过程中，要注意各项资料的完备性，其中也包括资料内容的签字、盖章、顺序编号，同时检验批的时间、次数。测量数据要真实，试验报告要与工程的实际情况相符。

2. 建筑结构的实体抽样检验

建筑结构实体的抽样检验是建筑工程质量检验的关键环节。在建筑结构实体抽样检验中要以《建筑工程施工质量验收统一标准》（GB 50300-2013）进行检验验收，标准中明确指出对涉及结构安全和使用功能的重要分部工程应进行抽样检测。抽样检测的过程是一项长期而复杂的过程。要想保障抽样检测的准确性就需要检测人员根据工程施工进度的实际情况进行调节，尤其是施工较快的部分，检测人员务必确保检测的真实性和准确性。同时对建筑物结构形式多样的工程，检测人员要有倾向和区别。检测中影响检测质量的因素也有很多，包括混凝土砂浆的龄期、施工周期、天气环境、施工人员等检测中为了避免数据的失真，可以与主体结构验收同时进行。主体结构作为重要的分部工程，包括混凝土结构、钢筋（管）混凝土结构、砌体结构、钢结构、木结构、网架和索膜结构等子分部工程，而最常见的就是混凝土结构和砌体结构。

3. 取样检测的方法

《建筑工程施工质量验收统一标准》（GB50300-2013）明确规定承担见证取样检测及有关结构安全检测的单位应具有相应的资质。对于主体结构实体抽测，检测单位应取得建设工程质量检测机构资质认证合格证书和技术监督部门核发的计量认证合格证书等，并且有完善的管理制度，其人员也应持证上岗。现场检测时检测人员不应少于两人。现场检测混凝土强度可以采用回弹法、回弹超声综合法、贯入法或拔出法。当采用回弹法时应同时测试混凝土表面的碳化深度。现场检测钢筋位置和受力钢筋保护层厚度可以采用电磁法或雷达法，测试时应尽量避开钢筋特别密集的区域。没有仪器条件的也可采用局部破损的方法，但一定要注意检测过程中的安全保护措施和事后修补措施。现场检测砂浆强度，一般采用回弹法或贯入法。被测灰缝砂浆的龄期一般应达到 30 天以上，并应测试其碳化深度。

三、土建的施工质量验收

(一) 建工程施工质量验收标准的几点问题

1. 不符合设计要求的施工质量是否允许吃设计余量的问题

现行验收标准条文中说："如经检测鉴定达不到设计要求、但经原设计单位核算，仍能满足结构安全和使用功能的情况，该检验批可以予以验收。一般情况下，规范标准给出了满足安全和功能的最低限度要求，而设计往往在此基础上留有一些余量。不满足设计要求和符合相应规范标准的要求，两者并不矛盾。"

上述标准可理解为：允许不符合设计要求的施工质量吃设计的余量；不满足设计要求与只要符合规范标准要求。两者并不矛盾。

而实际情况是，设计留有的一些余量主要是考虑工程使用中，出现不利荷载的组合、意外荷载的施加和材料的匀质等情况设置的，并不是为不符合设计要求的施工质量留置的。以往有些工程在存有不符合设计的施工质量时，首先想到的是吃设计留有的余量。虽然今后也可能还会有这种情况，但在国家标准规范中不要开这个口子。

此外，关于将"不满足设计要求和符合相应规范标准的要求"视为"两者并不矛盾"更是值得商榷的。

2. 对有缺陷的工程是否可以进行加固处理后验收的问题

工程的验收在现行验收标文中提出："经返修或加固处理的分项、分部工程，虽然改变外形尺寸但仍能满足安全使用要求，可按技术处理方案和协商文件进行验收。"这里面也存在一定的问题。因为有些问题工程，甚至存有严重隐患的工程，往往都可通过加固处理使其满足安全使用的基本要求。

在当前国家规范标准中，仍对问题工程留有空隙。这不仅降低了标准水平，而且使不符合规范标准的质量有个"合法"的出路。

因此，国家规范标准就是定一个最低要求的限度，在限度以上的工程质量即为符合标准要求，限度以下的工程质量即为不符合标准要求，对不符合要求的质量不提出如何去处理比较合理可行。

3. 存在准确理解和掌握的语言

现行验收标准中，有些语言由于前后不一，使其在实施中不易理解和掌握。

比如"满足结构安全和使用功能"与"满足安全使用"条文与条文说明中，先后出现"满足结构安全和使用功能""满足安全使用"与"不影响安全和主要使用功能"。上述三个语言应不仅文字不一，语意也是有区别的。前者语意很清楚，就是结构安全和使用功能都要满足；中者的语意就不太清楚，"满足安全使用"是等同"满足结构安全和使用功能"还是仅指"满足安全使用"，没有说明白。

另外，标准中提出："一些永久性的缺陷，如改变结构外形尺寸，影响一些次要的使用功能等。为了避免社会财富更大的损失，在不影响安全和主要使用功能条件下可按处理方案和协商文件进行验收。"

以上标准中出现使用功能有主次之分，但是并没有明确什么是主要使用功能和次要使用功能。如果标准不明确这个问题，就会出现在实施中将"主要使用功能"也视为"次要使用功能"。即或，有主与次的使用功能，标准中也不要保"主"舍"次"。

针对规范在提出的"满足"与"基本满足"的问题。

前面已提出"满足安全使用"已是降低了"满足结构安全和使用功能"，但在条文说明中提出经过加固处理的工程，"使之能保证其安全使用的基本要求"。如果说安全使用已降低了要求，那安全使用的基本要求更是降低了要求。因为习惯对"基本"二字的理解是接近达到（或没有完全达到），是一个比较含糊的语言。

4. 对于"缺陷"二字的理解问题

验收规范标准对"缺陷"术语的定义与质量管理体系标准中的"缺陷"术语定义是不一致的，但与后者的"不合格"定义是相似的。对"更为严重的缺陷"及"超过检验批更大范围内的缺陷"均无明确的定义。

对缺陷处理方法方面，也不统一。

验收标准的条文说明中，对四种不同的缺陷分别提出不同的处理方法。如：一般缺陷的处理是通过翻修或更换器具；严重缺陷应推倒重来；更为严重的缺陷与超过检验批的更大范围内的缺陷必须按一定的技术方案进行加固处理。而有的现行验收规范明确提出了不应有严重缺陷，但同时也提出了对出现的严重缺陷，应由施工单位提出技术处理方案，并经监理（建设）单位认可后进行处理，对经处理的部位应重新检查验收。这与现行验收标准对严重缺陷的处理要求是不一致的。

还有的验收规范条文中，仅提出了严禁（或不应）存有所指出内容的缺陷，但没有列出是什么缺陷（是一般缺陷还是严重缺陷），也没有对缺陷提出如何处理。只是在其条文说明中提出如何避免缺陷的产生。

第四节　机械设备的检查及验收

一、机械设备的检查与养护

(一) 机械设备检查养护的必要性

机械大都在泥沙、砾石、雨水和风雪恶劣环境中作业，且施工带有突击性，设备机件工作的润滑条件差，"健康"状况必然受到危害。零件间的配合渐渐出现不同程度的松动、磨损、锈蚀等现象，各连接件配合性质、零件间相互位置关系和机构工作协调性等都将受到不同程度的影响，甚至引起机器事故。定期对公路工程机械进行检查保养，可以保证机械处于良好的技术状态，减少故障停机日，提高工程机械的完好率和利用率，保证设备的"出勤率"。可以减缓机械磨损，增加修理间隔期，延长机械使用寿命，避免出现机械事故。可以降低机械运行和维修成本，提高机械的动力性和经济性，使机械的动力、燃润油料、零件及各种消耗材料降到最低限度。

(二) 工程机械养护内容

工程机械的技术养护是指为了使机械经常处于良好的技术状态，保证其可靠性，延长使用寿命，而对机械所采取的一系列技术措施。以"润滑、调整、紧固、防腐"为主要内容，按不同需求分等级进行养护。

（1）日常保养。日常保养以清洁、补给和安全检视为中心，主要是维持机械的机容机况，使机械经常处于完整和完好的状况以保证正常运行。由操作人员在每日工作前、工作中和工作后，按各级机械的操作、使用和维护规程进行。

（2）分级保养。保养分为三级。一级保养主要对各总成和连接件的紧固、润滑，对外部检查的一些必要的小调整。以清洁、润滑、紧固为中心内容，并消除机械在运行一定时间后出现的某些薄弱环节。对有关制动操作等安全部件的养护由专业维修工负责进行。二级保养以检查调整为中心，对机械进行较深入的技术状况检查和调整。根据操作人员的反映和经过技术状况诊断，确定维修附加项目。三级保养以消除隐患为中心，对局部包括总成件检修，改善机械技术状况，以延长中修及大修周期。

(三) 工程机械设备的检查方法

（1）直观检查法。由操作人员直接观察设备及零部件的表面状态来进行故障的分析，看机械运转是否平稳，皮带是否太松或太紧了，螺丝是否松动，是否有漏油漏水现象等。

（2）温度检测法。观测检查各机械零件的温度变化，并以此为信息源来判别机器的运行状态。对无温度指示器的部位，可用温度计或手感知的方法进行判断。

（3）压力检测法。观察和测试机械系统各部的气压、油压是否稳定，并以此为信息源，通过压力参数的变化特征判别设备的运行状况。

（4）噪声检测法。听机械各部件运转时有无异响。若某处发现响声跟平时不一样，则该处可能存在故障。

（5）振动检测法。观察发动机运行过程中的振动情况，并根据振动参数变化特征来判断机器的运转状态。

（6）金相分析法。对于一些零件，可观测其金属表面裂纹通及显微组织情况，并检测其残余应力，根据这些物理性质的变化特征，来判断机器设备是否存在故障。

（四）工程机械故障分析

1. 机械故障基本原理

机械故障是指机械由于使用过程中正常和非常原因导致机械不能工作，需要进行维护工作，当故障解除后方可继续使用。公路工程机械发生故障，首先是机械失效，机械失效与机械磨损有着密切的联系。机械磨损是指机械在使用过程中，由于工作或者故障导致机械结构发生摩擦，在初始磨损期，机械磨损和故障属于敏感发生阶段，若不能正常维护和应用机械，磨损率和故障率会急剧增加。在机械使用后期，机械故障率和磨损率达到最高，维护工作难度大，需要维护的工作范围也大。

2. 工程机械重要部件故障与处理

（1）发动机故障。

①发动机异响故障分析。发动机出现故障时首先会发出异响，最可能是由于发动机部件发生损坏，导致碰撞发出异响。当发动机出现异响时，应立刻停机进行检查，确认异响消除后才能继续工作。

②发动机停转故障分析。当发动机发生烧瓦和气门脱落、发动机的飞轮与启动机齿轮抱死时，容易引发发动机停转，导致设备无动力倾翻等事故。发动机在发生停转前均会发生剧烈的振动，因此，当发动机发生停转时，应立刻进行发动机停机维护并更换损坏部件。

③发动机过热故障分析。当发动机散热条件和措施不能保证发动机散热时，发动机就会过热，从而导致"粘缸"现象，影响发动机正常工作。因此，必须严格控制发动机的散热，有效减少发动机发热故障。

(2) 传动系统故障分析。

①传动系统异响故障。发动机的传动系统设计不合理或在不合理工况下使用时，传动系统会发生异响故障。异响故障是由于传动系振动过大，机械部件之间发生碰撞，导致发出各种异响。如机械传动系统发生齿轮打齿、轮齿脱落等故障，会严重影响工程机械的正常工作。因此，需要对传动系统进行实时监控。

②传动系统润滑不良故障。对于机械传动部件，均需要采用润滑措施，降低齿面之间的摩擦和冷却齿面之间热量。由于润滑油的性能不能做出及时的判定，劣质润滑油很容易引起齿轮齿面的失效，影响传动。

(3) 机械结构故障分析。

①机械结构存在裂纹。机械结构的裂纹主要是设计制造存在缺陷，或使用过程中出现疲劳失教导致。裂纹是机械结构最为危险的隐患，极易引发机械事故。因此，在机械使用过程中，要对机械结构进行仔细检查，尤其是结构薄弱的环节。

②机械结构存在大变形。机械结构均为塑性钢材，受到外界载荷作用后，机械结构将会发生变形产生位移，影响结构的刚度。工程机械施工中，结构在受到超载荷后发生不可逆性变化。因此，在机械作业过程中，需要确保机械的整体塑性变形，防止出现失效。

3.公路工程机械故障原因

(1) 作业时间只考虑使用和赶工期，忽略了工程机械本身的力学规律，使其经常处于超负荷压力中，出现过早和过重失效。

(2) 设备使用不当，操作工人缺乏正确的使用指导，容易发生机械故障，影响机械作业能力。

(3) 机械维护措施不规范，缺乏故障检测措施。重大安全事故往往是由于机械缺乏有效的检测措施，使初始的小故障恶化为重大故障而导致。

(4) 机械维护措施不当，导致不能正确处理机械故障。公路工程机械发生故障后，维护人员缺乏专业的机械知识，不能做出正确的处理，使机械在存在安全隐患的前提下继续工作。

(五) 机械设备的保养方法

工程机械的保养是指采取一系列技术措施来使机械长期处于良好的技术状态，使其能安全高效的工作，并延长机械使用寿命。常用方法如下：

1.就车保养法

此法是根据保养等级和保养部位的不同情况，将该部件进行拆卸、清洗检查和重新装配。此法工效太低，仅适用于保养单位人员少，设备少，并且类型复杂，配件通用互换性差的工程机械。

2. 逐件轮流保养法

此法主要依靠机组的操作手完成，它适用于时间紧迫和保养人员缺少，机械分散且无备用机械的情况下的一级或二级保养。此法较符合施工单位实际情况而得到普遍应用。

3. 总成分工保养法

该法将机械设备分为若干总成，如变速器总成、发动机离合器总成、自动系统、电气系统及轮胎、履带等，然后根据这些分法，将人员编成不同的保养作业工组并进行编号，并根据具体的工作内容和程序进行分工、定位，使他们在规定的时间内协同完成保养作业内容。

4. 机动快速保养法

此法是在前面的总成分工保养法的基础上，为了在较短时间内快速完成保养任务，各作业工组采用快速保养工具来辅助完成。这种方法适合于有充足的熟练保养人员，并且机械零部件、材料、配件齐全，场地较宽，工具设备齐全和保养任务量大的情况下采用。

二、机械设备的检查及验收

（1）析架、龙门架的焊接点应牢固可靠，无漏焊、虚焊和砂眼，经 X 光拍片应合格；铆钉或螺栓连接的部位应无松动或无螺栓滑扣的现象，应紧固可靠。

（2）变速装置、传动机构及钢丝绳良好，行走机构灵活无卡，轴承间隙合适，齿轮啮合良好。

（3）配重符合设计要求。

（4）行走轮与导轨接触良好，夹轨钳安全可靠。

（5）电动机与传动机构的联轴器应符合设计要求，制动器安全可靠。

（6）整体安装符合设计要求。

第五节 施工组织设计的到位情况

一、目前施工组织设计存在的问题

施工组织设计存在的问题，不能一概而论，项目的大小不一、施工单位的水平不同，对施工组织设计的编制水平执行力度是不一样的。应该说对特别重大项目、大型企业，施工组织设计的编制水平比较高，复杂项目的施工组织设计执行力度相对到位。但不可否认的是，大量关系到民生的工程项目，如住宅小区（特别是高层住宅）、较复杂的深基坑、高支模、脚手架等，施工组织设计还是存在不少问题的。即使是一级资质甚至是特级资质的企业，也存在着对施工组织设计重视程度不够、编制水平低、执行力度差的问题。

（一）相关方对施工组织设计缺乏应有的重视

从招标开始，与商务标相比，技术标所占的比重一般只有20%。不少工程招标技术标是不计分的，甚至是不需要编制施工组织设计的。

现场监理对施工组织设计要求不严，未编制施工方案就施工的、未下达停工令、未按施工方案施工的，未及时责令改正。

施工单位常常以各种借口来逃避施工组织设计编制，或认为都是常规项目施工，或认为有类似成功的经验等。

（二）施工组织设计编制水平不高

编制施工组织设计的工作一般应由项目技术经理主持编制。但实际上许多项目在人员配置上就不完整，项目上没有专职技术经理。人员的缺乏必然导致工作的不到位。临时找人编制方案已经不是什么新鲜事，这样的方案纯粹就是为了应付检查，应付监理、甲方，在这样的情况下，是不可能编制出好的施工组织设计的。

编制施工组织设计，其实是一项较为复杂、对编制人的综合技术能力要求比较高的工作。但目前许多企业只是把编制方案的工作交给某一两个人去完成，这显然是有问题的。施工组织设计不但涉及施工部署、施工方法的选择，也涉及项目管理方面的内容，都需要根据企业的具体情况加以综合考虑才能确定。因此施工组织设计编制过程必须有项目的主要组织者（项目经理）直接组织，编制者必须对具体的项目情况有充分的掌握，对本企业的综合施工能力有清楚的了解，要经过多轮的调查研究与讨论，最后才能形成完善的方案稿。

（三）施工组织设计执行力差

把方案扔一边，按自己的想法想怎么做就怎么做。这种现象比较极端，但也是存在的。方案编制滞后、无方案施工也是经常发生的情况。实际情况变化了，无法按既定的方案施工了，实际的施工与方案发生差异，这也是普遍存在的情况。是否按方案执行，缺少检查监督；不按方案执行也无人过问。只要没出大事，也没人追究。

二、施工组织设计的法律地位

(一) 法律法规对施工组织设计的要求

法律是社会规则的一种，通常指由国家制定或认可并由国家强制力 (即军队、警察、法庭、监狱等) 保证实施的，以规定当事人权利和义务为内容的，具有普遍约束力的一种特殊行为规范 (社会规范)。法律是维护人民权利的工具，按其立法权限不同，可分为五个层次：法律、行政法规、部门规章、地方性法规和地方规章。

《中华人民共和国建筑法》(1997 年 11 月 1 日第八届全国人民代表大会常务委员会第二十八次会议通过，1997 年 11 月 1 日中华人民共和国主席令第 91 号公布自 1998 年 3 月 1 日起施行)。《建筑法》应属于第一层次，应是建设行业的最高法律。其第五章建筑安全生产管理之第三十八条：建筑施工企业在编制施工组织设计时，应当根据建筑工程的特点制定相应的安全技术措施；对专业性较强的工程项目，应当编制专项安全施工组织设计，并采取安全技术措施。

这里提到的 "建筑施工企业在编制施工组织设计时，应当根据建筑工程的特点制定相应的安全技术措施" 应该理解为：建筑施工企业应当编制施工组织设计。

不过再仔细研究发现，这一条款是在《建筑法》的第五章建筑安全生产管理中提出的，那是否理解为上述的 "施工组织设计" 只是安全专项施工组织设计呢？因为在《建筑法》的第六章建筑工程质量管理中并没有提到施工组织设计，是否表示工程质量管理中对施工组织设计没有要求呢？

《建设工程安全生产管理条例》以国务院令的形式发布，应属于法律的第二层次的行政法规。现行的《建设工程安全生产管理条例》2003 年 11 月 12 日国务院第 28 次常务会议通过，自 2004 年 2 月 1 日起施行。

其第十四条规定：工程监理单位应当审查施工组织设计中的安全技术措施或者专项施工方案是否符合工程建设强制性标准。

第二十六条规定：施工单位应当在施工组织设计中编制安全技术措施和施工现场临时用电方案，对下列达到一定规模的危险性较大的分部分项工程编制专项施工方案，并附具安全验算结果，经施工单位技术负责人、总监理工程师签字后实施，由专职安全生产管理人员进行现场监督：

(1) 坑支护与降水工程；

(2) 土方开挖工程；

(3) 模板工程；

(4) 起重吊装工程；

（5）脚手架工程；

（6）拆除—爆破工程。

（7）国务院建设行政主管部门或者其他有关部门规定的其他危险性较大的工程。

对前款所列工程中涉及深基坑、地下暗挖工程、高大模板工程的专项施工方案，施工单位还应当组织专家进行论证、审查。

第五十七条规定：违反本条例的规定，工程监理单位有下列行为之一的，责令限期改正；逾期未改正的，责令停业整顿，并处10万元以上30万元以下的罚款；情节严重的，降低资质等级，直至吊销资质证书；造成重大安全事故，构成犯罪的，对直接责任人员，依照刑法有关规定追究刑事责任；造成损失的，依法承担赔偿责任：

（1）未对施工组织设计中的安全技术措施或者专项施工方案进行审查的；

（2）发现安全事故隐患未及时要求施工单位整改或者暂时停止施工的；

（3）施工单位拒不整改或者不停止施工，未及时向有关主管部门报告的；

（4）未依照法律、法规和工程建设强制性标准实施监理的。

第六十五条规定：违反本条例的规定，施工单位有下列行为之一的，责令限期改正；逾期未改正的，责令停业整顿，并处10万元以上30万元以下的罚款；情节严重的，降低资质等级，直至吊销资质证书；造成重大安全事故，构成犯罪的，对直接责任人员，依照刑法有关规定追究刑事责任；造成损失的，依法承担赔偿责任：

（1）安全防护用具、机械设备、施工机具及配件在进入施工现场前未经查验或者查验不合格即投入使用的；

（2）使用未经验收或者验收不合格的施工起重机械和整体提升脚手架、模板等自升式架设设施的；

（3）委托不具有相应资质的单位承担施工现场安装、拆卸施工起重机械和整体提升脚手架模板等自升式架设设施的，在施工组织设计中未编制安全技术措施、施工现场临时用电方案或者专项施工方案的。

由上可以看出，在我国建设工程安全生产管理的法律法规中，对施工组织设计的要求是十分明确的，有的甚至是十分具体的。

《建设工程质量管理条例》也是以国务院令的形式发布，也属于第二层次的行政法规。现行的《建设工程质量管理条例》2000年1月10日国务院第25次常务会议通过，2000年1月30日中华人民共和国国务院令第279号公布自公布之日起施行。

《条例》第四章为施工单位的质量责任和义务，自第二十五条至第三十三条，计九条。其中第二十八条规定：施工单位必须按照工程设计图纸和施工技术标准施工，不得擅自修改工程设计，不得偷工减料。

施工单位在施工过程中发现设计文件和图纸有差错的，应当及时提出意见和建议。

只提到"必须按照工程设计图纸和施工技术标准施工"，未提到要编制施工组织设计并按施工组织设计要求施工。

(二) 标准规范对施工组织设计的要求

提到施工技术标准，我们大家都再熟悉不过了。GB 国际、JGJ 建设部标准，以及大量的地方性标准、规程。这些都是我们从事施工工作必须掌握、必须遵守的重要依据。

(三) 标准规范是否属于法律法规

这个问题是个颇为专业、复杂的问题，有专业法学人士对此问题进行过专题研究，其结论如下。

(1) 如果从形式意义上的划分看，尽管很难从授权根据的角度，导出技术标准是否属于法律规范的结论，但是从标准的外在名称、形式、结构和内容，以及制定和颁布程序看，它都不符合法律规范的外形。简言之，技术标准从形式上看不是"法"。

(2) 但如果沿着更为实质意义的判断，那么由行政机关颁布的技术标准对行政机关及其工作人员有着"作茧自缚"的效应，而且尽管其内容针对的是事项或者物品，但依然会间接的影响私人的权利和义务，而且通过行政机关所采取的若干确保标准实效性的手段，使得标准对私人产生了实际上的法律约束力和约束效果。标准减少了不确定性，稳定了私人之间相互的期待，成了特定领域中诸多问题的解决和因应之道，从这个意义上说，标准的功能与社会规则体系中法律规则的功能几无二致，也非常类似于霍布斯、边沁、韦伯和卢曼笔下关于现代法功能的经典言说。因此，如何从制度建设方面，对技术标准制定过程中的程序和实体因素加以考量，就成为研究者和实际部门所需共同面对的紧迫课题。

因此可以说，技术标准实际上就是"法"。

通过以上的分析，我们看到，对于施工组织设计的法律地位还不好一概而论。一份施工组织设计到底应有什么样的法律地位，还应根据施工组织设计的内容而定。对于涉及施工安全方面的施工组织设计(施工方案)，应具有明确的法律地位。因为在《建筑法》中对于安全施工方案有明确的规定。而对于其他技术性施工方案，是施工技术标准(规范)中要求的，而施工技术标准虽然是实际的"法"，但应该说还不能等同于"法"，因此，对于此类的施工组织设计其法律地位似乎要低一个层次。

说到施工组织设计，不能不提到《建筑施工组织设计规范》（GB/T50502-2009）。施工组织设计有了专门的规范，应该说施工组织设计的地位有了进一步的提高，从一个角度说明施工组织设计的重要性。但并不能因此而认为所有的施工组织设计就具备了法律效力。

具体分析一下我们可以看到，虽然也是规范，这本规范还是多了个"T"，含义就有所不同。

GB：是国家强制性国家标准。强制性国标是保障人体健康、人身、财产安全的标准和法律及行政法规规定强制执行的国家标准。而CB/T是指推荐性国家标准（GB/T）。

推荐性国标是指生产交换使用等方面，通过经济手段调节而自愿采用的一类标准，又称自愿标准。这类标准任何单位都有权决定是否采用，违反这类标准，不承担经济或法律方面的责任。但是，一经接受并采用，或各方商定同意纳入经济合同中，就成为各方必须共同遵守的技术依据，具有法律上的约束性。

弄清这些问题，可以使我们知道哪些施工方案更重要一些，我们就应该更重视一些。

（四）施工组织设计是否合同的组成部分

施工组织设计是不是合同的组成部分，现在看法还不完全一致。

一种意见认为，施工组织设计不构成施工合同文件，如果构成的话，那施工合同的内容就太多了太细了，因此其不应当作为施工合同文件；第二种观点认为，施工组织设计分为投标性施工组织设计和实施性施工组织设计，其中因投标性施工组织设计构成招标文件的一部分，按照《招标投标法》相关规定应当构成施工合同文件，而实施性施工组织设计由于仅是指导承包人具体施工，对发包人没有约束力，因此不构成合同文件。第三种观点认为，无论是投标性施工组织设计还是实施性施工组织设计，均构成合同文件，理由是施工组织设计是关于承包人如何履行施工合同的合同约定，其在获得发包人认可或发包人委托的监理工程师批准之后即对承包人和发包人均具有法律约束力，因此其理所当然构成施工合同文件的组成部分。

1. 投标施工组织设计构成施工合同文件的理由和依据

一份文件是否构成合同文件，取决于该文件对合同当事人是否具有合同文件所应具有的法律约束力，如果具有，则构成合同文件，如果不具有，则不构成合同文件，而并不取决于其名称是否被称为合同文件，也不取决于其内容的多少，篇幅的长短。

投标施工组织设计作为投标人投标文件的一部分，主要是关于施工技术、施工方案等方面的内容，不仅作为技术评标的依据，而且还是商务评标的依据之一，以此证明投标人关于施工报价、施工质量保证和进度安排的合理性《招标投标法》第四十六条规定，招标人和中标人应当自中标通知书发出之日起三十日内，按照招标文件和中标人的投标文件订立书面合同，并不得再行订立背离合同实质性内容的其他协议。根据这一规定，我们不难看出，严格从法律上讲，发包人与中标人签订的合同内容应当也必须为招标文件和投标文件的内容，否则就属于不符合法律要求的行为。实际工作中，发包人和中标人在签订合同时会明确说明，投标施工组织设计作为合同附件与合同具有同等的效力。

根据上述分析，既然投标性施工组织设计构成投标文件的组成部分，而施工合同内容又必须遵从投标文件的内容，那么投标性施工组织设计构成合同文件也就顺理成章，理所当然了

实质上投标性施工组织设计不仅构成施工合同文件组成部分，而且属于合同实质性内容，其不仅是中标人关于如何履行合同，其投标价款是否低于其企业成本，进度计划安排是否合理，施工质量是否能够得以保证的评判依据，更是其在履行合同过程中向发包人提出索赔的依据，因此其不仅对中标人具有法律约束力，同样对于发包人也有法律约束力。如果因投标人所编制的施工组织设计存在错误导致其承担了额外的费用，则其无权向发包人另行主张；如果因发包人原因导致中标人施工组织设计无法执行而增加了额外的费用，则发包人应当赔付相应的额外费用。

2. 经发包人审定批准的实施性施工组织设计也是施工合同文件的理由和依据

施工环境的多变性导致中标人编制的投标性施工组织设计在施工过程中往往不能直接用于指导具体施工，因此，中标人在实际施工过程中往往会根据施工环境的变化对施工组织设计进行细化、修订或完善，即编制可直接指导施工的实施性施工组织设计，并提交发包人委托的监理工程师审批后执行。根据上述分析，经发包人认可接受的中标人的投标性施工组织设计构成施工合同文件的组成部分，那么以该合同文件为基础，并根据施工环境对其做具体、修订或补充而编制的，并经发包人委托的监理工程师审批的实施性施工组织设计（专项施工方案）是否构成施工合同文件组成部分呢？答案显然是肯定的。分析这一问题，我们应首先分析施工合同文件是否可以细化、修订或完善这一问题。《合同法》第六十一条和第七十七条规定，当事人可以细化、补充和修订变更合同，施工合同自然也不例外，因此，发包人和承包人在施工合同生效之后可以对施工合同进行细化、补充或修订变更，但是，按照《招标投标法》第四十六条之规定，施工合同当事人不得另行签订背离合同实质性内容的其他协议。而承包人在施工过程中，根据施工环境需要对投标施工组织设计进行合理的细化、补充或修订变更是否构成另行签订背离合同实质性内容的其他协议，

是否违反《招标投标法》第四十六条规定呢？答案显然是否定的。因为《招标投标法》第四十六条规定的目的在于禁止招标人与中标人签订黑背合同而损害其他投标人的利益和公开、公平、公正的建筑市场秩序，而不是对合理的施工行为进行不合理的干预。如果对施工组织设计进行细化、修订或补充是保证正常的施工需要，保证施工合同得到正常的履行，法律不仅不应加以干扰，而且应当保护。为此，建设部、财政部《建设工程价款结算暂行办法》第八条第 (三) 款第 4 项规定，发包人更改经审定批准的施工组织设计 (修正错误除外) 造成费用增加，合同价款应当作相应的调整，该项规定充分说明了实施性施工组织设计作为施工合同文件的地位。

分析到这里，我们不难得出，作为对投标施工组织设计的细化、修订或补充的施工方案，也应当构成合同文件的组成部分，无论是对承包人还是发包人均具有法律约束力。

3.《建设工程施工合同 (示范文本)》的规定

最新版的《建设工程施工合同 (示范文本)》由住房和城乡建设部、工商总局联合发布。自 2013 年 7 月 1 日起执行。

最新的《建设工程施工合同 (示范文本)》通用条款 3 中承包人 3.1 承包人的一般义务：承包人在履行合同过程中应遵守法律和工程建设标准规范，并履行以下义务按合同约定的工作内容和施工进度要求，编制施工组织设计和施工措施计划，并对所有施工作业和施工方法的完备性和安全可靠性负责。

7.1 施工组织

设计施工组织设计应包含以下内容：

(1) 施工方案；

(2) 施工现场平面布置图；

(3) 施工进度计划和保证措施；

(4) 劳动力及材料供应计划；

(5) 施工机械设备的选用；

(6) 质量保证体系及措施；

(7) 安全生产、文明施工措施；

(8) 环境保护成本控制措施；

(9) 合同当事人约定的其他内容。

7.1.2 施工组织设计的提交和修改：除专用合同条款另有约定外，承包人应在合同签订后 14d 内，但至迟不得晚于第 7.3.2 项 (开工通知) 载明的开工日期前 7d，向监理人提交详细的施工组织设计，并由监理人报送发包人。除专用合同条款另有约定外，发包人和监理人应在监理人收到施工组织设计后 7d 内确认或提出修改意见。

对发包人和监理人提出的合理意见和要求，承包人应自费修改完善。根据工程实际情况需要修改施工组织设计的，承包人应向发包人和监理人提交修改后的施工组织设计。

在专用条款中，也有有关施工组织设计要求方面的条款。

由此可见，施工组织设计属于合同的组成部分是明确的。

通过以上分析，我们可能得出如下结论：

（1）投标施工组织设计、经审批的实施施工组织设计（含专项方案）属于合同的组成部分。

（2）某些施工组织设计（专项方案）是规范标准明文规定需要的，所以执行施工组织设计就是执行规范标准；未执行施工组织设计就是违反规范标准。规范标准是实际的"法"所以施工组织设计具备相应的法律效力。

（3）《中华人民共和国建筑法》明文要求的施工组织设计，更加具备法律效力。

明确施工组织设计的法律地位，有利于更好地编制执行施工组织设计。当然，即使是"法"也有"有法不依、执法不严"的情况。因此，要真正把施工组织设计工作落到实处，还是需要各方面做大量的工作。否则施工组织设计的落实可能还是一句空话。

三、施工组织设计的到位情况

施工组织设计的到位情况基本同照明电路，详见本丛书《照明电路及单相电气装置的安装》分册。同时应组织工长、班长、质检员、安全员，会同监理、土建、设备安装单位的相关人员对已完工的土建工程、机械设备安装工程进行验收和检查，不符合规范要求的必须进行整改修复，直到验收合格。

第八章 整机调试及试车

起重机械的电气设备安装、结线完毕后，待机械设备部分安装调整完毕且具备试车条件时，在征得装机人员及有关技术人员的同意后，即可进行整机调试及试车工作。调试及试车的程序应先单机，后联动，先空载，后负载，先静载，后动载，最后全载联动试车，中间有一环节不妥，即应检查修复，否则不得继而试车。

第一节 设备及元件电气参数的测试调整

一、绝缘电阻的测试

用 500V 的绝缘电阻表测试导线对地、导线线间，以及滑触器、滑线、继电器、接触器、电磁抱闸、控制开关、凸轮与主令控制器、行程开关等带电部分与系统正常时不带电的金属部分，以及相与相之间的绝缘电阻，应大于 $1M\Omega$。同时将测试结果填写在调试报告上。

二、接地电阻的测试

用接地电阻表测试接地系统的接地电阻，不得大于 1Ω，车身金属构架的任何部位的接地电阻不得大于 4Ω。接地引线的焊接应符合要求。

三、接触电阻的测试

用电桥或数字万用表测试滑接器的触头、电刷的接触电阻，其阻值应小于 $10^{-6}\Omega$。有弹簧装置的应用标准弹簧秤测试弹簧装置的压力，一般应大于 0.02MPa。

四、耐压试验

硬件滑线应做耐压试验，试验电压 1000V、试验时间 1min 无击穿及闪络现象。

五、电机的试验

见本丛书《电气设备、元件、材料的测试及试验》分册。

六、过电流继电器的整定

每台电动机控制相线的过电流继电器的整定值一般整定在被保护电动机额定电流的 2.25 ~ 2.50 倍。非控制相线的总过电流继电器 0KA 的整定值一般整定在全部电动机额定电流之和的 1.2 ~ 1.5 倍。试验时，当电流升至整定值时，电流继电器应在动作时间到达时动作，否则可调整调节螺钉，使其符合表中的要求。

从配电室送至桥式起重机的总电源应能保护系统的短路；操作回路的熔丝一般为 5A。

七、电磁抱闸的试验调整

电磁抱闸一般分粗调、细调两步。

粗调、先将电动机与减速机的联轴器摘开，但电动机及抱闸的安装位置不动，这时我们用手用力盘动电动机机轴，应盘不动，则说明在不通电的情况下抱闸的闸瓦将电动机的制动轮死死抱住，否则应将间隙调小。这时我们只给抱闸的线圈接上临时电源（一般为 380V，但要看清线圈上的标注，因为也有使用 220V 的电磁铁线圈），接通后，电磁铁动作，这时我们用手盘动电动机机轴，应灵活无卡，则说明通电的情况下闸瓦均匀地离开了制动轮，同时可观测间隙是否符合要求。否则应调整间隙。然后我们把抱闸的电源撤掉，并重新将抱闸的接线与电动机接在一起，这时再将电动机接上临时电源，并启动电动机、切除全部电阻，使电动机达到额定转速，然后突然将电动机断电，这时抱闸制动，将由于惯性而转动的电动机的制动轮抱住，电动机立即停止，动作迅速准确，否则说明间隙太大或不均匀，应重新调整。这样反复几次，直到符合要求。

粗调完成后将联轴器重新装好，并将临时电源拆除，将现场清除干净。

细调是指单机调整试验完毕，起重机进入负载试车时，对电磁抱闸的调整。细调可为操作停车或事故停车（行程开关动作，过电流继电器动作等），调整方法基本同前，并符合下列要求。

起重机及其附属部分（吊钩、抓斗、小车等）的制动距离极限值，不应超过制造厂规定值的百分数。

当制动距离为 250mm 以下时为 +10%；当制动距离为 250 ~ 500mm 时为 +5%；当制动距离为 500mm 以上时为 +3%。同时应测定大车两台电动机制动器动作时间的一致性。

八、行程开关的调整

行程开关也分粗调和细调两步。

粗调已在保护回路的接线中做了试验。而细调则是在单机调试完毕，起重机进入联动空载试时对行程开关撞块位置是否准确的调整。

在额定速度的情况下，起重机的行程限位开关动作后，能使起重机运行机构在下列位置准确停止上升或移动。

吊钩、抓斗、起重臂升到离极限位置不小于 100mm 处；起重机桥架和小车等，离行程末端不小于 200mm 处；一台起重机临近另一台起重机时（同一对导轨上同时有几台起重机运行），相距不小于 400mm 处。

上述的数值是最小的极限值，通常我们都把撞块的安装位置调整在下列位置上。

大车距导轨顶端 5m 的位置，室内为 1m；小车距导轨顶端 1m，室内为 0.5m；提升机构距顶点为 0.5m。

反复测定撞块的高低及位置，直至动作准确无误后，把撞块固定好。行程开关撞块的调整必须开动大车、小车或吊钩进行实测，调整时要将凸轮或主令打在最慢挡，以防撞车。当调整好后，再打快车进行试验。

第二节　整机检查

主要有整机各部、接线、滑线有无错误、松脱，元件有无破损，电阻器抽头接线位置和星点封头是否正确等，不妥之处应一一修复。

一、当前起重机械使用过程中的安全问题

（一）机械方面

（1）很多起重机由于设备老化而在制动过程中不受控制。

（2）起重机的减速器存在严重的漏油问题，部分减速器在使用过程中出现振动、异响等问题。

（3）小车运行机构出现了"三条腿"问题，常常是因为轮压不平衡，在安装时没有达到标准要求，这些直接导致小车架变形。

（4）很多大车运行机构存在啃轨现象，这些常常是由于车轮安装出现偏差，对起重设备的性能带来伤害，尤其是传动系统偏差过大等问题引起的。

（二）电气装置方面

（1）电气控制系统是起重设备必不可少的，但很多情况下的控制配线没有按照标准形式连接，这常常给起重设备的使用带来巨大的影响。主要是由于安装过程中出现失误，使得系统出现故障时难以找出具体原因，最后造成因维修速度问题而胡乱接线，这对于检修和故障排除是很大的影响。

（2）关键的电控元件受到严重的损害，这一方面是因为元件质量不合格，另一方面是由于使用期限达不到标准，这些对于电气装置的使用性能都有着重大的影响。比如，当灭弧罩在起重过程中常常因为振动问题而发生脱落，若没有进定期检查维修则会导致接触器烧损，还有些是对主要构件的易损件维护不当造成的。

（3）大小车滑线器没有定期清理，对于整个电气结构而言，由于大小滑线集电器和角钢滑线受机械油污较严重，没进行定期整理，常常会给维护工作带来阻碍，影响起重机的使用性能。

（4）在日常维护工作中，很多管理人员缺少必要的专业素质，导致维修效果达不到起重机电器维护的要求，这些对于起重机故障有着巨大的影响。

（5）不少保护系统不起作用。这是由于操作人员对保护系统不够重视，认为只要起重机能运行就行，致使不少起重机缺少短路、零位等保护装置，从而存在对设备及人身造成危害的隐患。

（三）主要零部件方面

（1）吊钩长期使用或超载使用导致机械内部构件的疲劳、裂纹，开口度增大等问题，这使得整体的机械设备面临着较大的危险。

（2）钢丝绳出现较大的磨损、断丝，达到报废标准仍不及时更换，还有的不及时进行润滑处理，埋下了安全隐患。

（3）滑轮，尤其是平衡定滑轮在安装过程中没有考虑到磨损情况，这些使得轮缘缺损或促进裂纹的出现。

（四）安全装置方面

（1）有些起重机原安装有橡胶缓冲器，但脱落的很多。少数起重机无端部止挡，有的虽有，或直接安装在轨道上，不能起到安全可靠的止挡作用。

（2）多数起重机无超载限制器。有的虽有，但没有按标准安装。

（3）无起升极限位置限位器和大小车运行极限位置限制器，或者有些已损坏，不起作用。

（4）单梁起重机上几乎都没有安装导电线防护板，由此带来的直接影响是造成吊具和钢丝出现碰撞。

（5）有些司机室无联锁保护装置。有的开关已损坏或锈死，无法起作用。有些司机为了避免由于起重机运行中的振动使电气联锁动作带来麻烦，错误地把开关短接。

（6）有的起重机上的梯子、走台没有按有关标准设计或安装，致使新设备就存在缺陷。

（五）金属结构方面

（1）桥架变形。没有按照标准进行常常使得起重机的使用性能受到损坏，这些造成桥架的几何尺寸大于标准值，很容易出现扭曲旁弯、变形等异常问题。

（2）调查中发现很多起重机的主梁、端梁等主要结构发生了异常问题，并且在盖板、腹板连接处都出现了不同程度裂缝，这些对于机械起重设备的使用都是潜在的安全隐患。

（3）有的主梁腹板产生波浪变形。

（4）有的门式起重机端梁凸凹不平，产生变形或在立柱与横梁连接处开焊。

（六）使用的原因

1. 缺乏管理工作

有相当一部分使用单位无完整的起重机械逐台设备技术档案，特别是产品合格证、产品维护说明书、吊钩及钢丝绳合格证或质保书、大修、改造、维护、保养、自检和试验记录、人身、设备事故记录等技术资料。尽管使用单位都针对起重机操作拟订了相关计划，但对于具体的操作流程没有给予足够的重视，这对于起重机安全是很大的隐患。

2. 违章作业现象严重

（1）很多设备操作者在使用过程中没有按照标准的操作章程运行，而是凭借个人工作经验私自操作，虽然能够达到最终的目的，但是在安全方面确是没有保证的，对于现场施工存在较大的隐患。

（2）在起重机的结构件、司机室及车间登机梯子等方面常会因为操作不当而出现不同程度的损坏，这些零部件出现缺损也是对安全的巨大威胁。

3. 安全意识不足

客观上维护人员缺乏对起重机的基本机构的了解和必要的安全知识，多数认为起重机能运行就是好的，对于一些常见的失误操作带来的影响还没有深刻认识；主观上起重机械操作者在使用过程中没有对安全给予足够的重视，经常出现斜拉歪吊、满载偏载等违章作业现象。这些都不利于起重机械的长期安全性。另外，在某些特殊工作场合，由于企业经营人员对安全装置的作用了解和重视不够，为了方便施工，任意调整超载限制器造成限制器不能可靠动作，或者任意地改变运行极限位置限位器、限位开关。

4. 维护措施不当

在差异的操作环境下，对于起重设备基本上没有采取维护措施，只是简单地进行打扫，对于磨损及老化的设备元件，维护保养人员没有及时进行调整和更换。在维护过程中没有按照安全操作规程，出现故障时未能进行有效的处理维护等。

二、起重机械使用的安全管理

近年来，随着国家基本建设规模的不断加大，建筑工程的高度、结构形式也不断地发生变化，为了满足建筑业发展和施工的需要，建筑起重机械在工程建设中的作用也日趋重要，成为降低建筑施工劳动强度、提高生产力的必要手段。由于建筑起重机械在安装和使用过程中所引发的安全事故较多，而且是重大事故的易发点，因此，施工现场建筑起重机械的安全使用成为建筑施工安全生产的重要组成部分，如何有效地保障建筑起重机械的正常运行，保障人民群众的生命和财产安全，是当前建筑安全生产管理的目标和任务。

（一）建筑起重机械租赁、安装、使用单位的管理

建筑起重机械事故的发生，既有租赁（生产）单位、安装单位的责任，也有使用单位的责任。如何有效地控制和降低施工现场建筑起重机械安全事故的发生，就此提出以下几点看法：

1. 对租赁单位的管理

随着建筑市场的开放，建筑起重机械租赁、安装企业的重组和民营企业的不断出现，激烈的市场竞争，导致部分租赁单位重经营轻管理、重使用轻维护，设备故障隐患不断出现。有的租赁单位专业技术人员素质不高，向施工现场出租的设备未提供有关合格证明文件，出租的设备技术性能不符合安全技术要求，特别是安全保护装置的配备不齐全或者不灵敏、不可靠的情况仍然存在，由于设备本身原因造成的事故时有发生。为此，应从以下几个方面加强监管：

（1）从事建筑起重机械的租赁单位必须具备相应租赁资质（或行业确认证书）；

（2）租赁单位出租的建筑起重机械和使用单位购置、租赁、使用的建筑起重机

械应当具有特种设备制造许可证、产品合格证、制造监督检验证明;

(3) 租赁单位在建筑起重机械首次出租前、自购建筑起重机械的使用单位在建筑起重机械首次安装前,应当持建筑起重机械特种设备制造许可证、产品合格证和制造监督检验证明到本单位工商注册所在地县级以上建设主管部门办理备案手续;

(4) 租赁单位应当在签订的建筑起重机械租赁合同中,明确租赁双方的安全责任,并出具建筑起重机械特种设备制造许可证、产品合格证、制造监督检验证明、备案证和自检合格证明,提交安装使用说明书;

(5) 租赁单位、自购建筑起重机械的使用单位,应当建立建筑起重机械安全技术档案(一机一档)。

(6) 有下列情形之一的建筑起重机械,不得出租、使用:

①属国家或本省明令淘汰或者禁止使用的;

②超过安全技术标准或者制造厂家规定使用年限的;

③经检验达不到安全技术标准规定的;

④没有完整安全技术档案的;

⑤没有齐全有效的安全保护装置的。

(7) 建筑起重机械管理工作的重点在施工现场,加强机械设备现场管理和提高服务质量是实施租赁经营的关键,为切实做好这方面的工作,在实施中应采取以下几项措施:

①为确保建筑起重机械能按期安装并投入使用,租赁单位应配备机械维修班组,从事设备检修及现场抢修工作,发现故障(隐患)及时排除,保证施工的顺利进行;

②坚持开展机械设备的巡回检查制度(包括定期检查维护),对施工现场的机械设备实行跟踪管理,租赁单位应定期或不定期派员深入工地检查督促与指导操作人员严格遵守机械设备操作规程,认真做好"十字"作业,确保机械设备的正常运转;

③树立为工地服务第一的思想,做到急工地之所急,想工地之所想。特别是对突发性故障,租赁单位应能立即组织人员进行抢修,以优质的服务配合施工现场。

2. 对安装单位的管理

建筑起重机械的安装与拆卸存在的问题较多,主要体现在安装队伍不规范,部分安装人员无证上岗,现场安装未配专业技术管理人员,几个人挂靠有资质的队伍或借用安装资质。在安装前未编制专项方案或专项方案不符合安全技术要求,安装作业人员未按规定到岗,施工作业中违规操作等现象仍未得到有效控制。针对以上问题应从以下几方面加强管理:

(1) 从事建筑起重机械安装、拆卸的单位必须具有建设主管部门颁发的相应资质和企业安全生产许可证,并在资质许可范围内承揽建筑起重机械安装、拆卸工程。

（2）安装单位必须与使用单位签订安装（拆卸）合同和安全协议书，并明确双方的安全生产责任。

（3）安装单位应当履行下列安全职责：

①按照安全技术标准及建筑起重机械性能和使用说明书的要求，编制建筑起重机械安装、拆卸工程专项施工方案，并由本单位技术负责人审核签字；

②制定建筑起重机械安装、拆卸工程生产安全事故应急救援预案；

③按照安全技术标准及安装使用说明书等检查建筑起重机械及现场施工条件；

④将建筑起重机械安装、拆卸工程专项施工方案，安装、拆卸人员名单，安装、拆卸时间等材料报施工总承包单位和监理单位审核符合要求后，告知工程所在地建设主管部门。

（4）安装单位应当根据编制的专项施工方案和有关安全技术标准，向安装人员进行安全技术交底，施工作业过程中严格执行安装、拆卸工艺及操作规程。安装单位的专业技术人员、专职安全员、生产管理人员应当进行现场监督，技术负责人应当定期巡查。

（5）建筑起重机械安装完毕后，安装单位应当按照安全技术标准及安装使用说明书的有关要求对建筑起重机械进行自检、调试和试运转。自检合格后应向使用单位进行安全使用说明。

（6）安装人员应具有省级建设行政主管部门颁发的特种作业人员操作证。在作业过程中人员应配备到位，并应分工明确，专业技术人员、专职安全员应在现场监督实施。

3. 对使用单位的管理

使用单位违反有关起重机械使用规定的情况普遍存在，具体反映在以下几个方面：购置或租赁不符合安全技术性能的产品；建筑起重机械超负荷带病运转；安全保护装置不齐全、不灵敏，擅自调整或拆掉力矩限制器等安全保护装置；违章指挥、违章操作；作业人员无证上岗、专业素质较低，司索、指挥人员配备不足或未配备等。鉴于以上情况，加强使用过程中的监督检查是确保施工安全的一项重要内容，应从以下几个方面重点控制：

（1）使用单位如自行购置建筑起重机械，在进入施工现场安装前，应到建设行政主管部门办理建筑起重机械备案手续。

（2）建筑起重机械安装完毕，经安装单位自检合格后，应当经具有相应资质的检测检验机构进行检测，检测合格后，施工总承包单位组织有关单位（租赁、安装、监理）按照国家、行业安装技术标准、规范进行验收。验收合格后方可投入使用，并在30日内到建设行政主管部门办理使用登记手续。

（3）使用单位应当制定施工起重机械使用管理规定和安全技术操作规程，并严格执行。

（4）使用单位严格执行持证上岗制度，操作人员必须具有省级建设行政主管部门统一颁发的资格证书。

（5）使用单位应当对在用的建筑起重机械及其安全保护装置、吊具、索具等进行定期和经常性的检查、维护和保养，并做好记录。

（6）使用单位应当履行下列安全职责：

①根据不同施工阶段、周围环境及季节、气候的变化，对建筑起重机械采取相应的安全防护措施；

②制定建筑起重机械生产安全事故应急救援预案；

③在建筑起重机械活动范围内设置明显的安全警示标志，对集中作业区做好安全防护；

④设置相应的设备管理机构或者配备专职的设备管理人员；

⑤指定专职设备管理人员、专职安全生产管理人员进行现场监督检查；

⑥建筑起重机械出现故障或者发生异常情况的，立即停止使用，消除故障和事故隐患后，方可重新投入使用。

三、建筑起重机械的运行管理

1. 操作人员的管理

严格执行持证上岗制度，并应熟练掌握本机的安全操作，使用性能，构造原理，在实际工作中达到"四懂、三会"的水平，即懂原理、懂构造、懂性能、懂用途，会操作、会维修、会排除故障。

2. 建筑起重机械的"三定"管理

定人、定机、定岗位责任的"三定"制度是长期以来行之有效的好办法。"三定"就是把人和机械的关系固定下来，把机械使用维护的每个环节、每项要求具体落实到每个人身上，做到人人有岗位，事事有专责，台台设备有人管。

要经常检查"三定"工作的落实程度，因为操作人员岗位责任制执行的好坏，将直接影响生产效率和施工安全，也直接影响机械的正常运转，因此"三定"是机械施工和机务管理的基础。除应按规定配备相对固定操作和维修工人外，还需注意尽可能不要轻易变更操作人员，这样有利于操作人员熟悉机况，熟练掌握机械的"脾气"，更重要的是能加强操作人员的责任感，对管好、用好、维护好机械设备都是不可缺少的条件。

3. 定期检查维护管理

建筑起重机械长期在野外作业，经受各种恶劣条件影响，其机构零配件必然逐渐产生不同程度的自然松动、磨损和机械损伤，如不及时进行必要的技术保养，机械的动力性、耐久性必然随之变差，机件的安全可靠性也随之降低，甚至发生意外损坏。租赁单位（或使用单位）要定期对在用的建筑起重机械进行检查、维护和保养，并制定定期检查管理制度，包括日常检查、月检查，对建筑起重机进行动态监测，主动查明故障并及时予以消除，以保证机械设备经常处于良好的技术状态。

四、监管部门的监督管理

1. 建立建筑起重机械重大危险源信息平台

根据建筑起重机械重大危险的信息（明细表），可适时了解掌握每台设备从安装至拆卸全过程的机械自身质量、安装质量、运行等情况。

2. 开展定期的专项检查

每季度至少安排对每台设备进行一次全面检查，对存在重大安全隐患的设备立即给予封停，禁止其使用。

3. 监督员日常的监督检查

监督员结合日常的监督工作，对起重设备重点跟踪加节验收、自由端高度、防坠安全器的有效期、操作人员持证上岗、使用单位的定期检查情况等进行检查。

对特殊项目（国家、省、市重点工程、二十层以上超高层工程、大型公共建筑及多台且集中使用起重机械的项目）的起重机械进行重点监控。这些项目往往是投资的效益对政府、对社会、对市场直接影响大，也是政府、社会、民生最关心的敏感工程，因此对这些项目的起重机械应每月定期进行跟踪检查，确保使用安全。

第三节 空载电气试验

以上各试验调整合格后，即可进行空载电气试验。先将电动机与传动装置、减速机的联轴器摘开，将凸轮主令置于零位，将各种开关置于断开位置，检查无误后，通知配电室将桥式起重机馈电回路的开关合上。

（1）测量滑线上的电压，应为380V±10V，且三相平衡，电源指示灯正常。同时观察滑线及支持绝缘子有无异常，用钳型表测量进户处的三相电流，应均为零。

（2）将总开关 QF 闭合，关闭舱门（SA 闭合）、关闭横梁栏杆门（SA_1、SA_2 闭合）、闭合紧急开关 SS，操作按钮 SB，主接触器 KM 应吸合。这时观察电源保护屏、凸轮控制器及通电各部位有无异常、冒烟、焦味、声响、电打火等，可用万用表测量得电部位的电压，应正常。

（3）试验声响信号、照明电路应正常，同时测量各插座电压应正常。

（4）将小车凸轮控制器 XKT 的手轮置于向前的第一挡，电动机应正转启动且为慢速，可用转速表测量转速，这时电磁抱闸 YB 得电吸合，闸瓦松开，无摩擦，否则应用前述调整方法进行调整。然后将手轮置于 2 挡，电动机加速，再将其置于 3、4、5 挡，电动机应逐级加速，同时在每挡可用转速表测量转速并用钳形表测量电流，应正常。

正转加速正常后，可将其由 5 挡逐级退回零位，电动机制动停止。在加速或减速的换挡中，电磁抱闸应准确动作制动。然后将手轮置于向后第一挡，并按向前步骤一样逐级增速、减速试验，应正常。

当置于 5 挡时电动机的空载电流应为 1/3 额定电流左右；各个挡位电动机的声音、温升、轴承温度及电刷部位应正常。

进行副钩和小车试验时，要测量其在辅助滑线上的电压是否正常。

（5）用同样的方法和步骤，试验副钩及大车电动机，内容基本相同，所不同的是大车的凸轮控制器同时控制两台电动机，同时切除两组电阻，同时控制两台电磁抱闸。电路及设备、元件必须保证两台电动机功能和转向的同步性和一致性，否则桥架要发生扭斜，这是要绝对禁止的。

同步性的试验要进行三种数据的测量：一是要用同一转速表、同一测量方法及部位测量正反方向上每一挡位的转速，两台电动机应相等；二是用同一电桥测量每一挡位下转子串接的电阻应相同，否则必须调整为一致；三是换挡的同步性测量。通常是用下面的办法进行的。

准备两块钳形电流表，型号相同且同时经计量部门检定合格，允许误差调节成相同值，把两块表放在同一位置，然后加长两台电动机的控制相线，使其穿过表的钳口，这样即可在一个位置同时观察两台电动机的电流（转速）切换情况。检查无误后，即可操作大车的凸轮控制器，启动及换挡时，电流表的指示及切换时指针的摆动应一致。否则说明凸轮控制器触头的切换不一致，或电阻、电动机的匹配不一致，应进一步调整。

同步性的测试也可用灯泡法。

（6）将控制屏上的 1QK、2QK 合上，测试主钩，这时先观察控制屏及主令控制器有无异常，一切正常后即可操作主令。

主令手柄在"0"位时，触头 K_1 闭合，电压继电器被接通动作，其常开触点闭合自锁，为控制电路提供电源，为启动电动机做好准备。

在上升的 1～6 挡中，转速逐级增加，从 6～1 挡中，转速逐级减小，主令触点控制接触器的动作切除或接入电阻，这与凸轮控制是相同的，测试项目和方法与前述相同。

在下降的 1～5 挡中，则有所不同。前三个位置 1～2，电动机相序接法与提升相同，但转子串入较大的电阻，速度较慢。如果接入负荷，在一定位能转矩负载下，会使电动机运行在速度反向的倒拉反接制动状态，从而得到较小的下降速度。这种工作方式常用在重载下降。

在 J 的位置上，K_7、K_8 闭合，使 1KMB 和 2KMB 接触器吸合，短接两段电阻，电动机发出较大的起制动作用的转矩；此时 K_4 不闭合，使 KMB 接触器不得电，电磁抱闸也起制动作用，能使重物保持一定的位置而静止不动，此位置用于下降制动停止。在下降的 1～5 的位置上，K_4 都闭合，KMB 接通制动电磁铁，抱闸松开，无制动作用。

在"1"挡上，K_2、K_4、K_6、K_7 闭合，接触器 KMF、KMB、1KMB 得电吸合，电动机转子串入五段电阻，电动机仍接成上升相序，机械特性与提升位置 1 相同，不同的是为提升 1 位置时机械特性在第 IV 象限的延伸。

在"2"挡上，K2、K4、K6 闭合，KMF、KMB 得电吸合，电动机转子串入六段电阻，机械特性比提升 1 位置更软，仍在第 IV 象限。如果负载转矩不能克服电动机产生的转矩，则重物不但不下降，反而上升，所以常用于重载下降。

在下降的 3、4 挡，可获得强迫下降，使重物在极轻时也能得到下降速度。在"3"挡时，K_2、K_4、K_6、K_7、K_8 触头闭合、KMR、KMB、1KMB、2KMB 得电吸合，抱闸松开、电动机接成反转，转子接入四段电阻，由于转矩反了，转速反了，机械特性进入 III 象限。在 4 挡中除 3 外，K_9 闭合，1KMA 得电吸合，转子接入三段电阻反转。

在下降位置 5 挡时，电阻除常串电阻外全部切除，负载较轻时，也可得到较快的强迫下降速度。负载较重时，在重物的作用下使电动机进入再生发电制动状态，把重力位能转换成电能反馈回电网，机械特性进入第 IV 象限。

当负载较重时，处于再生发电制动下放状态，这时若由 5 挡切换到 J 挡或 1、2 挡时，为了避免经过 3、4 挡而造成的过高的下降速度，而用 4KMA 常开触头与 KMR 常开触头串联，使 4KMA 线圈回路形成自锁，保证切换时 4KMA 仍然通电，使电动机始终运行在特性 5 曲线上。

(7) 保护功能的试验：在进行上述电动机空转试验时，应人为地使行程限位开关或保护回路中任一开关打开以至过电流继电器动作，电动机都能停止且制动；重新启动时，必须使凸轮或主令回到零位，否则不能重新启动。

第四节　空载试运转试验

上述试验全部合格后，将电源回路断开，并在配电室的屏上挂好禁止合闸的标牌，然后将电动机与传动装置、减速机的联轴器连接好，同时派人检查整机及线路、元件有无不妥之处，导轨上有无异物障碍或不妥，测量轮距及轨距，全部合格后征得机装负责人员的同意并在其配合下即可进行起重机的运转试验。

一、桥式起重机的试运转必须具备下列条件

(1) 电气装置安装已全部结束，且电气设备 (电动机、控制器、接触器、制动器、继电器、各类开关元件及滑线等)，已经调整试验合格，各元件接线正确、动作正常可靠；

(2) 电气设备及线路的绝缘电阻应符合规范或设计要求；

(3) 保护接地良好；

(4) 安全保护装置已经试验、调整，动作正确可靠；

(5) 声光信号装置显示正确、清晰可靠；

(6) 控制器手轮或手柄指示的方向及挡位变换与所控大车、小车、吊钩的运行方向和速度符合设计或产品要求；

(7) 机械安装及调整完毕，且大车及小车已在导轨上推动前进和后退试验正常，应灵活无卡 (推动时应先将电磁抱闸的接线拆下，接上临时电源，使其动作，松开抱闸)。

二、小车行走的空载试验

先观察电源进户处滑线上的电源指示正常与否，关好舱门和横梁栏杆门，闭合紧急开关，按动 SB，主接触器吸合，按动电铃按钮，发出试车信号。然后即可操作小车的凸轮控制器，先慢速来回行驶，再加速。试验的项目有正反车、加速、减速、制动，零位、限位及紧急开关保护等，应正常。速度的变化应明显，制动、零位、限位及紧急开关保护准确可靠无滑行；正反转行驶时，车身平稳无振动、无倾斜、无晃动。每个速度下全程来回行驶不得少于三次。

如果行走方向和凸轮控制上标注的方向相反，可在控制器进线处的接点上倒转。

三、副钩升降的空载试验

副钩升降试验同小车，吊钩应上下灵活，吊钩下降到最低位置时，卷筒上的钢

丝绳不应少于5圈。副钩试验完毕后，再做小车和副钩的空载联动试验，小车全行程来回行驶，同时副钩上下升降，应灵活自由，无任何不妥。

四、大车行走的空载试验

大车行走的空载试验基本同小车，但要特别注意观测两台电动机的同步性及大车桥架在两根导轨上行走时的速度及距离的一致性。一般是用钢卷尺测量开车前至停车制动后两轮的距离，两根导轨应相同。

大车行走试验时还要观测滑线的运行情况，使用卷筒软电缆时，收缆和放缆的速度应与运行机构的速度相协调。

大车行走正常后应做小车、副钩、大车的联动试验，即小车、大车来回行走，副钩上下升降，应灵活自如，无不妥之处。

五、主钩的空载试验

主钩的空载试验同副钩，然后进行主钩、大车、小车的联动试验，应正常。

以上空载试验时应测量各台电动机的空载电流、温升、轴承温度、声音、振动控制屏、保护屏、控制器工作状况及滑线温升等，详见本丛书《低压动力电路及设备安装调试》分册，滑线同母线试验。

第五节　负载试运转试验及交验

（1）空载试运转试验正常合格后即可进行静负荷试运转试验；室内天车应将起重机的桥架停放在厂房的柱子处进行试验。静负荷试验应按先小钩、后大钩，先慢速、后加速，先半载、后全载，先单机、后联动的原则进行。

通常是先吊起本钩额定负载的1/4试验，然后再按1/2试验，同时开动小车，在桥架上全行程来回行走。正常后再进行3/4及全负载的起吊试验，并开动小车，使其在桥架上全行程来回行走。试验过程中电气系统，保护回路的功能正常，整机无振动、无倾斜、无晃动、无异常声响、平稳协调。

将小车停在桥架中间位置，提升1.25倍的额定负载，离开地面100mm停留10min，然后卸去负载，将小车开到跨端或支腿处，由装机人员检查桥架，应无永久变形；反复三次后，测量主梁的实际拱度或翘度：

通用桥式起重机的上拱度应大于0.8L/1000（L为跨度）；

冶金起重机、龙门起重机和装卸桥的上拱度应大于 0.7L/1000。

然后将小车停在桥架中间位置，吊起额负荷，测量下挠度。

(2) 静负荷试验正常后即可进行动负荷运转试验，原则同静负荷试验。

应先在 1.1 倍额定负载的条件下，同时提升与运行 (大车、小车) 机构反复运转，累计启动试验时间不应少于 10min，各机构 (电气和机械) 动作应灵敏、平稳、可靠、性能满足使用要求，限位开关和保护联锁装置的作用应可靠准确，制动准确无滑车现象。试验限位行程开关时，操作者应手把紧急开关，一旦行程开关动作不灵或滑行超差应立即切断保护回路，停车，然后再修复调整。

冶金起重机达到上述要求后，再以 1.25 倍的额定负载慢速起车，试验锥形摩擦联轴器等过载安全装置，均应安全可靠。

抓斗应做张开、下降、抓取和倒空动作的试验，并应在连续 2 次无负载和 5 次负载试验中能工作正常，安全可靠，动作准确。

(3) 静负载和动负载试验中电气参数的测量和检测项目：

①各台电动机的电流及三相是否平衡；

②系统的总电流及三相是否平衡；

③电动机的温升、轴承温度、转速、振动、声音；

④电磁抱闸、行程限位开关、紧急开关、凸轮与主令控制器、保护屏、控制屏、滑线、滑触器及声响信号系统的工作状况。

为了更好地观察试车及滑线的运行情况，一般应在静态和动态试验合格后，安排一次夜间额定负载的试验，方法程序同上。进一步观测滑线、滑接器有无打火、过热、温升过高及所有电气设备及元件包括照明电路的运行情况。届时应将打火位置标出，以便处理。处理时应用放大镜观察，以便用最有效的办法和最得力的工具消除故障。

对装有起重量限制器的起重机，其限制器的综合误差为不大于 8%；当负荷达到额定起重量的 90% 时，应能发出提示性报警信号；当负荷达到额定起重量的 110% 时，应能自动切断提升机构的电源，并发出禁止性报警信号。

进行以上试验应严格遵守安全操作规程，操作人员应由有经验的机车工在电气人员的协同下进行，轿厢内外要规定好联络信号，必要时应用步话机。起吊后桥架下不准有人，试验完毕后大车应将止轮器装好，同时检查配重应安全可靠。

最后整理安装、调试记录及工程有关资料、技术文件等，装袋存档，交工验收。

第九章　矿山提升设备的安装

第一节　提升设备的安装程序

提升设备的安装程序见表9-1所示。

表9-1　提升设备的安装程序

序号	安装项目	安装内容
1	测量放线	(1)测量提升系统十字中心线 (2)放线
2	基础建造	(1)挖坑 (2)制作木模、固定木模 (3)浇灌混凝土保养
3	垫铁布置	(1)按实测基础标高，对比基准标高，计算出垫铁厚度，然后按质量标准摆放垫铁 (2)用水平尺对垫铁进行找平找正，并铲好垫铁窝及基础上的麻面
4	设备检查	(1)按装箱单和设备说明书，清点检查设备零部件的数量及完好情况 (2)清洗机械表面及零部件表面的防腐剂，并进行除锈工作
5	主轴承座梁安装	(1)将主轴承座梁吊放在基础的垫铁平面上 (2)按基础的标高点和主轴安装基准线，进行找平找正
6	主轴装置安装	(1)设立起吊工具，将主轴同卷筒组成一体，吊放在主轴承内 (2)按基准标高和安装基准线，对主轴进行找平找正
7	减速器安装	(1)设立起吊工具，将主轴同卷筒组成一体，吊放在主轴承内 (2)按基准标高和安装基准线，对主轴进行找平找正
8	电动机安装	(1)按减速器(输入轴)的轴心点水平标高，测量出电动机应垫垫铁的高度，按规定摆放垫铁 (2)将电动机带机座吊放于垫铁平面上 (3)按减速器(输入轴)的端面间隙、同轴度对电动机(包括机座)进行找平找正

续表

序号	安装项目	安装内容
9	盘形制动器及液压站安装	(1) 按主轴中心线水平、制动盘摩擦圆、制动盘中心线，对盘形制动器进行找平找正 (2) 按施工图纸的尺寸位置，安装液压站
10	附属部件安装	(1) 以减速器高速轴的三角皮带轮为基准安装测速发电机 (2) 安装主轴伞齿轮位置和标高安装深度指示器 (3) 按施工图纸安装操作台 (4) 按施工图纸安装润滑泵站
11	二次灌浆	(1) 对已经安装了的部件进行二次灌浆 (2) 灌浆工作安装质量标准进行
12	空负荷试运转	(1) 对电动机、减速器、盘形闸、液压站、润滑泵站等设备部件都要进行单项试运转 (2) 对电动机、减速器、主轴装置进行联合试运转（正、反转各 4 小时）
13	制动盘及衬木车削	(1) 安装专用车床，进行制动盘及衬木的车削工作 (2) 安装挡绳板和保护栏杆
14	负荷试运转	(1) 在滚筒上缠绕钢丝绳，挂设提示容器 (2) 负荷试运转 48 小时
15	粉刷油漆	按规定对设备及各种油管进行油漆
16	提升设备移交使用	(1) 将提升机房进行彻底清扫 (2) 整理好安装施工的各种技术文件及资料 (3) 向使用单位办理移交

第二节　安装前的准备工作

在设备安装工程施工之前，必须做好充分的准备。工程质量的好坏、施工进度的快慢，直接与施工准备发生联系，如果施工准备工作做得完善，对任务完成和符合工程质量要求能起一定的保证作用，忽视这种准备工作，一定会招致工作忙乱，短此缺彼，使工程进度拖延，且会影响质量，施工前的准备工作主要有下列几方面：

一、组织方面的准备

在施工前必须考虑当地情况，结合具体条件成立施工组织机构，明确职责范围，在统一指挥和分工合作的原则下，成立必要的机构和指定专职人员负责施工。

二、技术方面的准备

技术准备是施工前的一项重要工作，缺少这种准备，就不可能进行施工，如盲目施工，一定会影响安装质量，这是不允许的。技术准备包括说明书、施工图纸、施工操作规程和质量标准等。

三、供应方面的准备

在施工之前，必须准备施工材料，运搬和起重工具，检验和测量工具、仪器、试运转用的润滑油类等。应注意在安装前的一段时间内，设备必须到达现场，并按照图纸和设备清单检点主要机械设备、零部件、电气设备、辅助材料等。

四、其他方面的准备

(1) 准备敷设电缆的路线；

(2) 接地线及电气设备安装的地方；

(3) 电气设备的查线和调试。

除上述准备工作外，其他如技术资料的消化、设备性能的熟悉、施工力量的准备、操作人员的培训等，都是非常重要的，根据过去经验，如果这些工作没做好，必然在施工中遭遇到一定的困难，很可能拖延工程进度和影响安装质量，甚至使工程返工，影响生产，造成浪费。

五、十字中心线的测量及定位

提升系统有斜井和竖井提升两种，无论是哪种提升在测量定位时都应以设计、施工图纸为依据。

(1) 提升中心线的测量——井筒提升中心线是提升轨道(罐道)的对称中心线(不一定是井筒中心线)，在测量时将此中心线用经纬仪延长至绞车房。

(2) 主轴中心线的测量——主轴中心线是在测量提升中心线时在机房规定位置用经纬仪转 90° 后测量得到的。十字中心线的交点位置应符合图纸设计要求。如是斜井，一般来说，交点位置是在提升中心线上由离井口的距离确定的。

测量十字中心线时做好测量标记，先用经纬仪将点投在四面墙上，根据点的位置在一定高度(比人高些，以免行走时挂人)钉牢 4 个铁抓钉，注意抓钉一定不能摇动，然后再用经纬仪将点投到抓钉上，做上标记，并对准标记在抓钉上方及内上角用钢锯片锯出小槽，锯槽的目的是让钢丝放在槽内准确地对准点和防止钢丝被抓钉的棱角割断。最后用直径 0.5～1mm 的钢丝绷在这 4 个铁抓钉上，这样便定出了两个基准线——提升中心线和主轴中心线。为了绷紧钢丝，在两端挂上较重的铅锤 (可用适当的铁器或铁块)，为防止铅锤摆动，将铅锤放入油盒中。

六、零部件的检查和清洗

按照图纸和设备清单检点主要机电设备，零件是否齐全，是否符合装配图及基础图的尺寸 (尤其是设备的地脚螺栓孔等有关尺寸)，这一点很重要，否则在基础建造好后有机器对不上位置的可能，另外还要检查是否在运输及保管中有损伤。机器由制造厂运来时都附有说明书和部件名称、数量、规格等文件。在检点中如发现缺少零件、零件不合规格、零件有缺陷和图、物对不上时必须及时处理。

在安装前要用丙酮或其他溶剂 (如酒精、汽油、松节油、煤油等) 清洗接缝的表面和摩擦面的防腐剂，油漆和锈垢，在清洗时应拆开零部件，清洗完后擦干清洗剂，对各摩擦面加润滑油，并对无漆保护的地方抹润滑脂保护以防生锈。

在拆开零部件前应检查制造厂所做的装配记号，如无或记号不清时应重新做上记号再予拆开，比如各轴承与轴瓦、轴承与机座间在做上记号拆开后，装配时应按记号复原，以保证原性能。

对检查清洗后的零部件应动作可靠、灵活、无卡住及其他不正常的现象。对主轴装置的清洗、检查有下列几项工作：

对双筒绞车，则应将活动卷筒搞活，一般由于设备在出厂后经运输、保管了一段时间，常遇到活动卷筒不活，甚至活动卷筒转动困难。在清洗时可先用溶剂清洗其接缝处，使其浸入，再慢慢活动卷筒，如还不动，可用小千斤顶安在活动卷筒与固定卷筒两相邻的轮辐上，这样千斤顶一头顶在活动卷筒的轮辐上，一头顶在固定卷筒的顶辐上，便可使活动卷筒相对固定卷筒 (即主轴) 转动，一边转动，一边清洗，最后使其灵活，在清洗干净后擦干溶剂，注入润滑脂。

所有的地脚螺栓应把丝扣下埋入混凝土的地方的油类、锈垢等除掉，油类不易擦净可以用火烧掉。在擦干净后应对丝扣加上黄油或凡士林，以防生锈和浇灌混凝土时抹上水泥浆后不易除掉。

七、需用件的加工

(一) 垫铁

在设备安装中使用垫铁的目的主要在于调整设备的水平度和高度。垫铁要承受设备的重量，又要承受地脚螺栓的拧紧力。所以垫铁要有一定的面积，其面积大小是根据基础所承受的压力来决定的。

（1）主轴、减速机及电动机机座下的垫铁应符合下列要求：

①宽度不小于 50mm 的钢板；

②斜垫铁的斜度不大于 1/15；

③表面加工粗糙度不大于 1，钢板制作的平、斜垫铁其平面可不加工；

④除机座下有指定的垫铁位置者外，轴承下及地脚螺栓两侧应设置垫铁，当条件有限时，可在一侧设置；

⑤层数不超过 4 层；

⑥平稳度要求垫铁下的基础面平整，垫铁组稳实（用 0.3 ~ 0.5kg 检查锤敲打不松动即为稳实）。

（2）其他机座下的垫铁不作要求。

根据以上对垫铁的要求，可先确定出放垫铁的位置，斜垫铁应成对使用，然后算出平、斜垫铁的用量，对整体机座式的绞车应多加工几对垫铁，以备矫正机架时使用，平垫应准备一些厚薄不同的。

（二）衬木

衬木是作为钢丝绳软垫，使钢丝绳沿绳槽均匀排列，并减少钢丝绳的互相挤压及磨损的。加上衬木后，提高了卷筒的刚度，减小了卷筒外壳中的表面弯曲应力，防止产生过度变形，避免卷筒皮被压弯或产生裂纹。

绞车到货后，可看一下卷筒上是否已装上衬木，一般都是未装衬木的，这时便需自己加工（或更换时加工）。在加工前应确定出衬木的尺寸，数量等。数量的确定可先数出卷筒上一周的固定衬木的螺栓孔的数目，再根据卷筒个数算出所需要衬木的总个数。

衬木应采用强度高而韧性大的柞木、桦木、橡木、榆木、水曲柳等较好的硬木料制成，尽可能不用松木之类的泡木，这些木料在压力作用下容易产生裂纹，寿命很短。另外，允许在衬木的厚和长的断面上有单个裂纹，但其深与长均不得大于其断面的 20%，木料的含水量也不宜过大。

固定卷筒木衬用的螺栓头必须沉入木衬厚度的 1/2，以免木衬有一定磨损时钢丝绳与螺栓头接触。在安装衬木时要钻螺栓孔及修整边缘。衬木全部安装完毕后，将其空隙和各木衬间的缝隙堵死（塞满）。如多层缠绕，则可在层与层之间的过渡处加设过渡块，以免钢丝绳卡住以及排列不整齐。

一般衬木在磨损到原厚度的 25% ~ 40% 时应考虑更换。

（三）铁梯

在基础较深的坑壁上应安装铁梯，以便检修时上下人。梯的数量及尺寸应按图纸要求，材料可用 φ20mm 左右的圆钢弯成。如无此资料时，可按如下确定：梯的数量由安梯的壁高来定，梯的间距为 300mm，最上一个距基础边缘为 200mm，埋入混凝土里面的弯钩可向上弯，这样在模板上打两个圆孔便可穿入，穿入后弯钩扎上钢筋（在地面可焊接），这样在浇灌混凝土后梯子就被牢固地固定在坑壁上。

（四）天轮

天轮是用来支承钢丝绳和导向的，承受负荷不大的小型天轮一般用铸铁制造，承受大负荷的大型天轮常用铸钢，有时也可用型钢和钢板焊接（如单件生产）。天轮一般做成带肋和孔的圆盘或采用带轮辐的结构。一般受力不大的天轮直接安装在心轴上使用；受有较大负载的天轮则在轮毂中装有青铜轴套或滚动轴承，后者一般用在转速较高，负荷大的情况下。轮毂或滑动轴套长度和直径比一般取 1.5 ～ 1.8。

第三节　主轴装置安装

一、主轴装置结构

（一）单绳缠绕式矿井提升机主轴装置

1. KJ 型（BM 型）矿井提升机主轴装置结构

单筒主轴装置由左右两个与制动轮制成一体的铸铁支轮用切向键与主轴连接。卷筒支承在两端支轮上，并通过螺栓与支轮连接。

双筒主轴装置由固定卷筒和游动卷筒及调绳离合器等组成，调绳离合器采用手动蜗轮蜗杆结构，调绳操作费时费力。卷筒为两半薄壳结构，强度较低。

2. JKA 型矿井提升机主轴装置结构

单筒主轴装置与 KJ 型基本相同。

双筒主轴装置与 KJ 型基本相同，主要有下列两点区别：

（1）KJ 型的两制动轮在两个卷筒中间，而 JKA 型的两制动轮在两卷筒的两外侧。

（2）对于调绳离合器，KJ 型全靠人力操作，而 JKA 型装了一套电动蜗轮蜗杆机构，靠电力实现游动卷筒与主轴的脱开与接合。

3. XKT 型、JK 型矿井提升机主轴装置结构

这两种系列主轴装置的卷筒全部采用 Q345（16Mn）钢板焊接而成，卷筒内部设有支环，属于厚壳弹性支撑结构。

单筒主轴装置由卷筒、主轴、主轴承、左右轮毂等组成。主轴承为滑动轴承。左轮毂与主轴为滑动配合，右轮毂是压配在主轴上，并用强力切向键与主轴固定。卷筒与右轮毂的连接全部采用精制配合螺栓，卷筒与左轮毂的连接采用数量各为一半的精制配合螺栓和普通螺栓。

双筒主轴装置由主轴、主轴承、两个卷筒、四个轮毂、调绳离合器等主要零部件组成。固定卷筒装在主轴的传动侧，其与轮毂的连接与单筒主轴装置相同。游动卷筒在主轴的非传动侧，游动卷筒与游筒右支轮的连接采用数量各一半的精制配合螺栓和普通螺栓。游筒右支轮为两半结构，通过两半铜瓦滑装在主轴上，左辐板上用精制配合螺栓固定调绳离合器内齿圈，内齿圈右端装有尼龙瓦，支承在游筒左支轮上，游筒左支轮压配在主轴上，并通过强力切向键与主轴连接。

4. JKA 型、JKE 型矿井提升机主轴装置结构

本系列主轴装置有 A、B 两种不同的结构型式，分别为卷筒上带木衬、筒壳上直接加工出绳槽两种结构。A 种结构型式固定卷筒两支轮与主轴为过盈配合，卷筒辐板与支轮为高强度螺栓连接；B 种结构型式为主轴上直接锻制出两个法兰盘，用高强度螺栓与卷筒辐板连接。卷筒和制动盘为两半装配式结构，安装时现场不再焊接和加工制动盘。主轴承采用调心滚子轴承。调绳离合器均采用径向齿块离合器结构，该装置由齿块、齿圈等工作机构，液压缸、移动毂等驱动机构，操作闭锁等控制机构三部分组成。该结构可满足调绳过程中安全、精确、快速、可靠的使用要求。

其工作原理如下：

（1）机器正常工作阶段。此时齿块和内齿圈处于啮合状态，液压缸的合上腔和离开腔通过液压站上的电磁阀处于回油状态，联锁阀的柱销锁入游动左支轮凹槽中，机器正常运行。

（2）调绳准备阶段（即离合器离开）。拨动操纵台上调绳转换开关到调绳位置，安全电磁阀断电，使机器处于安全制动状态。再拨动电磁铁通电，高压油即可通过联锁阀进入调绳液压缸的离开腔，联锁阀的柱销从凹槽中移出，推动液压缸活塞外移，使齿块与内齿轮脱离啮合，游筒卷筒与主轴连接脱开。

（3）调绳操作阶段。拨动另一个安全电磁阀，解除固定卷筒的安全制动，游筒卷筒仍为安全制动。启动机器使固定卷筒慢速运转，调节钢绳长度或更换提升水平，实现调绳的目的。

（4）恢复工作阶段（离合器合上）。钢绳调绳完毕后，恢复固定卷筒的安全制动，

然后将电磁阀断电，液压缸离开腔的高压油即回油箱。再接通电磁阀，高压油即可进入液压缸的合上腔，驱动液压缸活塞向里移动，使齿块与内齿圈重新啮合。同时活塞杆碰压行程开关，操纵台上的指示灯显示出"合上"的信号后，方可将电磁阀断电，并复位调绳转换开关。此时电磁阀处于回油位置，至此，调绳操作全部结束，机器恢复正常的工作制动状态。

（5）调绳安全联锁环节。在调绳操作过程中，如果离合器偶然地从原来的离开位置向合上位置移动时，行程开关即动作，固定卷筒立即安全制动，避免打齿事故发生。另外在调绳操作过程中，一旦发生误操作，导致游动卷筒突然松闸，此时行程开关动作，机器立即安全制动，以确保调绳全过程的安全。

（二）多绳摩擦式矿井提升机主轴装置

1. 主轴装置的结构

（1）主轴装置。主轴装置是提升机的工作机构，也是提升机的主要承载部件，它承担了提升机的全部转矩，同时也承受着摩擦轮上两侧钢丝绳的拉力。

多绳提升机主轴装置主要由主轴、摩擦轮、滚动轴承、轴承座、轴承盖、轴承梁、摩擦衬垫、固定块、压块、夹板、高强度螺栓组件等零部件组成，井塔式提升机与落地式提升机主轴装置结构的不同之处仅为井塔式提升机摩擦衬垫为单绳槽，而落地式提升机摩擦衬垫为双绳槽。

多绳摩擦式提升机的主轴装置由于拖动方式、传动方式等因素的不同而有多种结构型式。

（2）摩擦轮。摩擦轮多采用整体全焊接结构，少数大规格提升机由于受运输吊装等条件限制或安装于井下的缘故，需要做成两半剖分式结构，在接合面处用定位销及高强度螺栓固紧。

（3）制动盘。对于小型多绳提升机，如无特殊要求，制动盘是焊接在筒壳上的，通常称之为固定闸盘或死闸盘，根据使用盘形制动器副数的多少，可以焊有一个或两个制动盘；大型提升机多采用双制动盘形式，制动盘与摩擦轮之间采用可拆组合式连接，即制动盘做成两半，用高强度螺栓与摩擦轮连接，成对装在摩擦轮上，采用大平面摩擦副来传递转矩，制动盘与摩擦轮之间有配合止口作径向定位，两半制动盘合口面之间用键做轴向定位，并设有少量精制螺栓，提高定位精度，增强局部刚性，可拆式制动盘优点主要是便于运输并可以更换，尤其适用于大型或特大型多绳提升机。

（4）主轴。主轴是主轴装置的重要零件之一，它承受整个主轴装置自重、外载荷和传递全部转矩。随着多绳摩擦式提升机的不断发展，为了加大提升能力，提高提升速度、安全可靠性和生产效率，提升机主轴采用整体锻造结构，在轴上直接锻出一个或两个法兰盘后加工而成。主轴的材料一般选用45号钢，并进行热处理以达到所要求的力学性能。

（5）主轴承装置。主轴承装置是承受整个主轴装置自重和钢丝绳上全部载荷的支承部件。它是由滚动轴承、轴承盖、轴承座、轴承端盖等组成。滚动轴承采用调心滚子轴承，它允许绕轴承中心的微量转动，以补偿由于轴受力而带来的角位移。采用滚动轴承较滑动轴承效率高、体积小、干油润滑、维护简单、使用寿命长。一端滚动轴承由两轴承端盖压紧，不允许有轴向窜动，另一端滚动轴承外圈两端面与端盖止口之间留有 1~2mm 的间隙，以适应因主轴受力弯曲和热胀冷缩而产生的轴向位移。每侧轴承端盖上下都有油孔，供清洗轴承时注放油使用，清洗完毕后油孔用螺堵堵上，防止脏物侵入。有些提升机的轴承端盖上设有轴承测温元件，当轴承温度过高时会发出报警。

对于大型低速直联多绳提升机，靠近电动机侧的轴承可采用圆柱内孔和圆锥内孔两种调心滚子轴承，后者除了具有普通圆柱孔调心轴承的优点外，还具有装拆方便，间隙可调的优点，特别是对提升机更换轴承十分有利。目前一些国内轴承厂家的产品性能与国外厂家同类产品相比存在一定差距，还不能完全满足大型提升机的要求，用于大型提升机的圆锥内孔调心滚子轴承多采用进口轴承，如选用瑞典 SKF、德国 FAG 等品牌的轴承，所以价格相对较高。

（6）摩擦衬垫。多绳摩擦式提升机采用摩擦衬垫的目的主要有三：一是保证衬垫与钢丝绳之间有适当的摩擦因数，以保证传递一定的动力；二是有效地降低钢丝绳张力分配不均；三是起保护钢丝绳的作用。随着多绳摩擦式提升机在矿山上的大量使用和推广，研制更多更好的高质量摩擦衬垫就显得越来越重要了。

摩擦衬垫作为摩擦式提升机的关键元件，除钢丝绳比压、张力差之外，还承担着两侧提升钢丝绳运行时的各种动载荷与冲击载荷，所以它必须有足够的抗压强度，同时它与钢丝绳之间必须具有足够的摩擦因数以满足设计生产能力，并防止提升过程中的滑动。摩擦衬垫的使用性能直接影响提升机的性能参数、提升能力及安全可靠性，因此要求摩擦衬垫具有下列性能：

①与钢丝绳对偶摩擦时有较高的摩擦因数，且摩擦因数受水、油等的影响较小；

②具有较高的比压和抗疲劳性能；

③具有较好的耐磨性能，磨损时粉尘对人和设备无害；

④在正常温度变化范围内，能保持其原有性能；

⑤应具有一定的弹性，能起到调整一定的张力偏差的作用，并减少钢丝绳之间蠕动量的差。

就衬垫而言，上述性能中最主要的是摩擦因数，提高摩擦因数将会提高设备的经济性和安全性。目前国内主要采用聚氨酯衬垫和高性能摩擦衬垫，其摩擦因数分别为 0.2、0.23 和 0.25。特别是高性能摩擦衬垫，它能确保设计许用摩擦因数达 0.25 甚至更高，同时具有较高的热稳定性和耐磨性，越来越受到用户的青睐。

(7) 摩擦轮与主轴的连接方式。摩擦轮与主轴的连接部位是用来传递转矩的，是一个非常重要的传动环节，要求安全可靠。

摩擦轮与主轴的连接方式有两种。一种是采用单法兰、单面摩擦连接，即主轴法兰端面与摩擦轮的传动侧轮毂端面间采用高强度螺栓单摩擦面连接，靠两端面间摩擦力传递转矩，两个轮毂内孔与主轴采用过盈配合。左轮毂带有油孔和密封圈，以便组装时用高压油扩张轮毂内孔，一般中、小规格的提升机采用此结构，厂内已装好。另一种连接方式是摩擦轮与主轴采用双法兰、双夹板、双面平面摩擦连接，它是靠两夹板与摩擦轮主轴间的摩擦力传递转矩，由于装配工艺的需要摩擦轮左右轮毂的内孔与主轴法兰的外圆采用间隙配合。摩擦轮直径在 4m 以上的大型多绳提升机多采用此结构，该结构的特点是装拆方便，特别是大型提升机，由于受运输、包装和使用现场的吊装条件限制，摩擦轮与主轴必须在现场组装。

(8) 电动机转子和主轴的连接方式。对低速直连电动机转子悬挂式提升机来说，即前面所述的 III 型和 IV 型多绳提升机，电动机转子与主轴的连接方式是一个非常重要的关键环节，它首先必须是安全可靠，其次应当装拆容易、维护方便、结构简单、便于加工制造及检验。

目前，世界各国生产的同类提升机这一部位的连接方式有三种：锥面过盈连接、双夹板连接和键连接。不同的国家根据各自的技术能力和加工能力及电动机的配套情况，选择不同的结构型式。

①键连接。有的国家如波兰，以前生产的提升机，电动机转子与主轴曾采用键连接。这是最基本的机械连接方式，制造加工和使用都不会有问题。但是，装拆比较麻烦，尤其在主轴表面加工键槽而产生的强度削弱和应力集中是它最大的缺点，属于一种陈旧的技术，早已被淘汰。

②双夹板连接。德国生产的矿井提升机电动机转子与主轴的连接大多采用双夹板连接方式，这是一种比较好的连接方式，但它的缺点是由于主轴与夹板连接采用铰制孔，安装比较困难，且夹板与电动机相连处采用高强度螺栓，每个螺栓都要求一定的拧紧力矩，比较麻烦。它的另一大缺点是靠近电动机侧的轴承必须相应增大以越过主轴端面法兰的外径，这样就使得主轴、轴承、轴承座等零件的尺寸及重量相应增加很多，使得设备笨重，成本增加。由于德国生产的提升机都采用滑动轴承，所以上述缺点不会存在，国产提升机由于在滑动轴承方面存在差距，都采用滚动轴

承，若采用此连接方式，就会出现上述缺点，因此目前基本上不采用此连接方式。

③锥面过盈连接。这是一种比较理想的连接方式，主要优点是装拆比较方便、维护量小、结构紧凑，这种结构在国际上也是先进的，但它对加工制造和测量技术的要求相对较高，生产厂家必须具备相当高的技术能力和加工能力，而且电动机制造厂也必须具有相当能力来生产与之相配的电动机转子的有关部位。

电动机转子与主轴圆锥面过盈连接是指电动机转子支架内孔为锥孔，主轴轴端为锥轴，转子直接装在提升机主轴上，依靠锥面配合的摩擦力传递转矩。此种连接方式的关键是要保证圆锥结合面的接触面积及过盈量，由于圆锥面过盈连接的过盈量是根据所需传递的转矩来计算确定的，通过控制电动机转子与主轴的轴向位移来实施，因此既要保证圆锥面能够安全地传递外载转矩，又要保证装配和拆卸电动机转子顺利进行，这是非常关键的。

电动机转子在主轴上的装拆方式采用液压扩孔法，其安装原理与圆锥内孔调心滚子轴承的安装原理相同，可以通过控制转子轴向位移量来调整过盈量，从而有效地保证负荷传递。

2. 多绳摩擦式提升机技术改造

目前有一些矿井仍在使用老系列的多绳摩擦式提升机，该系列提升机由于受当时设计和制造水平的限制，结构存在许多不合理之处，普遍存在的现象是摩擦轮开裂、减速器噪声大等。

近些年来在对上述传统老系列的提升机改造中，针对使用单位的不同要求，采用了各种不同的改造方案，分述如下：

（1）弹簧基础减速器改为行星齿轮减速器。弹簧基础减速器设计初衷是使井塔式提升机所安放的井塔在提升机运行过程中，降低减速器的振动对井塔产生的冲击，但在实际使用了一些年后，弹簧基础减速器普遍存在振动大、噪声大等缺陷，因此许多使用单位要求将弹簧基础减速器改为行星齿轮减速器。此种改造方案是将提升机整体改造，即在保证提升机原有基础尺寸不变的条件下，将主轴装置、减速器、液压站、润滑站、电动机等全部更换成新型结构，目前已有许多矿井成功地进行了整体改造。

（2）平行轴减速器改造。对于目前仍使用平行轴减速器结构的传统提升机，如果减速器故障较多，并且使用单位资金较紧张，也可采用仅仅更换平行轴减速器的方式。此种改造保持原减速器基础尺寸不变，减速器更换为新型平行轴减速器，更换后的减速器内部齿轮材料和制造工艺均更加先进合理，并且将减速器的滑动轴承结构改为滚动轴承结构型式。

（3）分阶段进行提升机改造。有些用户由于改造经费不能一步到位，或受改造停产时间的影响，只能将提升机的改造分阶段进行，如第一阶段仅改造液压制动系统，然后再逐步更换主轴装置、减速器和电动机等。

（4）提升机整体改造。将主轴装置及平行轴减速器（包括电动机）整体更换，此种改造可将平行轴减速器改为行星齿轮减速器，也可根据使用单位的要求，仍采用平行轴减速器，但减速器及内部齿轮材料和制造工艺更加先进合理。

（5）整体更换。目前还有一种改造方式，是将提升机全部进行整体更换，更换后的新提升机不再包含减速器，即主轴装置与电动机之间通过齿轮联轴器直接相连，此种改造方案的优点是取消了减速器，减少了中间传动环节，传动效率高，故障率低，缩短了检修及维护周期。但此种改造方案受提升机原有基础尺寸与新更换的低速电动机基础尺寸是否匹配的限制，仅适用于个别矿井的改造。

（6）更换制动盘。有一些多绳摩擦式提升机，其制动盘为可拆式结构，制动盘在长期使用过程中出现局部过磨损或偏摆过量时，一些改造经费比较紧张的矿山，可考虑采取更换制动盘方式来解决上述问题。由于制动盘与摩擦轮在提升机制造厂通常是采用配加工的方式制造的，因此该改造方式虽然可采用，但比较费时，需要给出一定的安装调整时间。

（7）轴端齿轮箱改为新型结构。当某些矿井需要将陈旧的电控系统更改为目前较先进的电控系统时，通常需要增加一些用于提供电气信号的数个编码器和测速发电动机等元件，该编码器或测速机通过连接轴和成对齿轮与提升机主轴连接在一起，编码器或测速机与主轴通过不同的增速比来实现传输电气信号的目的。轴端齿轮箱均安装在提升机的非传动端，即非主电动机端，在对轴端齿轮箱进行改造时，必须同时更换提升机非传动端的端盖。

（8）天轮装置或导向轮装置的改造。天轮装置或导向轮装置的改造是保持原天轮装置或导向轮装置的外径和基础尺寸不变，将天轮装置或导向轮装置整体更换为当前新型的结构型式，更换后的天轮装置或导向轮装置内部结构和材质先进合理，承载能力提高，并且新型衬垫的使用寿命更高，更安全可靠。

（9）导向轮装置改造。某些矿井由于目前正在使用的导向轮装置不能达到《煤矿安全规程》的规定，因此需要将导向轮装置名义直径加大。此种改造的办法是在保证原导向轮基础尺寸不变的情况下，将导向轮直径由原来小于摩擦轮名义直径增大到与摩擦轮名义直径相等。

（10）液压制动。如果提升机的其他部件使用性能良好，仅仅是液压制动系统（包含盘形制动器装置和液压站，特殊的还包含电控柜）出现问题，此种情况可只更换液压站和制动器。更换后的液压制动系统可采用二级制动液压制动系统，也可采用恒减速液压制动系统。

二、主轴装置的组合吊装

直径在 2.5m 以内的中型提升机的主轴装置，已在制造厂进行了组合装配，运至施工现场后即可进行整体吊装。在中大型提升机房内为了安装检修方便，如无桥式起重机设备时，则可暂设人字桅杆进行吊装。主轴装置（包括滚筒）的滚运方法：先在提升机的基础坑内叠上枕木垛，而后用小绞车牵引提升机滚筒上所缠绕的钢丝绳，将滚筒及主轴安全滚运到主轴承架的上方。此时拆掉滚运的钢丝绳等工具，挂设起吊工具，吊起主轴，取出基础坑内枕木，将主轴装置稳妥、安全地吊放入轴承内。在主轴吊装前应对主轴进行清洗检查。

三、主轴的找平找正

(一) 主轴装置的位置偏差

主轴装置的安装要按安装规范的要求进行，其位置偏差必须符合下列规定：

(1) 主轴轴心线在水平面内位置偏差：塔式提升机 2mm，落地式提升机 5mm。

(2) 摩擦轮中心线的位置偏差：塔式提升机 2mm，落地式提升机 5mm。

(3) 主轴轴心线与垂直于主轴的提升中心线在水平面内的垂直度不应超过 0.5/1000。

(4) 主轴的水平度严禁超过 0.1/1000。

(5) 轴承座下的垫铁在基础上必须垫稳、垫实，放置垫铁的基础面必须经过研磨，垫铁与基础的接触面积应不小于 60%，所用垫铁的表面粗糙度值 Ra 必须达到 6.3μm。

(6) 主轴的水平度不得以滚动轴承外圈为基准，必须以主轴外圆表面粗糙度值为 3.2μm 的表面为基准。安装时，将主轴放在轴承座内，再以设计标高、提升中心线、主轴轴心线为基准，在绞车房内悬挂好十字线，达到主轴轴心线、提升中心线与十字线重合或在标准允许范围内，即为找正；找平时，用水平仪、深度游标尺及专用工具进行，待符合标准后，将轴承螺栓拧紧，然后重新复查主轴轴心线、提升中心线、水平度、标高，如有变化应重新调整，达到要求后，才算结束。

(二) 主轴的找平

主轴承座就位后，应进行找平找正工作。主轴的找平方法所示，用水准仪观测立放在两个轴承面上的带刻度的钢板尺。首先观测一个轴承上的钢板尺刻度，并将其刻度数值记录下来，而后观测另一个轴承上的钢板尺刻度。将两个刻度数值进行比较，即可得出两个轴的高低差，然后利用机座下面所垫的斜垫铁进行调整，直至合格为止。

（三）主轴的找正

在主轴找正前，首先在安装基准线架上挂上 0.5mm 的钢线并拉紧。然后在基准线上挂 4 条线坠，采用双线坠两点连线法找正主轴中心的位置。但在找正前应将轴颈的顶尖孔内压上铅块并找出轴心点。在找正时以观测两条线坠垂线重合并对正轴心眼为合格。当轴心眼左右偏斜时，可调整轴承两侧垂直放置的斜铁移动轴承，使轴心眼移至要求的位置。

主轴找平找正后应将地脚螺栓拧紧。如果地脚螺栓不带锚板，在找平找正后应先将地脚螺栓孔进行灌浆，符养护后再拧紧地脚螺栓。地脚螺栓拧紧后，螺栓露出螺帽为 2～5 个螺距。

四、滚筒的连接和焊接

由于装包条件的限制，有的滚筒做成剖分式，运到现场要进行组装和焊接，现将焊接方法讲述如下。

（一）滚筒组装工艺

当滚筒上下扇吊装成一体时，由于焊接时滚筒产生变形，可能导致配合螺栓对不上滚筒辐板的螺孔，故应先将配合螺栓穿上并拧紧。

（二）滚筒焊接工艺

焊接时焊条要采用 T502、T506、T507 标号的焊条。使用前应经 300℃ 左右的温度烘烤 1h。焊前应清除焊缝处的油污、水分、氧化物等。焊接顺序：挡绳板、滚筒及辐板的连接缝，然后再焊接制动盘。焊接要在焊缝的正反两侧对称进行。

每层焊继如熔宽较大，则要采用窄焊道进行焊接，不宜做较宽的左右摆动。焊接突出的焊缝应用软轴手砂轮将其打磨平整。

五、安装其他事项

（一）轴承的润滑

提升机在使用中要特别注意对轴承进行正确的润滑，润滑对于轴承来说是非常重要的，轴承润滑的作用是防止滚动体、滚道及保持架之间有直接金属接触，造成磨损及轴承表面腐蚀，因此根据轴承的使用条件，合理选择润滑脂的种类和牌号至关重要。对于调心滚子轴承，通常选用 2 号和 3 号锂基脂，这种润滑脂具有非常好的防水性和耐蚀性。另外还应注意，使用的油脂一定要清洁，没有尘埃和水分侵入，注入和填入润滑脂时，不能将杂质带入轴承和轴承箱内。润滑脂中的尘埃颗粒等异物会显著降低轴承的寿命，增加轴承的磨损和噪声。润滑脂的填充量应当适量。开始安装时，润滑脂应填满整个轴承和轴承座体空间的 1/3 ~ 1/2 为宜。在使用过程中由于润滑脂的老化，以及受磨粒和灰尘的污染，其润滑性能逐渐降低，需要补充新的润滑脂或全部更换新的润滑脂，润滑脂补充间隔为：每年全部更新润滑脂一次，在使用中每季度补充润滑脂一次。

用新的润滑脂全部替换轴承中用过的润滑脂时，在正常情况下，应填满轴承，并填满轴承壳体空间的 1/3 ~ 1/2。

（二）轴承的装配

某些大型提升机由于受运输的限制或用户有特殊要求，轴承的安装需在使用现场进行。由于条件限制，现场安装轴承常采用油箱加热法。对于圆柱内孔调心滚子轴承，其与主轴的装配过程如下：

（1）轴承加热安装。利用热膨胀将孔径扩大，这是一种常用和省力的安装方法。用油箱加热时，在距箱底一定距离处，应有一网栅，或者用钩子吊着轴承，轴承不能放在箱底上，以防止沉淀杂质进入轴承或不均匀加热。

（2）轴承加热温度控制。油箱内必须有温度计，严格控制油温，随时测量轴承的温度，轴承加热不要超过 100℃，否则轴承材料将会发生结构变化，引起轴承尺寸改变。

圆锥内孔调心滚子轴承的安装采用的是比较先进的油压装配方法：利用提升机制造厂提供的锥孔轴承专用装拆装置和手动高压泵进行加压，一路在轴承内孔与提升机主轴锥面之间产生压力很高的径向扩张油压，使轴承内孔沿径向产生微量的弹性变形即被扩张；同时另一路高压油沿轴向方向对轴承产生轴向推力，在上述两路高压油的共同作用下，轴承克服各种阻力向前移动，最终安装到位。

（三）轴承的拆卸方法

用户需要更换轴承时，对于圆柱内孔轴承可用下列方法将轴承拆下：

（1）将轴承与轴一起从轴承座中取出，然后用压力机或千斤顶将轴承从轴上拆下来。拆卸时轴承下面应垫一衬垫。

（2）若主轴两端装轴承部位在轴径圆周上加工有环形油槽，并且该油槽以径向油路和轴向油路与轴端面的油孔相通时，用高压泵将压力油（15～50MPa）压入配合面，使内孔扩大并在配合面上形成压力油膜，从而可以比较方便地把轴承从轴上拆卸下来。

圆锥内孔轴承的拆卸是利用锥孔轴承专用装拆装置来完成的，用手动高压泵向径向油路加压，使轴承内孔扩张，再用辅助方法对轴承施加轴向力即可将轴承拆下。

（四）轴承端盖的安装

主轴承靠近电动机侧的两个轴承端盖应将滚动轴承外圈压紧，以保证主轴装置轴向定位，而另一侧轴承座的两个轴承端盖不应压住轴承外圈，每侧至少应留有2mm的间隙，以保证主轴在温度变化时轴向伸缩而不被卡死。端盖与轴承外圈的间隙可以利用加减垫片厚度的方法加以调整，轴承端盖上的密封圈在安装时切口放在上方，以免切口处漏油。

（五）高强度螺栓安装时的注意事项

高强度螺栓连接副由一个螺栓、一个螺母和两个垫圈组成，它作为一种高效、安全、可靠的新型紧固件，目前已在提升机上普遍采用。如主轴与摩擦轮的连接、可拆式闸盘与摩擦轮的连接等，均采用高强度螺栓作为紧固件。这些连接是利用被连接件间的摩擦力来传递载荷的，属摩擦型连接，高强度螺栓的作用是产生正压力。

高强度螺栓连接副使用方便。由于是利用摩擦力来传递载荷，因此对螺栓孔的要求不高。一般对于M30的高强度螺栓来说，可保留3mm左右的间隙将孔钻出即可，不需要再精加工，与采用精制螺栓连接副的剪切连接相比，摩擦连接具有受力面积大，承载能力大，连接刚性好，没有应力集中，拆装方便，加工简单，制造成本低等特点。

高强度螺栓的拧紧力矩和拧紧方法与其能传递的转矩有很大的关系，在安装时应注意：

（1）高强度螺栓的安装应在被连接件位置调整准确后进行。高强度螺栓、螺母、垫圈必须按生产厂提供的批号配套使用，不得改变其出厂状态。

（2）安装时螺栓头一侧及螺母一侧应各置一个垫圈，垫圈有倒角的一侧应朝向螺栓头和螺母的支承面。

（3）安装时严禁强行穿入螺栓，对于螺栓不能自由穿入的孔，应用铰刀或钻头进行修整。为防止铁屑落入夹缝中，修孔前应将孔四周螺栓全部拧紧。

（4）高强度螺栓连接副原则上不准重复使用，因为转矩系数值发生了改变。如果高强度螺栓是在弹性范围内拧紧的，此时如能准确掌握转矩系数的变化，重复使用也是可以的。

（5）对高强度螺栓准确施加力矩是高强度螺栓使用中的一个重要环节。转矩太小，螺栓预紧力达不到设计要求，不能充分发挥其优势；转矩太大，会造成螺栓过载断裂，影响其安全性。高强度螺栓的拧紧分为初拧和终拧，并且应在螺母上施拧。初拧后应进行检查，证实全部螺栓均拧到初拧力矩后，方可进行终拧。初拧和终拧应在同一工作日完成。

（6）高强度螺栓拧紧顺序可采用顺序拧紧，也可采用对称拧紧。

（7）高强度螺栓的初拧和终拧均应使用指针式力矩扳手或刻度式力矩扳手来实施（有条件时，优先使用指针式力矩扳手）。使用前力矩扳手必须标定，其力矩误差不得大于使用力矩的 ±5%。

（8）每批高强度螺栓的初拧力矩为终拧力矩的50%，终拧力矩值应由提升机制造厂提供。

（9）终拧时，施加力矩必须连续、平稳，螺栓、垫圈不得与螺母一起转动。如果垫圈发生转动，应更换高强度螺栓及与其配套的螺母和垫圈，按操作程序重新初拧，终拧。

（10）在提升机使用中为确保高强度螺栓连接的安全可靠，对高强度螺栓的拧紧力矩应作定期检查，特别是在运行初期。检查方法如下：投入运行后3天内每天用力矩扳手检查一次，投入运行后4~30天内每周用力矩扳手检查一次，投入运行后2~4个月内每月用力矩扳手检查一次。以后依据具体情况，使用单位应制定定期检查制度。

第四节 减速器的安装

一、减速器的作用和结构型式

（一）提升机减速器的作用和负荷特点

减速器是矿井提升机机械系统中一个很重要的组成部分，它的作用是传递运动和动力。它不仅将电动机的输出转速转化为提升卷筒所需的工作转速，而且将电动机输出的转矩转化为提升卷筒所需的工作转矩。

矿井提升机多数是三班不停地运行，运转过程中会出现少量冲击，启动、制动非常频繁，且正反向运转，其负荷类型属于中等冲击负荷。矿井提升机启动时的尖峰负荷一般是正常工作负荷的 1.5～2 倍。在一个工作循环中，提升机提升、下放负荷变化曲线随提升容器和装卸方式不同而有所差异。

矿井提升机的工作特性是载荷波动，在计算齿轮强度时，可以将这种波动的载荷简化为名义载荷，而用使用系数 K_A 来修正名义载荷。这样，就将变动的工况转化为非变动的工况来处理，并且根据国家标准计算齿轮疲劳强度。矿井提升机的名义载荷(低速轴名义工作转矩)等于钢丝绳最大静张力差与卷筒半径的乘积。

使用系数 K_A 是考虑由于齿轮啮合外部因素引起附加动载荷影响的系数，这种外部附加动载荷取决于原动机和从动机的特性、轴和联轴器系统的质量和刚度及运行状态。使用系数 K_A 可以通过精密实测或对传动系统作全面的力学分析得到，也可以从大量的现场经验确定。根据经验，单绳缠绕式矿井提升机使用系数 K_A 一般为 1.60，多绳摩擦式矿井提升机使用系数 K_A 一般为 1.75。

考虑到矿井提升机的安全性要求，计算齿轮疲劳强度时，齿轮强度接触安全系数一般大于 1.1，弯曲安全系数一般大于 1.5。对于软齿面齿轮减速器，齿轮模数一般取减速器中心距的 0.01～0.015 倍；对于硬齿面齿轮减速器，齿轮模数一般取减速器中心距的 0.015～0.02 倍。

减速器的工作条件和使用性能为：

(1) 环境温度从 5℃～35℃。

(2) 工作环境中的介质是非腐蚀性的，可含有适度的粉尘和水分。

(3) 负荷是变动的，可逆向运转和周期性间断的运转。

(4) 在提升机正常工作制度下，减速器允许传递设计所规定的最大工作转矩。

(5) 在非正常情况下，减速器传递的尖峰负荷(即瞬时出现的不影响疲劳强度的最大负荷)可达到最大工作转矩的 2.5 倍。

(6) 齿轮的圆周速度最高为 15m/s。

(7) 在提升机正常运转下，减速器齿轮的设计寿命不少于 15 年。

(8) 减速器从投产运转到第一次大修的使用时间不少于 5 年。

(9) 减速器箱体沿轴线方向的长度大于 1000mm 时，其结合面上应有供减速器安装时找正用的基准表面。

(10) 减速器箱体上应有供减速器起吊用的起吊结构。

(11) 减速器不允许有漏油现象。

(二) 提升机减速器的结构型式及优缺点

根据矿井提升机的应用特点，单绳缠绕式矿井提升机的速比要求一般为 10～35，多绳摩擦式矿井提升机减速器的速比要求一般为 7～15。减速器传递转矩一般从 30~800kN·m 不同的矿井提升机对减速器有不同的要求，而且不同时期的减速器设计制造技术是不同的，在我国矿井提升机的发展过程中就设计了多种类型和多种技术水平的减速器。下面分别予以介绍。

1. 单入轴平行轴齿轮减速器

单入轴平行轴齿轮减速器主要用于单绳缠绕式矿井提升机，一般为两级平行轴齿轮传动，单电动机驱动。随着齿轮的设计制造技术的进步，齿轮齿面硬度、齿轮的承载能力不断提高，单入轴平行轴减速器的体积、重量逐渐降低，制造成本也随之降低。单入轴平行轴齿轮减速器由软齿面渐开线齿轮减速器发展为软齿面圆弧齿轮减速器、中硬齿面渐开线齿轮减速器、硬齿面渐开线齿轮减速器。

2. 双入轴平行轴齿轮减速器

双入轴平行轴齿轮减速器主要用于多绳摩擦式矿井提升机，采用双台电动机（分别位于主轴轴线左右两侧）驱动，一般为单级平行轴齿轮传动。按照齿轮齿形的不同，双入轴平行轴齿轮减速器分为渐开线齿轮减速器及圆弧齿轮减速器两种。与单入轴平行轴减速器相比，减速器的体积小、重量轻、制造成本较低，对电控系统的要求稍高一些。

3. 同轴式功率分流齿轮减速器

同轴式功率分流齿轮减速器主要用于多绳摩擦式矿井提升机，为单电动机驱动，两级平行轴齿轮传动。与双入轴平行轴减速器相比，减速器对电控系统无特殊要求，制造成本相近，但设计、制造、安装要求较高。根据安装方式的不同，同轴式功率分流齿轮减速器分为弹簧基础减速器及刚性基础减速器两种。其中弹簧基础减速器低速联轴器一般为刚性法兰联轴器，刚性基础减速器低速联轴器一般为齿轮联轴器。弹簧基础减速器主要安装在井塔上，刚性基础减速器主要安装在地面。

4. 渐开线行星齿轮减速器

渐开线行星齿轮减速器从 20 世纪 80 年代初期开始在国产矿井提升机传动系统中应用，由于它具有体积小、重量轻、承载能力大、传动效率高和工作平稳等一系列优点，越来越受到用户的欢迎，市场份额逐步扩大。渐开线行星齿轮减速器用于单绳缠绕式矿井提升机及多绳摩擦式矿井提升机，为单电动机驱动。根据矿井提升机对减速器的速比要求，渐开线行星齿轮减速器的结构型式分为单级派生行星齿轮传动（前置一级平行轴齿轮传动）及两级行星齿轮传动两种。

单级派生系列的型号为 ZZDP，两级行星系列的型号为 ZZL。后者是一种常见的两级 2K-H 型传动机构：高速级入轴以转速带动高速级太阳轮与三个行星轮旋转，行星轮同时又与固定的内齿圈相啮合，从而实现行星齿轮的自转与公转（即围绕太阳轮轴线转动），进而带动高速级转架（行星架）转动。同理，高速级转架作为第二级的输入，带动第二级传动，使输出轴达到预定的转速。单级派生系列的第二级传动原理同上。

二、减速器的安装

（一）减速器基础

基础直接影响减速器的使用性能，因此，应具有一定强度和稳定性。基础由使用单位委托土建部门设计及施工。各型减速器可以直接安装在基础上，也可以通过金属底座间接安装在基础上。

基础应分两次灌浆。第一次灌浆层与减速器机体底平面间留出 100 ~ 150mm，用以放调整楔铁和垫板；第二次灌浆层除填充上述间隙外，还应高出减速器底面 20 ~ 40mm，这应在减速器调整完后施工。为保证安装后第二次灌浆层能牢固地与基础结合，第一次灌浆层的上表面应铲成不规则的毛面。

基础每次浇灌的混凝土，在未达到 80% 设计强度之前，基础上不准作业。

基础表面应清洁，不得有油污、土块等污物，预留螺栓孔内的一切杂质必须彻底清除干净。

减速器的底面不得有油污、铁锈、土块等污物，若有油污的表面应用喷灯烧干净，铁锈应清除，污物擦干净。

基础应符合土建部门提出的图样及技术条件的各项要求，其工作包括基础轮廓的建立、垫板和地脚螺栓孔的浇灌。地脚螺栓孔位置应准确，各垫板的上平面需水平等高。

（二）地脚螺栓与调整垫铁

地脚螺栓按减速器安装尺寸配置。减速器就位前，应校对两者的尺寸，地脚螺栓中心位置偏差 ±（0.5 ~ 2）mm，垂直度 0.5/1000，地脚螺栓的螺纹应无缺陷，螺栓与螺母的配合松紧程度应符合标准，必要时进行适当修正。

在调整楔铁和混凝土基础之间需放两面加工过的并与基础之间的砂浆粘牢的钢质垫板，每组调整楔铁下面放一组垫板，各垫板与基础未粘牢前，除应根据减速器安装尺寸测定好位置外，还应找平到 0.2/1000，各垫板标高偏差在 0.1mm，垫板厚应有 20 ~ 25mm，长宽尺寸应比楔铁稍大。

调整楔铁在减速器的每一个地脚螺栓两侧各放置一组，其两承压面应加工，上下两平面平行。楔铁、垫板尺寸厚度可按实际情况的需要和材料情况而定。

每一垫板组应尽量减少垫板的块数，并少用薄垫板，每组不宜超过五块（包括两块调整楔铁)。放置垫板时,最厚的放在下面,最薄的放在中间,减速器找正后,各垫铁应相互焊牢。

每一垫铁组应放置整齐、平稳,并接触良好。减速器找正后,每一垫铁组应被压紧,推荐用 2kg 重的手锤逐组轻击听音检查。楔铁与垫板、楔铁与减速器底座(或楔铁与机座、机座与减速器底座)之间用 0.05mm 塞尺检查,塞入面积不得大于接触面积的 30%。

减速器找正后,垫铁应露出减速器底座外缘,垫板应露出 10~30mm,楔铁露出 10~40mm,垫铁组伸入减速器机体(或机座)侧面的深度应超过减速器地脚螺栓孔的中心线。

(三) 减速器的安装

以行星齿轮减速器的安装为例,简述如下。其他减速器的安装可酌情参阅,具体细节及要求应遵循制造厂的安装使用说明书。

减速器在安装时,首先应对减速器的安装底座进行清理,清除减速器底座平面上的一切杂物与污物,不得有油污、铁锈、灰土等,随后初步拧紧地脚螺栓。设备各部件在安装前先将各配合表面的保护层清洗掉,并且检查各表面,如果有损伤,应将高点磨去。安装时,在提升机主轴装置上方拉一条与提升机回转中心线平行并且与提升机回转中心线在同一铅垂面内的钢丝,作为测量基准。减速器安放在底座上,用辅助支承通过钢丝和水准仪粗调位置,减速器输出轴中心线与提升机回转中心线同轴度应不大于 0.30mm。校准提升机与减速器之间的轴端距离符合联轴器的安装要求。

对减速器进行粗调后,卸下减速器与底座的连接螺栓,吊走减速器。用水平仪等检查并调整底座上平面的水平度,使其水平度误差不大于 0.05/1000,再把减速器吊到底座上,拧紧连接螺栓,复查减速器位置尺寸和精度,以及地脚螺栓紧固程度。

按照提升机与减速器联轴器的安装基准面找正,调整减速器的位置,保证半联轴器端面和径向圆跳动偏差均不大于 0.10mm,或达到安装使用说明书的要求。确认满足安装规定后,可以均匀地拧紧减速器安装螺栓,每个螺栓拧紧力矩符合减速器安装说明书的要求。然后用螺栓将提升机与减速器之间的半联轴器连接在一起。

将主电动机就位,调整主电动机的位置,使减速器与主电动机之间两半联轴器相邻两组基准面的相对端面圆跳动(近似于平行度误差)和径向圆跳动(近似为同轴度误差的两倍)不大于 0.10mm。找正精度应满足相关安装使用说明书的要求。然后,将减速器与主电动机之间的半联轴器连接在一起。

复查与减速器有关的主、辅设备,确认满足安装规定后,再次检查核实各处安装螺栓等的紧固程度，以敲击垫铁的声音判断各地脚螺栓的拧紧程度是否均匀，并检查螺栓防松装置是否可靠。有条件时，可以用力矩扳手拧紧地脚螺栓。在拧紧地脚螺栓之后，务必复查各安装尺寸及位置精度，必要时应做相应的补充调整。为了避免测量误差，主要测量仪表及用具（如百分表、水平仪、平尺等）应经事先精度检查，使用方法上应保证具有良好的重复测量精度。较关键的检测项目应至少重复做1~2次数据测试。

（四）减速器的调整

新型号的减速器一般在设计时已考虑节省安装调整周期的问题，且出厂前已装配调试好，使用现场安装时一般不再打开。旧型号的减速器安装调整周期一般较长，对安装调整要求较高。

（1）对于采用滑动轴承的圆弧齿轮减速器，其中心距要求为负偏差，对齿轮啮合精度要求较高，现场一般还需对轴瓦重新刮研。刮研轴瓦时应注意，不可单一和不留余量地刮研某一组轴瓦，既要考虑轴瓦的接触情况，更要考虑每级齿轮啮合和中心距情况。滑动轴承的刮研步骤如下：

①在减速器安装螺栓紧固前，以输出轴为基准找正，并测量每级齿轮啮合和中心距的情况。在水平度、啮合精度达到标准的80%后，均匀对称地紧固安装螺栓。再次校核上述要求，达到标准的70%以上即可；

②同时对各滑动轴承轴瓦进行刮研；

③在从粗刮到精刮的过程中，要多次测量齿轮副中心距和啮合精度，并根据测量结果来决定每组轴瓦的刮研程度；

④轴瓦刮研的结果应保证齿轮副的中心距和啮合精度、轴瓦的接触状态都符合标准。圆弧齿轮减速器在正式运转前，还必须认真履行齿轮跑合过程，不可以立即重载运行。

（2）对于弹簧基础减速器，其出轴联轴器为刚性联轴器，减速器通过弹簧连接在两侧的支架上，为柔性支撑。弹簧基础减速器的调整步骤如下：

①对每个弹簧进行测试，计算出各个弹簧的实际刚度；

②由于减速器重心略偏向输出轴端，故各弹簧按实测刚度从大到小的顺序，依次从输出轴端排放至输入轴端；

③通过调整各弹簧支撑处垫片的厚度，保证各弹簧在自由状态下各弹簧处支撑面等高；

④将减速器放置就位，并按规定注入润滑油；

⑤调整减速器支撑垫板的厚度，保证减速器输出轴中心线高于主导轮中心线

0.5mm;

⑥将减速器输出轴端连接法兰与主导轮轴端连接法兰按原配制标记对准;

⑦移动减速器,使输出轴端连接法兰与主导轮轴端连接法兰之间左端与右端间隙之差小于 0.1mm;

⑧移动减速器,使输出轴端连接法兰与主导轮轴端连接法兰左右两端外圆对齐,两端误差均不大于 0.1mm;

⑨按比例依次调整各弹簧支撑处垫片的厚度,使输出轴端连接法兰与主导轮轴端连接法兰之间上端与下端间隙之差小于 0.1mm;

⑩在减速器箱体上均匀地压上重块,直至减速器中心与主导轮中心等高,在刚性联轴器各配合孔中按原配制标记装入螺栓并紧固。

减速器调整结束后,按要求进行二次灌浆。二次基础浇灌时,一次基础上表面需清洁,并呈毛面状态,不得有油污、灰土等杂质,以保证施工后充填层能牢固地结合。第二次灌浆层不应有气泡、空隙,应能覆盖所有调整垫铁,还应高出底座底面 20～40mm,第二次灌浆层未达到80% 设计强度之前,减速器不得受任何碰撞,更不允许在减速器上进行任何作业。

三、减速装置的安装

减速装置的安装比起减速器来说,工作量较大,它需到现场后进行安装、调整、研刮等。这类绞车的减速装置,一般采用了两极减速,除主轴外 (主轴上安装了一个大齿轮),还有一根中间轴和一根高速轴,减速装置的安装实际上就是这两根轴与轴承的安装。

安装时先把轴承清理干净,并在轴瓦上画出中心线 (同主轴瓦一样),然后把轴承按装配记号装到机座上,按主轴调整的方法调整两轴的同心度及距离,调整好后拧紧固定螺栓,检查接触间隙。用水准仪或胶管水平仪,精密水平仪检查其水平度,如水平度不符合要求,可加整块的薄垫调整,这时因主轴承已定,不能再动整体机座。轴的就位方法如同主轴就位一样,就位前也需稍回松固定螺栓。在轴落到轴承里以后,用塞尺检查其四个角的侧隙 (这时可用内经规测量两轴的平行度),调整好后即可拧紧固定螺栓。转动齿轮,观察齿轮啮合情况,如无卡阻跳动,便可检查其啮合侧隙及顶隙,齿轮啮合间隙的检查可采用塞尺法、压铅法和千分表法。在现场一般用塞尺法或压铅法较为简便。塞尺法可用塞尺直接测量出齿轮的顶间隙和侧间隙,但精度较差。压铅法是测量顶间隙和侧间隙最常用的方法,测量时先将铅丝沿齿廓曲线贴在两三个齿上 (为防止转动齿轮滑落,可用润滑脂粘住),齿轮经慢速转动后,该铅丝被压扁,然后取出铅丝 (取的时候记住铅丝放的方向),用外经千分尺或游标卡尺量得一个齿两边最薄处的厚度，这两个厚度之和则为齿轮啮合的侧隙，两个最薄处的中间较厚部分的厚度便为顶隙。在测量间隙、调整轴承时，可在齿轮宽度方向的两端各放一根铅丝，这样可量出两个侧隙（两端的侧隙），这两个侧隙是由四个厚度组成的，在调整轴承时可根据这四个厚度来检查两轴的平行度。当啮合正确时，两端铅丝同侧的厚度应相等，两端的侧隙、顶隙应相等，并等于规定值。如两侧隙不等或不等于规定值则说明轴承座的位置不对，应调整位置。如侧隙相等而两端铅丝同侧的厚度不等，则说明两齿轮轴不在同一个平面内，应调整两轴承的水平。经过反复调整，直至达到要求。

应注意，两齿间的顶隙及侧隙如果太小，则小齿轮有被大齿轮挤开的趋向，从而引起润滑油被挤出，这样使得齿很快就会磨损，甚至损害轴承使轴变弯。齿轮在运转时如有不正常的噪声就是径向间隙过小的标志；如侧隙太大，又使两齿之间产生敲击，它也会使齿很快磨损并可能使齿折断。由此可见侧隙是保证齿轮正常运转的重要参数，在调整齿轮间隙时，应以侧隙为主要对象，而顶隙只要在规定范围内就行了（当侧间隙与顶间隙有矛盾时，应保证侧间隙）。

在齿轮的啮合间隙符合要求后，即可检查它的啮合接触面积。接触面积的检查可用涂色法和擦光法，当用涂色法时，将颜色（可用红丹油）涂在小齿轮上，用小齿轮驱动大齿轮，当大齿轮转动了 3~4 转后，涂色的色迹（斑点）即显示在大齿轮轮齿的工作表面上。当用擦光法时，用同样的方法转动后，再观察摩擦亮了的痕迹。

啮合接触面积的大小和位置，是表明齿轮制造和装配质量的一个重要标志。

在齿轮啮合的调整过程中，还应穿插研刮轴瓦的工作，研刮轴瓦的要求同主轴装置一样，刮瓦和调整同时进行才能搞好这项工作。安装好后，轴在轴承内转动时应自如、平稳、没有卡阻的现象。

如两齿轮啮合的接触位置等符合要求，而接触面积还差一点，可暂不管它，待运转时带轻负荷运转，对齿轮进行跑合或研磨。

最后按照安装主轴承的方法调整好轴与上轴瓦的顶隙，并清洗、装配、注油。其他轴的安装同上面介绍的一样，这里不再重述。

在减速装置的所有转动部分安装完后，便可固定齿轮罩。对于半开式转动（有简单的齿轮罩，有时齿轮罩可用下罩作油池润滑，但不能很好地密封），下罩一般是在主轴落下去前就放在基础坑里的，这时可放上上罩装配并固定在机座上。对于开式转动（齿轮裸露在外面，没有防尘装置），一般只加了一层防护罩，这时只需固定上防护罩即可。

四、减速器箱体的找平找正

减速器箱体的找平找正可用百分表找正法和刀尺找正法。百分表找正法是用卡子、千分表架将千分表固定在联轴器半体上，观察其上、下、左、右偏差和端面跳动。

为了易于准确读出千分表读数，在找正时可将千分表测杆压入一点，让它预先转动一圈左右，便能读出正负值（直径大为正值，直径小为负值）。

刀尺找正法是用刀尺（或在要求不高时可用钢片尺）在每隔四分之一圆周处靠在两对轮的外圆柱面上，观察两对轮与尺子的接触情况，并用塞尺量出间隙的大小。在调整好的情况下（如两对轮外径相等），两对轮的外圆柱面母线应与尺子紧密接触，无缝隙。在测量前还应先量出两对轮外圆的直径，根据两直径差和量出的间隙来计算两轴线偏移量，然后对它进行调整，在调整时，还应用塞尺量出两对轮的端面间隙，算出倾斜度，并加以调整。

在调整后，应达到说明书的精度要求，或者按下面的要求：同心度（偏移量）不大于 0.2mm；倾斜度不大于 0.6/1000；端面间隙应比轴的轴向窜量大 2~3mm。

最后可再次浇灌混凝土（如有滑槽时注意留出固定螺栓上下时所需的空间），如是整体机座，则可与机座一起浇灌。

五、减速器试车及常见故障处理

（一）减速器的使用与维护

（1）减速器必须按技术规范使用。减速器所使用的负荷、工作环境、传递速度、润滑油牌号等，必须符合减速器规格参数表中规定的数值。

（2）减速器在使用期间，润滑油油面的高度应符合设计要求，并随时检查各润滑点的供油情况，定期检查润滑油中所含杂质、酸度、水分及其黏度变化情况，如发现超标或不合格时，应及时对润滑油进行处理或更换新油。

（3）减速器投入使用 2~3 个月后应换一次油，以后每年更换一次。具体的换油频率应根据油品而定。换油时应仔细冲洗轴承、油池等。

（4）减速器每次开动前必须先开动供油系统，在确认各润滑点处于正常工作状态时才可启动减速器，在减速器没有完全停止工作以前不准关闭油泵。控制系统中应具有供油站相对减速器超前（启动减速器时）和滞后（停止减速器时）动作的连锁模块。

（5）在减速器工作时，应随时检查各连接螺栓、轴承及油池的温升、减速器的噪声，如发现有不正常情况时，立即停机寻找产生的原因，待排除故障后才可重新开机使用。

（6）定期对减速器内各齿轮的齿面情况进行检查，若齿面上出现有点蚀（如点蚀是离散且发展很慢为初期点蚀不是故障）、擦伤、胶合、塑变甚至断齿现象时，应停止使用并立即同代理商或制造商取得联系，使用单位也应做好一切故障发展过程的详细的原始记录（使用的负荷、润滑油牌号、使用转速、最初发现故障时间及进展情况等），以供分析故障原因之用。

（7）不论是在磨合试车还是在正常运转过程中，减速器所发现的一切问题和采用的处理措施都应详细记录备案。

（8）运转过程中应定期检查减速器各连接件是否松动。

（9）机体外表面应保持清洁，以免影响减速器散热。

（10）减速器上不得放置任何东西，以免发生意外。

减速器调整结束后，按要求进行二次灌浆。二次基础浇灌时，一次基础上表面需清洁，并呈毛面状态，不得有油污、灰土等杂质，以保证施工后充填层能牢固地结合。第二次灌浆层不应有气泡、空隙，应能覆盖所有调整垫铁，还应高出底座底面 20～40mm，第二次灌浆层未达到 80% 设计强度之前，减速器不得受任何碰撞，更不允许在减速器上进行任何作业。

（二）减速器的试车

1.试车前准备

（1）试车前应仔细检查整个机组及电器部分，当确认安全可靠后才可试车。

（2）试车前应对安装后的减速器的清洁度进行检查，注入按减速器规格表中所推荐的润滑油，并注意其油面的高度。

（3）试车前应手动盘车，检查有无阻卡现象，当确认无任何阻卡现象后，开动润滑系统，检查油泵的压力和各润滑点的工作情况，必须在确认各系统处于工作正常状态后，方可启动减速器的驱动电动机。

2.试车步骤及时间

减速器以工作转速带动主机进行无负荷运转 2h。减速器以工作转速带动主机以 30% 的负荷运转 8h。减速器以工作转速带动主机以 50% 的负荷运转 48h。减速器以工作转速带动主机以 75% 的负荷运转 120h。减速器以工作转速带动主机以 100% 的负荷运转 24h。

3.试车过程

在试车过程中，减速器各零部件不准有松动现象，各密封处不准有渗漏油现象，机器运转应平稳正常，运转声音应均匀，无周期性冲击及噪声。在减速器供油系统工作正常的情况下，轴承温升不得超过40℃，油池温升不得超过环境温度35℃，油温最高不得超过75℃。在试车过程中，要经常检查齿面及其他零部件状况，齿面要光洁无伤痕，如发现有不符合要求的地方，要及时寻找原因并处理。试车详细情况，应填入试车和使用记录表。试车全部结束后，转入正常运转之前应再次全面检查机器各部分，达到要求后方可进行正常运转。

4. 试车和使用记录

(1) 减速器型号。

(2) 出厂号。

(3) 使用地点与主机名称。

(4) 原动机规格 (型号、功率、转速)。

(三) 减速器的使用与维护

(1) 减速器必须按技术规范使用。减速器所使用的负荷、工作环境、传递速度、润滑油牌号等，必须符合减速器规格参数表中规定的数值。

(2) 减速器在使用期间，润滑油油面的高度应符合设计要求，并随时检查各润滑点的供油情况，定期检查润滑油中所含杂质、酸度、水分及其黏度变化情况，如发现超标或不合格时，应及时对润滑油进行处理或更换新油。

(3) 减速器投入使用2～3个月后应换一次油，以后每年更换一次。具体的换油频率应根据油品而定。换油时应仔细冲洗轴承、油池等。

(4) 减速器每次开动前必须先开动供油系统，在确认各润滑点处于正常工作状态时才可启动减速器，在减速器没有完全停止工作以前不准关闭油泵。控制系统中应具有供油站相对减速器超前 (启动减速器时) 和滞后 (停止减速器时) 动作的连锁模块。

(5) 在减速器工作时，应随时检查各连接螺栓、轴承及油池的温升、减速器的噪声，如发现有不正常情况时，立即停机寻找产生的原因，待排除故障后才可重新开机使用。

(6) 定期对减速器内各齿轮的齿面情况进行检查，若齿面上出现有点蚀 (如点蚀是离散且发展很慢为初期点蚀不是故障)、擦伤、胶合、塑变，甚至断齿现象时，应停止使用并立即同代理商或制造商取得联系，使用单位也应做好一切故障发展过程的详细的原始记录 (使用的负荷、润滑油牌号、使用转速、最初发现故障时间及进展情况等)，以供分析故障原因之用。

(7) 不论是在磨合试车还是在正常运转过程中，减速器所发现的一切问题和采用的处理措施都应详细记录备案。

(8) 运转过程中应定期检查减速器各连接件是否松动。

(9) 机体外表面应保持清洁，以免影响减速器散热。

(10) 减速器上不得放置任何东西，以免发生意外。

(四) 减速器常见故障及处理

经过多年的实践，我国矿井提升机减速器从设计、工艺、制造到检测已形成了一套完整的体系，产品型谱在不断扩大，产品的性能、效率、寿命及安全性均有大幅度提高。尽管如此，由于影响减速器寿命的因素比较复杂，包括设计结构、材质、加工状况、装配精度、润滑状态、运行工况、使用维护方法等，其中任何一个因素被忽略，减速器在使用状态下都可能产生不同类型的故障。根据失效统计，在传动装置中齿轮失效占失效总数的 60% 左右，其余为轴承失效、润滑油泄漏、箱体的变形及减速器在使用中的振动等。

1. 齿轮的损伤与失效及处理

齿轮是减速器中的重要零件，矿井提升机减速器齿轮类型一般为直齿圆柱齿轮、斜齿圆柱齿轮、人字齿圆柱齿轮等。齿轮类型和轮齿啮合特点决定了齿轮运转特性，也决定了齿轮的不同失效形式。经过一段时间的负荷运转，齿轮损伤量的积累达到某一界限，即丧失了对其规定的某种功能，这时就发生了某种类型的齿轮失效。失效类型由失效齿轮的形貌特征、失效过程和失效机理来确定。齿轮的损伤与失效可分为裂纹、断齿、齿面疲劳、齿面损耗、胶合、永久变形等六大类。矿井提升机减速器齿轮的损伤也不例外。

(1) 裂纹。齿轮裂纹一般在轮齿、轮缘、轮毂、轮辐等部位发生。齿轮的裂纹按其形成的特点可分为两大类：制造裂纹和使用裂纹。制造裂纹是由于齿轮生产工艺不当，引起材料缺陷，并且在一定的载荷条件下缺陷扩展形成齿轮裂纹；使用裂纹是齿轮在使用过程中产生并且扩展形成的齿轮裂纹。

齿轮的制造应根据齿轮的结构特点采用成熟的制造工艺及相应的制造设备，以降低齿轮在铸造、锻压、焊接、热处理、机械加工过程中产生的内应力，减少齿轮产生制造裂纹的倾向。

使用裂纹产生于齿轮结构的应力集中部位，是由于使用过程中此部位的交变应力水平大于材料的许用应力而导致裂纹的产生。这就要求齿轮设计有足够的安全系数、适当降低应力水平、减少齿轮产生使用裂纹的倾向。

对于使用过程中出现的裂纹，临时处理方法为：将裂纹处金属打磨掉，使其周边圆滑、过渡，清除裂纹，防止裂纹扩展。并且与制造厂联系，分析原因，研究最终解决方案。

（2）断齿。断齿是指齿轮的一个或多个齿的整体或局部的断裂。齿轮的断裂按其形成的特点，可分为过载折断、塑变折断、疲劳折断等。

过载折断是由于严重过载时轮齿应力超过极限应力造成的轮齿折断。通常只在一次或几次严重过载时发生。有时，也由于过载产生的初始裂纹会缓慢扩展而折断。轮齿应力过高常常起因于载荷严重集中、突然冲击过载、轴承损坏、轴弯曲、较大硬物挤入啮合区等因素。在设计时应充分考虑严重过载的因素、掌握传动的载荷谱、优化齿轮参数、正确选择齿轮材料、控制齿轮计算安全系数及热功率值，并且采取监控与安全装置，监控齿轮工作温度，防止齿轮塑变。制造时控制材料及热处理质量、控制机械加工及装配质量。安装时保证接触精度，使用时防止较大硬物挤入啮合区，可以降低齿轮断齿现象发生的可能性。在传动系统中设置安全装置，如使用安全联轴器，设计便于更换的传动轴，或者是在电控系统中设置过载保护元件，都有助于防止过载折断的发生。

塑变折断是由于应力集中严重超过材料强度或者是运转过热引起齿轮材料强度的降低，造成轮齿从整体塑变开始，最后折断。通常所有轮齿均遭损伤，并且殃及相连的齿体。

疲劳折断的根本原因是轮齿在过高的交变应力的重复作用下，从危险截面（如齿根）的疲劳源开始的疲劳裂纹不断扩展，使轮齿剩余截面上的应力超过其极限应力，造成过载最终折断。疲劳折断的断面分为两个不同的区域：疲劳裂纹扩展区和过载最终折断区。疲劳折断的主要原因是设计时对载荷情况、齿轮制造水平考虑不充分，以及设计参数选择不当。

对于使用过程中出现的断齿现象，一般应更换备件，并且与制造厂联系，分析原因，避免断齿事故的再次发生。

（3）齿面疲劳。齿面疲劳是在过高的接触切应力作用下，在轮齿的表面、次表面或表层下产生疲劳裂纹并进一步扩展而形成的一种齿面损伤。其特征为齿面金属的移失，并在齿面形成一些凹坑。齿面疲劳主要取决于相啮合齿面的接触应力和应力循环次数。对软齿面齿轮进行跑合，扩大接触面，降低齿面粗糙度；对硬齿面轮齿进行修形，选择高性能极压润滑油等措施都可以减少点蚀现象的发生。齿面疲劳一般有初期点蚀、扩展性点蚀、微点蚀、剥落等几种形式。

初期点蚀是由于相啮合齿轮副齿形误差或齿向误差较大，造成齿轮局部过载，使齿面局部接触应力过高造成的。这时，齿面出现较小的麻点，且数目不多。对于软齿面，经跑合后，接触应力趋向均匀，且微坑边缘逐渐钝化，麻点不再继续扩展；但对于硬齿面，初期点蚀有扩展的危险性。

扩展性点蚀是由于齿轮齿面接触强度设计不够，材料、热处理、制造精度、装配精度达不到设计要求，齿面实际接触应力高于许用应力造成的。随着应力循环次数的增加，点蚀坑不断扩展。扩展性点蚀坑较初期点蚀坑大且深，呈内贝壳状。一般首先出现在节线附近的齿面上，主动轮齿上的点蚀坑从节线向齿顶方向扩展，被动轮齿上的点蚀坑从节线向齿根方向扩展，最终扩展到整个齿面上。伴随着点蚀的不断扩展，齿轮的动载、噪声、磨损也明显增大，导致齿轮失效。

微点蚀是由于齿面粗糙度高，润滑冷却条件不良造成的。在损伤齿面上，肉眼可见为无光泽、雾状，放大后可见密密麻麻成片的微小蚀坑或裂纹。微点蚀严重时可导致点蚀。初期的微点蚀可以通过抛磨消除。

剥落是由于局部过载或材料缺陷、热处理硬度分布不均造成的。在损伤齿面上，材料成片状剥离齿面，形成浅平的、形状不规则的剥落坑。剥落坑比点蚀坑大，坑的边缘为脆裂断口。剥落通常发生在中硬齿面和硬齿面齿轮上。剥落也可由于点蚀坑边缘碎裂扩大连接而成，所以要对点蚀坑边缘进行钝化修磨，防止其碎裂扩大。

对于使用过程中出现的点蚀现象，一般应分析齿轮已运行时间。如果已经达到设计寿命，应更换备件；若未达到设计寿命，应与制造厂联系，分析原因，以决定临时处理方法，继续使用，但要加强监测。临时处理方法一般为：将点蚀坑边缘打磨圆滑，并且（或）更换极压润滑油。

（4）齿面损耗。齿面损耗是指齿面材料的消耗与损失。根据消耗的主要机理，齿面损耗可分为滑动磨损、腐蚀、过热、侵蚀和电蚀等五大类。腐蚀是由于水、酸等化学物质的作用，使齿面产生锈蚀的现象。过热是由于严重过载、齿轮副间隙过小、润滑不良等原因，使齿面变色，硬度降低，沿滑动方向出现沟痕的现象。侵蚀是由于润滑剂对高速运转的齿轮的喷射力的加大，造成齿面出现凹痕的现象。电蚀是由于电流通过轻微接触或快速离合的啮合齿面间，造成火花放电，齿面上出现大量的烧伤蚀坑的现象。滑动磨损是最常见的机械磨损，简称磨损，下面进行简要介绍。

齿轮磨损是轮齿在啮合传动过程中，由于齿面相对滑动接触表面材料摩擦损耗造成的。根据磨损的程度和机理不同分为正常磨损、过度磨损、擦伤、干涉磨损等。正常磨损的齿面常呈现光亮状态，或者是在齿面节线附近出现一条连续的亮带。正常磨损是两接触齿面的一种相互磨合的过程，是一种齿面材料良性移失的过程，又称跑合。正常磨损不是一种齿面损伤。其他的磨损模式可以通过正确设计齿轮副几何参数、正确选用润滑油、控制齿面粗糙度、控制润滑油的清洁度来加以预防。

过度磨损是由于齿面间未建立良好的润滑油膜，或者是润滑油清洁度不够造成的。在过度磨损的齿面上，沿滑动方向有较均匀的条痕，齿廓形状被破坏，齿厚明显减薄，在有效工作齿面与齿根交界处出现台阶。过度磨损会导致齿轮噪声、振动加强，影响齿轮设计寿命。

擦伤是由于轮齿表面存在硬点或者由于硬质颗粒进入啮合区，造成齿面局部损伤的现象。在擦伤的齿面上，沿滑动方向出现沟槽。

干涉磨损是由于啮合参数设计不合理、加工齿形误差过大、安装中心距过小，造成齿轮啮合不正常，齿顶、齿根造成干涉。干涉磨损的齿轮齿顶被滚圆、齿根被挖出沟槽，并且引起整个齿面损伤。

对于使用过程中出现的齿面损耗现象，应更换优质极压润滑油，保证润滑油的清洁度要求，并且监测齿面损耗的进展速度，如果齿面损耗过快，应及时与制造厂联系，分析原因，以决定最终处理方案。

（5）胶合。胶合是相啮合齿面在一定的压力下润滑油膜破裂，金属发生直接接触熔化粘连，随着齿面的相对运动，金属从齿面上撕落的一种齿面损伤。损伤齿面表现为沿滑动方向粘连撕伤沟痕，严重时整个齿面齿廓几乎完全损坏，仅节线位置无沟痕。由于齿面局部过热而导致的胶合，胶合部位呈回火色。控制齿轮局部载荷集中现象的发生，使用极压齿轮油，保证润滑油冷却充分，在高温工作时使用极压合成齿轮油等方法都可以防止胶合现象的发生。

对于使用过程中出现的胶合现象，临时处理方法一般为：将胶合损伤处磨削光滑，并更换极压润滑油，同时与制造厂联系，分析原因，避免胶合损伤再次发生。

（6）永久变形。当齿轮工作应力超过轮齿材料的屈服极限时，材料产生塑性变形，形成齿面或齿体的永久变形。永久变形的模式一般有压痕、起皱、起脊、飞边等。

压痕是由于外界异物进入轮齿啮合区，使齿面上压出浅平的凹痕。压痕多发生于硬度低的齿轮上。

起皱是由于润滑不良、工作压力高、工作齿面间产生爬行现象，在齿面上垂直于滑动方向出现波纹状条纹。起皱多发生于硬度高的齿轮上。起皱往往与低速、振动等原因有关。

起脊是在齿面上沿滑动方向出现明显的条状脊棱。飞边是在轮齿边缘形成尖锐的凸出的薄边。起脊和飞边是由于齿面硬度低、工作应力高、齿面滑动速度低、润滑失效等造成的。

对于使用过程中出现的永久变形，应及时与制造厂联系，分析原因，一般应更换备件。

2. 轴承的损伤与失效及处理

运转中无法直接观察轴承，但通过对噪声、振动、温度、润滑剂等状况的监测，可以分析出轴承的异常。

为了判断拆下的轴承能否继续使用，应重新检查尺寸精度、旋转精度、内部游隙，并且检查各零件的表面是否有损伤。通过分析轴承损伤的原因，及时采取相应的对策，改善轴承的使用条件，并且补充轴承备件。

3. 润滑油泄漏及处理

提升机减速器一般为闭式减速器，齿轮、轴承都在清洁的环境中工作，并且由于齿轮、轴承的工作都需要润滑，减速器中存在大量润滑油。减速器通过密封装置保证减速器内的润滑油不泄漏。当密封装置失效时，就发生润滑油泄漏。这不仅造成润滑油损失、污染减速器周边环境，而且周边环境中的污染物也会进入减速器，造成减速器内不清洁，影响齿轮、轴承的正常工作。

减速器的密封装置通常分为静密封和动密封两大类。密封结合面间没有相对运动的密封为静密封，减速器体的剖分面、轴端盖与减速器体的连接密封都为静密封。被密封零件彼此有相对运动的密封为动密封，减速器体与输入轴、输出轴之间的密封为动密封。

润滑油从静密封中泄漏主要是因为箱体的剖分面加工质量不好、不平度误差大或有变形、静密封元件质量不好，当减速器运转一段时间后，由于振动、箱体内的压力等原因，造成静密封元件失效，润滑油泄漏。静密封润滑油泄漏的处理一般为将原静密封元件清理干净，再对静密封部位重新进行密封。

润滑油从动密封中泄漏主要是因为密封设计质量或装配质量不好，或者是由于密封元件质量不好，造成动密封未达到预期寿命而失效，导致润滑油泄漏。动密封润滑油泄漏的处理一般为更换密封元件，或者是改进动密封结构设计，修改润滑油回路，使回油畅通，加大通气孔，以减少减速器内的压力，减小润滑油泄漏的动力。

4. 箱体的变形及处理

安装前由于运输起吊等因素引起箱体变形时，在安装时要进行矫正。如果箱体在轴向伸长或缩短，只要不影响使用，可不做处理；水平方向的变形，在安装时可采用调整地脚螺栓或在箱体底面与基础之间加垫片的方法调平。

减速器在使用过程中，由于地脚螺栓松动，基础变形等原因，引起箱体变形，通过增减调整垫片，重新紧固地脚螺栓，保证减速器箱体变形减到最小。

箱体变形的调整应以齿面接触情况良好为目的。齿面接触检查方法为：齿轮齿面清除干净，涂以膜厚较小的着色剂或涂料，然后检查齿面接触情况。齿面接触位置应在齿面中部，齿顶和齿根不允许有接触硬点，否则进行妥善处理，达到图样要求。

5. 弹簧基础减速器使用中的非正常振动及处理

目前，在我国矿山使用的大多数塔式提升机上仍然配套使用弹簧基础减速器。

弹簧基础不仅可以降低提升机运转过程中由于加速度产生的传递到基础上的动负荷，而且可以消减作用于传动系统中的动负荷。

弹簧基础减速器的运行与刚性机座减速器有很大的不同，不少用户在使用该型减速器时遇到了强烈的振动，这不仅会影响提升机的安全运转、影响减速器的使用寿命，还会影响井塔建筑物的安全。

塔式提升机由主电动机通过弹簧联轴器或齿轮联轴器与弹簧基础减速器的输入轴相连，弹簧基础减速器通过两侧的两列弹簧及阻尼器安装在底座上，减速器的输出轴通过刚性法兰联轴器与提升机主导轮相连。电动机输出的转矩和转速通过减速器的转换驱动提升机主导轮旋转，完成提升机的提升和下放工作。

弹簧基础减速器的结构：减速器输入轴与输出轴在同一轴线上并与其中心线重合；功率由减速器输入轴和高速级小齿轮输入，通过两侧的高速级大齿轮、弹性轴、低速级小齿轮、低速级大齿轮和输出轴输出。其中高速级齿轮副为斜齿，低速级齿轮副为人字齿。

减速器采用弹簧基础，能降低急剧变化的外力给系统带来的冲击，使瞬态振动迅速衰减，并能降低受迫振动共振区的振动，提高系统的动刚度，改善系统的动态性能。弹簧基础减速器的振动主要是由于减速器各个零件的自激振动引起的，其振动频率也应是减速器各个零件振动频率的合成。减速器工作时，其振动频率主要由以下几部分组成：各旋转轴、齿轮的旋转频率，高速级齿轮副、低速级齿轮副的啮合频率，以及由于滚动轴承损伤引起的较高频率。

(五) 减速器的技术改造

为了提升矿井提升机减速器的传动质量、降低减速器的制造成本和运行成本、减少减速器的维护工作量、提高减速器的可靠性，利用当前传动技术领域的最新技术成果，对矿井提升机减速器进行技术改造是十分必要的。硬齿面齿轮设计制造技术、齿轮传动功率分流技术、减速器模块化设计技术、电子监控技术、计算机辅助分析技术是当前传动技术领域普遍采用的技术。这些技术的充分利用，可以提高减速器的寿命和可靠性，降低减速器成本。

通过选用采用先进技术的减速器可以提高传动装置的承载能力，提高提升机传动系统的可靠性；通过采用硬齿面齿轮可以提高齿轮传动的承载能力，提高齿轮的使用寿命，提高齿轮传动的可靠性；通过利用计算机技术分析计算箱体的强度和刚度，可以减轻箱体的重量，提高箱体的承载能力；通过对润滑技术、密封结构、冷却方式的改进，可以更好地保证减速器的承载能力，提高减速器的使用寿命和可靠性。根据现场的使用状况，减速器的技术改造可以从齿轮的技术改造、轴承的技术改造、箱体的技术改造、密封装置的技术改造、润滑技术的技术改造、冷却装置的技术改造及减速器整机的技术改造几个方面加以考虑。

1. 齿轮的技术改造

采用硬齿面齿轮是提高齿轮强度与承载能力的最有效途径，也是齿轮传动技术发展的主要趋势。硬齿面齿轮在我国已广泛应用，有大量的应用实例及应用经验可以借鉴。硬齿面齿轮设计采用我国新的渐开线圆柱齿轮承载能力计算方法，通过结合现场使用情况、实际制造水平，确定合理的使用系数，可以保证齿轮强度设计安全可靠。

性能优越的渗碳齿轮用钢，如 20CrMnTi、20CrNi2MoA、17Cr2Ni2Mo 等合金材料，已经得到了愈来愈广泛的推广应用。这些材料具有强度高、韧性好、综合力学性能优良、加工性能好的特点。20CrMnTi 用于一般矿山和通用减速器中尺寸较小的齿轮；20CrNi2MoA 与日本 SNCM23（JISG4103）钢种等效，可用于中大型截面的渗碳齿轮；17Cr2Ni2Mo 等效于德国材料 17CrNiMo6（DIN17210），可用于模数 16mm 以上的大型渗碳齿轮（轴齿轮），最大使用截面可达 1200mm 左右。铬镍钼系钢是一种制造重要齿轮的材料，为了保证齿部获得优良的组织（影响疲劳强度的关键因素），合金成分的含量应随截面的增大适当提高（具有适宜的淬透性）。

热处理是材料获得预期性能的关键，优良的材料只有通过适宜的热处理工艺过程才能获得相应的优良组织状态和性能。为此必须研究各类材料的最佳工艺规程，执行严格的工艺纪律。材料的金相组织、晶粒度、渗碳层深度、碳浓度、表面硬度、芯部硬度、硬度梯度、力学性能、探伤等检验工作都是验证渗碳齿轮热处理工艺的必要工作。通过自动化的热处理设施和控制手段，有效地控制渗层的碳浓度和碳化物形态，实现渗碳层碳浓度的合理分布，可实现质量可靠、控制方便、效率高的要求，而且可获得最优的渗碳工艺、缩短渗碳时间、提高工效。通过严格的质量控制，渗碳淬火齿轮性能一般可以达到相当于德国标准 DIN3990 分级中的 MQ、ME 级（优质工业齿轮传动使用）。

齿轮采用优质低碳合金钢、通过渗碳淬火处理、硬度达 57^{+4}HRC、采用合理的加工工艺、经磨齿加工、齿面粗糙度达到 1.6um 及更高、精度达到 6 级及以上，可获得较高的接触精度和运动精度，从而可有效地提高齿轮的承载能力。

齿轮修形技术可以弥补齿轮受载变形与装配误差造成的不良影响，减少啮入啮出的冲击、振动、噪声和动载，改善齿轮啮合过程中齿面载荷分布特性，提高齿轮的啮合质量，增加齿轮的使用寿命。通过采用齿轮的齿廓、齿向修形制造技术、齿轮滚刀的修形技术、制定并贯彻重载齿轮修形规范等，都可以有效地提高齿轮的制造水平。

此外，在齿轮强度计算时，正确计算设备每天工作时间、正确确定工况系数、减少富余量，可以优化齿轮尺寸；对大型渗碳淬火硬齿面齿轮的结构采用有限元分析，可以优化齿轮的结构；考虑减速器使用地点的环境温度及海拔高度对减速器的散热的影响，可以正确确定减速器的散热能力；对于渐开线齿轮采用合理的角度变位制度及采用25°等较大压力角，可以提高齿轮的承载能力；对于圆弧齿轮，使用双圆弧齿形代替单圆弧齿形、使用硬齿面代替软齿面、采用硬质合金滚刀刮削及珩齿工艺等提高齿轮精度的措施，都可以提高齿轮承载能力。

通过采用上述可靠的设计制造技术对原齿轮部件进行修理或更换，可以提高齿轮的使用寿命和可靠性。

通常应当对现场正在使用减速器的齿轮部件的使用状况进行评测及分析，结合同类产品的故障诊断及失效分析经验，以充分满足实际使用为前提，采用科学客观的方法来决定是否需要尽快对齿轮部件进行技术改造。从长远考虑，实施齿轮新技术改造具有重要意义，它会为生产企业创造增产条件，增添发展后劲。

2. 轴承的技术改造

滑动轴承在提升机减速器中应用广泛，最简单的是流体动压轴承。由于两摩擦副间存在油膜，故具有摩擦小、磨损小、寿命长、运转平稳和对冲击、振动不敏感等诸多优点。其缺点是在启动阶段有较大的摩擦损耗，在稳定工作阶段，如果不能保证液体摩擦状态，可能发生磨损。滑动轴承的制造成本略低于滚动轴承，许用转速较高，但制造工艺复杂，可靠性低于滚动轴承。

滚动轴承为直接的点接触、线接触，所以刚度较低、易发热、高速重载工况适应性差一些。滚动轴承已经系列化、标准化，应用非常广泛。在滚动轴承和滑动轴承都能满足使用要求时，宜优先选用滚动轴承。滚动轴承各个制造厂的质量稍有不同，使用在高可靠性要求的场合，应采用大公司的产品。

通过对现场正在使用减速器的轴承部件的使用状况以及故障进行分析，决定是否需要对轴承部件进行技术改造。在提升机减速器中用滚动轴承替代滑动轴承，可以降低维护费用、节约检修时间、降低故障率。

3. 箱体的技术改造

减速器的箱体用于安装传动零件，保证它们有正确的相互位置，传递工作机器所要求的运动和转矩。箱体的强度、刚度和寿命直接影响机器的工作能力。

根据减速器对箱体的不同要求，必须通过计算来确定尺寸，以保证结构的强度和各个传动零件所需的定位精度。计算载荷应按最大载荷考虑。在多数情况下，箱体的刚度计算是主要的，只要满足刚度条件，通常都能保证所需的强度。只有在箱体承受大的冲击载荷或可能出现较大的意外（故障状态）载荷作用时，才必须计算强度。在某些特殊情况下，还必须进行振动校核。利用计算机软件，运用有限元分析方法对箱体进行的结构分析，可以大大提高箱体设计的可靠性，并且可以节约材料、降低成本。

通过合理的设计，铸造箱体可以在重量一定的情况下表现出最大的强度和刚度。由于铸铁有很大的内摩擦，其减振能力大于铸钢。铸造箱体的缺点是为了制造铸件，必须预先制造模型，附加费用增多，生产周期延长。

焊接结构的箱体的箱壁和肋板的厚度比铸造结构相应要素的厚度小20%。焊接箱体有重量轻、制造周期短、机械加工量小、可以承受较大的冲击载荷、强度和刚度大的优点。焊接结构的箱体的缺点是复杂结构焊接施工比较困难、焊接变形不易控制。焊接结构的箱体的焊接应力可以通过高温退火热处理来消除。

通过对现场正在使用减速器的箱体的使用状况进行故障失效分析，决定是否需要对箱体进行技术改造。在提升机减速器中用焊接箱体替代铸造箱体，通过合理布置加强肋，对薄弱部位进行加强，可以提高减速器箱体的整体刚度和强度，在较短时间内修复减速器。

4. 密封装置的技术改造

减速器的静密封（盖、箱体、法兰之间）可以靠经过精细加工的表面的相互压紧来实现，在不能完全压紧处通过增加弹性填充物来实现。在矿井提升机减速器的实际应用中，通常在盖、箱体、法兰之间采用密封胶，保证静密封的可靠性。

减速器动密封（盖、轴头之间）可以通过接触式密封结构或非接触式密封结构来实现。在矿井提升机减速器的实际应用中，轴头密封结构通常采用迷宫密封结构、甩油环密封结构、油封密封结构和填料密封结构等。

迷宫密封结构的密封原理为利用小缝节流降压与空腔内形成涡流产生密封压力以阻止箱体内油的泄漏。相对速度越高，节流效果越好。在轴径表面线速度大于4.5m/s时，由于设置了多个空腔，油每经过一个空腔，泄漏的压力就逐渐减小，当空腔压力与外侧压力平衡时，即可实现密封。为了有好的密封效果，迷宫上的腔壁与转轴之间的间隙应尽可能小，使节流降压效果提高，并且有足够的空腔。由于受轴头尺寸位置的限制，不可能作成太多的空腔，因此，这种结构只能用于箱体内压力较小的场合。迷宫密封结构分为轴向迷宫密封结构和径向迷宫密封结构。

甩油环密封结构的密封原理为阻挡向箱体外飞溅的油。利用甩油环旋转，使甩油环上的油由于离心力被甩出。由于被甩出的油有一定的压力，也可以阻止油通过。甩油环的尖角方向应指向油箱内，并且密封处不得存油。

油封密封结构的密封原理为，利用油封零件形状形成涡流产生密封压力以及油封零件与被密封轴径之间由于紧密配合产生的机械压力阻止箱体内油的泄漏，另外，在轴径旋转时，油封零件与轴径之间小缝有节流降压效果。由于油封零件材料的性能的原因，轴径表面线速度一般小于12m/s，密封结构处的温度应小于90℃。最好在油封零件与轴径之间加注适量润滑脂。对无骨架式油封的压紧量要适中。为了减少磨损，轴径表面硬度一般为30～40HRC，轴径表面粗糙度一般为0.8～1.6μm。安装油封时，最好使用专用的安装工具。

填料密封结构的密封原理为堵塞泄漏间隙。填料的材料一般为橡胶、塑料、毛毡、尼龙、软金属等。由于存在磨损现象，填料密封结构应设计有压紧、锁固装置，使填料利用弹力堵塞泄漏间隙，并且填料的材料耐磨性要好。不同材料的填料成本及密封效果和寿命各不相同，应根据不同需要加以选用。

通过对现场正在使用减速器的密封状况进行故障失效分析，决定是否需要对减速器的密封进行技术改造。应尽量减少齿轮装置内部的油压，采用大的通气罩，密封处的回油结构应畅通，减少齿轮的搅油损失。提高间隙密封结构相关零件的机械加工精度，使其工作状态的间隙小于0.5mm。选择优质油封供货商，提高油封的寿命。在齿轮装置与不同主机配套时，根据安装及运行条件，注意选择油封的材料性能和结构型式。通常建议为：在高速连续单向运转时，采用甩油环密封结构；在低速连续单向运转时，采用"甩油环＋油封"密封结构；在高速双向运转时，采用"甩油环＋迷宫"密封结构；在低速双向运转时，采用"甩油环＋迷宫＋油封"密封结构，或采用"甩油环＋油封"密封结构。

5. 冷却装置的技术改造

对于一台标准的减速器，往往因为油箱温度过高而使它不能传递更大的功率，因此减少发热、提高散热能力，也是减速器设计的重要环节。减速器传递的功率和减速器的效率直接影响减速器工作时产生的热量，而减速器表面的散热面积及所采取的冷却措施直接影响减速器散发的热量，减速器的热平衡设计应使减速器在一个合理的温度范围内工作。

冷却装置的技术改造可以从减少减速器产生的热量和加强减速器散热效果两方面入手。为了达到高效、低温升和节省能耗的目的，就要求功率损失要少。小的摩擦力、低的温升能够使润滑剂、轴承和齿轮的寿命得以延长。齿轮的搅油损失主要与润滑剂的黏度有关，与润滑剂的种类无关，使用低黏度的润滑剂可以降低搅油损失。齿轮的啮合损失主要与润滑剂的种类有关，与润滑剂的黏度、温度及添加剂无关，使用合成润滑油可将啮合损失降低50%左右。在一定使用条件下，合成润滑油可将功率损失降低70%，除了节省能耗，油箱温度可降低达20℃，换油周期得以延长。合成润滑油的选用应该慎重，应严格检查它同标准密封材料和油漆能否共容。而且合成润滑油的价格较高。使用合成润滑油替换矿物润滑油可以明显减少减速器运转产生的热量。

使用空气、油和水强制冷却，并与增大散热面积相结合，可以强化散热效果。加装冷却风扇、使用经过冷却的润滑油润滑、在减速器箱体上加装蛇形冷却盘管、优化减速器外表面设计等措施都可以明显加强减速器散热效果。

6. 润滑技术的技术改造

保证将润滑剂供向摩擦面的装置的总体，称为润滑系统。减速器的润滑系统可以提高传动效率、减少零件的磨损、保证散热和磨损产物的排出。合理选择润滑系统，可以提高齿轮设备的功率传递能力、延长齿轮设备的寿命。润滑系统的特性主要决定于润滑方式和润滑剂。

（1）润滑方式的选择。如果减速器结构和热功率允许，可以采用浸油飞溅润滑，该润滑结构简单、润滑可靠。浸油飞溅润滑通常用于齿轮圆周速度大于 3m/s 且小于 12m/s 的减速器。低速级大齿轮浸油深度最多为齿轮模数的 6 倍。滚动轴承浸油深度应不超过下部滚动体（球、滚子）的中心。为了使磨损产生的金属颗粒沉淀在油池底部，减少齿轮搅油对沉淀物的影响，应保证足够的油池深度。通常 1kW 功率损耗所需的油池容积为 8 ~ 12L。

如果减速器结构和热功率不允许，采用压力润滑系统效果较好。齿轮传动的润滑油量取决于啮合中产生的热量，近似计算方法为：在齿轮喷油压力为 0.1 ~ 0.2MPa 时，齿轮副每 1mm 齿宽供油量为 0.10 ~ 0.15L/min。

（2）润滑油的选择。润滑剂的选择不应认为是齿轮传动设备的一个附加问题，而应认为是齿轮装置的一个重要部件。合理选择齿轮传动的润滑剂，有利于提高齿轮的强度和寿命，特别是对于齿面的抗点蚀、抗胶合能力更为重要。为了保证齿轮传动装置能正常工作，齿轮润滑油要起到抗磨损、减少摩擦、冷却、防锈蚀、防振动、减少噪声、冲洗等作用。

工业齿轮油是由基础油加入各种添加剂调制而成。基础油目前主要有两种：一种是由天然矿物精炼制成的矿物油，另一种是由化工合成的合成油。合成油比矿物油有更长的使用寿命，在低温时流动性好、在高温时黏度较稳定。矿物油适用的温度范围约在 -10℃ ~ 90℃，短时间可达到 100℃；合成油适用的温度范围约在 -20℃ ~ 100℃，短时间可达到 110℃。

齿轮油的各项性能指标对某一特定的使用工况非常重要。黏度大的油，自身摩擦损耗大，发热量大；黏度小的油，由于不能保持必要的油膜而增加金属间的磨损。良好的极压性能是影响齿轮寿命的关键因素，可以保证齿轮油在高温和挤压条件下，在齿面上形成低熔点金属化合物润滑膜。良好的抗氧化性能，可以保证齿轮油在规定的换油期内不发生变质。具有良好防锈性能的齿轮油能使金属表面形成牢固的防水油膜，防止发生锈蚀。具有良好抗乳化性能的齿轮油能使齿轮油中的水尽快与油分离，沉于油箱底部，保证齿轮油原有品质。

要客观看待润滑油中添加剂，应予注意以下几点：①所有添加剂在使用过程中都会逐渐消耗、蜕化，有些会引起润滑油物理性质的变化，因而不利于提高油的使用寿命，会增加使用成本；②个别添加剂或其产物对金属零件具有缓慢的磨蚀或侵蚀作用，也会在一定程度上增加运动机件间的接触磨损；③极压添加剂（EP润滑油）可能会使机械逆止装置失效。

一般通过对各种工业齿轮润滑油的承载能力进行齿轮试验评定，得出各种润滑油承载能力曲线，在此基础上制定工业齿轮润滑油的选用方法。矿井提升机减速器一般选用闭式工业齿轮油。

7. 减速器整机的技术改造

随着机械设备朝大型化发展，减速器的传递功率越来越大，在减速器结构设计中普遍采用功率分流传动技术，它们都具有传递功率大、重量轻、尺寸小、承载能力高、使用寿命长等特点。功率分流传动技术在原理上有行星机构（动轴）功率分流形式和平行轴（定轴）传动功率分流形式，并且为了保证功率分流的效果，在结构中采用不同的均载技术。为了提高减速器工作的可靠性，对减速器的工作状态进行监控，也是减速器设计中普遍采用的新技术。

行星齿轮减速器在国外发达的工业化国家已广泛应用，我国也逐步在矿山、榨糖、水泥等工业中逐步推广应用。随着我国对国外发达的工业化国家行星齿轮传动技术的设备引进和技术引进，我国行星齿轮减速器的设计制造水平也取得了很大提高，制定了自己的设计规范、工艺规范，并形成了系列产品，行星齿轮减速器的质量稳定性、可靠性大大提高。实践证明，矿井提升机的传动系统中选用行星齿轮减速器具有十分突出的优越性。

平行轴传动功率分流形式减速器也是在大功率减速器结构设计中普遍采用技术。随着我国从德国、法国、日本等国大型功率分流形式齿轮传动技术的设备引进、技术引进，我国也采用当代先进的设计制造技术，自己开发了中心驱动功率双分流形式减速器，并形成了系列产品，在水泥磨机、提升机、甘蔗压榨机等设备中广泛应用。通过采用偏心套技术，弥补了各级齿轮副的制造误差和箱体轴承孔中心距制造误差引起的齿面接触精度降低。在矿井提升机的传动系统中，选用中心驱动功率双分流形式减速器在实践中也已证明是有较大优越性的。

随着电子技术的广泛应用，我国的电子零部件设计制造水平的提高，国产电子零部件的寿命和可靠性大大提高。在减速器设计中选用国产电子产品对减速器的工作状态进行监控，这样既不会大幅提高减速器制造成本，又可以确保减速器安全运行，还可以为对工业设备进行计算机控制提供数据。在减速器和稀油润滑站上应用安全监控设备，一般有下列一些要求：

（1）稀油润滑站油温控制。油温≤8℃时，加热器自动加热；升至20℃，加热器自动关闭；油温≥50℃时，冷却器自动开启冷却；油温≥80℃时，主电动机报警并自动停机。

（2）稀油润滑站压力控制。减速器的进油口压力控制在0.12～0.18MPa。

（3）减速器轴承温度控制。减速器各轴承全部设监控点，如果某个测点温度≥85℃时，便提示报警，主电动机自动停机。

对原矿井提升机的传动系统中配套的平行轴减速器用行星齿轮减速器或中心驱动功率双分流形式减速器进行更换，可以提高传动的能力和可靠性；对原矿井提升机的传动系统中配套的弹簧基础减速器用行星齿轮减速器或中心驱动功率双分流形式减速器进行更换，同时更换高、低速联轴器，使系统的刚度与原系统刚度一致，能避免振动的发生；对原矿井提升机的传动系统中增加安全监控设备，可进一步提高设备运行可靠性。

第五节　主电动机安装

电动机的安装和减速器差不多，电动机的固定形式有两种：一是把它用地脚螺栓固定在基础上；另一种是把它固定在滑槽上，滑槽再被地脚螺栓固定在基础上。直接固定在基础上的方法安装起来比较简便，节省了滑槽的加工，但在今后的电机调整、修理中不如有滑槽的方便。滑槽分铸造的和用型钢焊成的两种，铸造滑槽的规格、尺寸可从机械设计手册查得，焊接滑槽可用8号或10号槽钢焊成。如要用滑槽安装电动机，则在建造基础时在电动机部位就应减去滑槽占去的高度。

不用滑槽固定的电动机的就位方法同减速器完全一样。如采用滑槽固定电动机时，可先将地脚螺栓放入预留孔中，把需放垫铁的地方铲平并放上垫铁，然后在垫铁上放滑槽，将地脚螺栓穿入滑槽的螺栓孔中（为方便电动机的移动，滑槽应顺着移动方向放)，把电动机吊（抬）起后移上枕木，注意在移动电动机时不要将滑槽移位，然后用起重葫芦将电动机吊起，拆去枕木，再慢慢地将它落到滑槽上。电动机落到滑槽上以后，调整它在滑槽上的位置，并让电动机在滑槽上有必要的移动余地，位置调整好，便拧紧固定螺栓，这时便可用钢片尺、塞尺量出两对轮端面间隙并用尺子靠在两对轮的外圆柱面上，调整电动机，使四周的端面间隙相近，并符合要求值，同时使尺子和两对轮的外圆柱面在不同部位都较好的接触。另外还应用水平仪检查电动机机座的横向水平。初调好后，便可浇灌地脚螺栓，经保养后便可进行精调，电动机的精确调整主要是调整联轴器的同轴度和倾斜度，调整时可采用直角尺（刀尺）找正法，这里的联轴器一般用弹性联轴器：一种是 ZT 型带制动轮弹性柱销联轴器，另一种是弹性圈柱销联找正轴器，它不带制动轮，还有就是蛇形弹簧联轴器和齿轮联轴器。

第六节　深度指示器安装

一、深度指示器的结构和工作原理

(一) 单绳牌坊式深度指示器

单绳牌坊式深度指示器由两部分组成：一部分是与提升机主轴轴端成直角连接的传递运动的装置，即牌坊式深度指示器传动装置；另一部分是深度指示器，两者通过联轴器相连。

提升机主轴的旋转运动由传动装置传给深度指示器，经过齿轮对传给丝杠，使两根垂直丝杠以互为相反的方向旋转。当丝杠旋转时，带有指针的两个梯形螺母也以互为相反的方向移动，即一个向上，另一个向下。丝杠的转数与主轴的转数成正比，因而也与容器在井筒中位置相对应，因此螺母上指针在丝杠上的位置也与之相对应，通过指针便能准确地指出容器在井筒中的位置。

梯形螺母上不仅装有指针，还有装有掣子和碰铁，当提升容器接近井口卸载位置时，掣子带动信号拉杆上的销子，将信号拉杆渐渐抬起，同时销子在水平方向也在移动，当达到减速点时销子脱离掣子下落，装在信号拉杆上的撞针敲击信号铃，发出减速开始信号，在信号拉杆旁边的立柱上固定有一个减速极限开关，当提升容器到达一定位置时，信号拉杆上的碰块碰减速器开关的滚子进行减速，直至停车。若提升机发生过卷，则梯形螺母上的碰铁将把过卷扬极限开关打开，进行安全制动。

信号拉杆上的销子可根据需要移动位置，减速极限开关和过卷扬极限开关的上下位置可以很方便地调整，以适应不同的减速距离和过卷距离的要求。

限速凸轮由蜗轮带动，通过限速变阻器或自整角机进行限速保护，使提升机在减速阶段不致过速。在一次提升过程中每个凸轮的转角应在 270°～330° 范围内。

（二）圆盘深度指示器传动装置

圆盘深度指示器传动装置由传动轴、更换齿轮、左右限速圆盘、蜗轮蜗杆、机座等组成。

更换齿轮是根据提升机规格和用户实际使用的提升高度进行选配的。

主轴转动通过传动轴和更换齿轮，传给左右限速圆盘，左右圆盘上均装有碰板装置和限速凸轮板，通过减速开关、过卷开关及自整角机发出信号，进行减速和安全保护，限速凸轮板由用户按实际速度图进行配制。

蜗杆轴右端连接有发送自整角机，由它和深度指示器（装在操纵台上）上的接收自整角机组成的电轴能够将主轴的转动信号准确地输送给深度指示器，从而正确地指示容器在进筒中的位置。

自整角机限速装置的自整角机的轴上装有杠杆，使左右限速圆盘上的限速凸轮板在减速时碰压其杠杆上的滚子，使自整角机轴回转，要求从限速凸轮板碰压滚子开始到限速结束自整角机回转45°。

（三）圆盘深度指示器

1. 圆盘深度指示器的工作原理

一对自整角机中主动旋转的叫发送自整角机，进行角度跟随的叫接收自整角机，如把发送自整角机连到主轴上，接收自整角机装上指针；那么，随着卷筒的转动，接收自整角机上的指针就跟着转动，指示出容器的实际位置。为了适应各种不同规格提升机和各种井深，实际使用中还要进行一些速比的换配。在指示器中装了两个指针，配置了传动比 $i=125$ 的一套齿轮后，带动的是粗针，指示精度略低，用于指示运动中提升容器的大致位置。配置传动比 $i=5$ 的一对齿轮后带动的是精针，能较精确地指示容器位置，可作为操作人员停车的依据。

用于单绳缠绕式提升机的圆盘深度指示器传动装置，它的发送自整角机装在与主减速器低速轴连接的深度指示器传动装置上（装置如前述）。后期生产的多绳摩擦式提升机，也增加了自整角机传动的圆盘深度指示器，但它的结构简单些，只有精针而无粗针。这种圆盘深度指示器（有时也叫精针盘）的发送自整角机在主轴左端的精针发送装置上，而精针盘装在牌坊深度指示器的上方。

2. 圆盘深度指示器的结构

单绳提升机用的圆盘式深度指示器是由指示圆盘、精针、粗针、有机玻璃罩、接收自整角机、停车标记、齿轮、架子等零件组成。圆盘深度指示器接收自整角机接收来自深度指示器传动装置信号，经过三对减速齿轮带动粗针，进行粗针指示。

精针是由一对减速齿轮进行传动的，指示圆盘上有两条环形槽，槽中备有数个红、绿色橡胶标记，用来表示减速或停车的位置。

（四）丝杠式粗针指示器

圆盘深度指示器虽然有结构简单、指示精度高等优点，但它的指针做圆周运动，与提升机容器没有直观上的"上""下"对应关系，对于长期使用牌坊式深度指示器的操作人员来说，似乎有点不习惯。另外，圆盘深度指示器对多水平也不太适应。为此，研制了丝杠式粗针指示器。

由自整角机传动的丝杠式粗针指示器结构是由游动指针、指示灯、固定指针、齿轮对、接收自整角机、丝杠、螺母、导向钢丝、日光灯等组成，丝杠式粗针指示器通常是和圆盘精针指示器配合使用。其接收自整角机接收来自深度指示器传动装置中发送自整角机的信号，经过一对齿轮带动丝杠从而螺母带动游动指针进行深度指示。刻度板上固定有指示灯，固定指针，可用来作为停车标记或减速标记。

二、牌坊式深度指示器安装方法

牌坊式深度指示器具体安装方法和步骤讲述如下：

（1）用煤油清洗传动轴齿轮、蜗轮、蜗杆、指示箱体及丝杠等，用布擦洗干净。将传动轴连同支承座一起吊放在基础位置上，传动轴安装时，一方面以主轴大伞齿轮的啮合情况为准，另一方面用方水平尺找平传动轴的水平度。

（2）提升机主轴上固定的大伞齿轮2和传动轴上固定的小伞齿轮3应正确啮合。检查方法如下：

在小伞齿轮的齿上涂显示剂，转动主轴（往复转动两次），检查接触精度。然后，用压铅法检查两齿轮的啮合间隙，调整传动轴支座或加减支座下面的垫铁，使伞齿轮正确啮合。

（3）深度指示器箱体安装：将指示器箱体吊放在基础的垫铁平面上，以传动轴半联轴器为基准，用精密钢板尺（刀尺）配合塞尺的方法进行找平；找正的具体方法是在指示器的标尺边缘处，挂一个线坠，测视深度指示器的垂直度。找平找正后用水泥砂浆将箱体及传动轴支承座的地脚螺栓进行二次灌浆。

三、圆盘式深度指示器安装方法

圆盘式深度指示器其安装方法如下：

（1）用煤油清洗和检查传动轴、传动齿轮、蜗轮及蜗杆，并清洗变速箱内部。然后用细砂布将传动轴与减速器被动轴连接平面处的锈擦掉。

（2）将传动轴安装在减速器从动轴的轴端上并用临时支架支承好，将精密方水平尺放在传动轴上，找平传动轴的水平度，调整方法是当轴不水平时，用临时支架下面所垫的斜垫铁进行调整即可。传动轴找正：将画线盘放在轴的外端联轴器垂直平面处，盘车测量传动轴的同心度和倾斜度，当超过规定标准时，可用移动临时支架和起落临时支架进行找正。

（3）圆盘式深度指示器箱体安装：当传动轴找平找正后将指示器箱体吊放在基础的垫铁平面上。以传动轴半联轴器为基准，用精密小钢板尺配合塞尺，找正联轴器。两联轴器的端面间隙值为3～4mm，同时将方水平尺放在箱体加工面上进行找平，当水平度与规定值有误差时，用对箱体下面放置的垫铁进行加高或降低的方法进行调整。

第七节　操作台安装

一、斜面操纵台的结构组成及应用

斜面操纵台有两个手把，在司机左边的叫制动手把，其作用是操纵机器进行抱闸和松闸。该手把通过转轴与下面自整角机连接，此自整角机电压变化可改变电液调压装置可动线圈电流的变化。当手把拉向最后面位置时，自整角机的电压为零，此时为机器全抱闸状态。手把在角度70°范围内移动时，自整角机相应地输出一定的电压，使电液调压装置的可动线圈得到相应的电流，从而达到调节制动力矩的目的。在司机右边的手把叫操纵手把，其作用是操纵主电动机启动，停止、正反向旋转等。该手把下面通过链条与主令控制器连接，手把处在中间位置时为主电动机断电状态，手把由中间位置向前推动，主电动机正转启动。手把由最前位置拉回到中间位置，主电动机开始减速直到断电为止。当手把从中间向后拉时，主电动机又启动，但运转方向相反，手把再由最后位置推到中间位置时，提升机停机。手把由中间位置向前或向后搬动时，由于主令控制器的作用，在主电动机转子回路中减少或加入了电阻，从而达到机器加速或减速的目的。

斜面操纵台的斜面上装有两个油压表，12个信号灯及数个电流、电压表，两个油压表（一个是指示制动器油的压力，另一个指示润滑油的压力）。操纵台平面右侧装有四个主令开关，中间装四个转换开关，左右两侧还装有数个按钮。操纵台底部左侧装有一个动力制动变阻装置，供提升机动力制动用，当脚踩后踏板时，通过杠杆使行程开关动作，投入动力制动。底部右侧装有一个脚踏开关，当提升机在运转过程中发生异常情况，需进行紧急安全制动时只踩此开关。在操纵台斜面中间装有一个圆盘深度指示器，用来指示提升容器的位置。

二、斜面操纵台的安装

(一) 清洗检查调整部件

操纵台上装有的开关、仪表、深度指示盘等，安装时都要进行校对检查。机械仪表送到专门量具仪表检查单位进行校对、检查、调试 (最后由检查单位出合格证)。电气仪表等由专门的电气试验组进行调试 (最后出示检查证书)。各种仪表校对检查调试后，应装在操纵台原位置处，不允许锤击或振动，以保持仪表的灵敏可靠。

(二) 操纵台吊装

经检查后的操纵台由起重工选用合适的起重工具将其吊放在司机台基础的垫铁平面上。吊装时一定要注意轻拿轻放，不能振动，以防仪表失灵 (仪表检查、调试工作放在吊装后进行亦可)。

(三) 操纵台找平

在箱体的平面处放两块普通水平尺进行找平。方水平尺测量操纵台纵向水平度，另一块方水平尺测量操纵台横向水平度。如不平时，可用加减箱底下面的斜垫铁进行调整。

(四) 操纵台找正

在箱底座纵横十字中心线上分别找 A、B、C、D 四个点，按操纵台基础平面上弹好的十字基准墨线进行找正。如箱体位置不正，可移动箱体进行调整，直到合适为止。

操纵台找平找正完毕，进行二次灌浆，经养护后，可进行压力表油管及各种电缆的连接。

第八节　润滑油站、测速发电机安装

一、润滑油站的安装

(一) 润滑系统的组成及应用

矿井提升机的减速器及各部轴承的润滑油，均由润滑油站集中供给。油站设有两套齿轮油泵装置，一套为备用，一套正常运转。过滤器应定期清洗 (每三个月清洗一次)，以保证润滑油的洁净。减速器内部设有压力油喷嘴，专门润滑齿轮工作面。喷嘴安装前必须认真检查，如发现喷口过大或过小要进行处理，以确保齿轮工作面有足够的供油量。在泵站装置中设有旋塞阀，当油压过高或油泵发生震动及响声时，可调整旋塞 3 进行溢流，使油泵正常运转。

(二) 润滑油站安装

安装位置在减速器侧的基础坑内，安装标高尺寸，按减速器箱体的供油管中心水平下降 50～100mm 为油泵吸油口中心水平。油管安装按油泵与减速箱的距离尺寸 (或按施工图纸尺寸) 进行安装。主轴承及减速器轴承上供油指示器的供油量，一般调到油柱在 2～3mm 即可。

(三) 打循环油

当润滑油泵站、管路及附件安装完毕后，要打循环油。具体做法是使两台齿轮油泵分别连续运转 8 小时。在打循环油时，油管、供油指示器、减速器齿轮、润滑油喷嘴等都要畅通，否则要处理。在打循环油时为了防止脏油进入各轴承中，事先应将各供油指示器连接管活接头用临时管短接起来。打循环油目的是测试齿轮油泵运转情况是否良好，各部油管通过打循环压力油进行油洗，达到管路清洁无脏物，并检验管路安装有无泄漏。完毕后，要将减速器箱体油池中的脏油放完，并进行擦洗。

二、测速发电机安装

(一) 测速发电机的应用及结构组成

测速发电机装置主要用于提升机的限速或超速保护。它是由一台他激直流发电机组成，其轴上装有小三角皮带轮。测速发电机通过三角胶带与减速器高速轴 (输入轴) 的三角皮带轮相连接进行传动。

(二) 测速发电机安装

以减速器三轴 (输入轴) 的轴心水平为基准标高，以三轴的中心线为基准线，按各尺寸距离，找平找正测速发电机。

第九节　制动盘及滚筒衬木槽的车削任务

一、制动盘 (简称闸盘) 的车削

根据用途、结构及装运条件，有时制动盘需要在安装现场进行加工。在现场加工的制动盘一般制造厂只进行粗加工，厚度上留有 6mm 左右的加工余量。对制动盘的加工精度要求较高，下面介绍其加工方法。

(一) 加工设备的选择

选用何种装置加工，可由现场具体情况决定。一般有两种加工方法：第一种方法是，在提升机安装完毕、二次灌浆后，利用微拖动装置带动滚筒进行制动盘车削；第二种方法是不设微拖动装置时，可采用矿用 11 型刮板运输机的减速器和电动机，将其放在一个特制的机座上，在刮板运输机的减速器传动轴上装一个 B 型三角皮带轮，用三角带与提升机主减速器高速轴 (测速发电机端) 上的三角皮带轮相连接，使主轴转动，并满足切削速度 0.4 ~ 0.5m/s，滚筒 3 ~ 4r/min 的要求。制动盘加工用的车床是特制的专用机床，安装在制动器的基础上，按车削制动盘要求的尺寸，将车床找平找正，拧紧地脚螺栓。加工用的刀杆及刀头的截面宜大，以满足走刀行程平稳及刚度的要求。

(二) 制动盘车削及磨削

制动盘车削时，开动矿用 11 型刮板输送机电机，带动提升机主轴转动。此时将车床上的刀杆装好，用拖板架上的手摇把将刀头对好制动盘，进行走刀车削。车削的粗糙度大于等时，要进行磨削，可采用专用的磨削动力头或自制的磨头安装在小拖板上进行。

(三) 加工活动滚筒制动盘

加工活动滚筒制动盘时，为防止活动滚筒的轴向窜动，应事先将滚筒的右挡绳板与固定滚筒的左挡绳板之间，用4～6个角铁沿圆周方向的临时点焊在一起，待制动盘加工完毕后铲掉。加工时为防止主轴的轴向窜动 (产生车刀刀尖扎进闸盘的事故)，应在主轴左端的轴承圆周孔上连接一个活顶尖架的方法，使主轴始终压向右侧。

二、滚筒衬木敷设及车削绳沟

(一) 滚筒衬木的敷设

滚筒衬木采用强度高、韧性大的木材 (如水曲柳、柞木、榆木等)。按施工图纸尺寸加工成长条方木 (每块方木宽度为150～200mm，长度为滚筒的宽度，厚度为钢丝绳直径的两倍)。敷设时先把长方木按滚筒外圆刨成弧面，使衬木与滚筒外皮之间能紧密贴合。然后按滚筒皮上的孔距和孔径打记号，随之取下来进行钻孔、扩孔，扩孔深度为孔深的一半，孔加工后从一端开始在每块长方木的两端各拧入一个平头螺栓。依次将所有衬木固定在滚筒上，在固定衬木时必须互相挤紧，最后用木塞沾胶水将螺孔外端堵平。

(二) 衬木车削工具的选择及安装

将车衬木及车削绳沟用的特制专用车床安装在司机台一侧的滚筒附近，按需用位置的尺寸对车床进行找平找正并拧紧预埋的地脚螺栓。其传动方式为在主轴上安装一个开式皮带轮 (轮径按需要尺寸而定)。与车床的床头平皮带轮用平皮带相接，使车床转动。床头的皮带轮与走刀传动丝扛用齿轮传动，齿轮组间的传动比要按需要的速度进行换算来决定。当主轴旋转时车床通过齿轮传动丝扛随之转动，大刀架的纵向行走由丝扛的开式螺母的离合进行控制，小刀架的横向行走由手摇轮进行控制。车削时按工序更换衬木车削刀具、衬木划绳沟刀具、车绳沟刀具等。

(三) 衬木绳沟车削

在车床刀架上装好尖刀即可对滚筒衬木进行车削光面工作。接着进行绳沟画线及车削，其具体方法是用专用刀具，在车削过的衬木光面上，以滚筒出绳孔处沿滚筒圆周画成绳沟螺旋线，然后用专用刀具按已画出的螺旋线进行绳沟的车削。

第十节 盘形制动器的安装

一、结构及布置

盘形制动器简称盘形闸是矿井提升机制动系统的重要部件，它与一般常见的工作闸不同，其制动力是轴向作用在制动盘的两个平面上。

每一副制动器包括两个制动缸，使用时视所需制动力大小可使用2、4、6、8副。

二、工作原理

盘式制动器的工作原理是用油压松闸，以弹簧力制动。当压力油进入活塞的前腔时，通过活塞压缩碟形弹簧，使调整螺钉带动紧定螺钉及柱塞随活塞一起右移，从而带动筒体及闸一起向右移，形成松闸。当油压下降时，在碟形弹簧作用下，使活塞、调整螺钉和柱塞推动筒体，使闸瓦向左移动，达到制动目的。

三、盘形闸安装

(一) 安装前准备

安装前要对盘形闸的各部件进行清洗，同时检查"O"形密封圈有无损伤（如有损伤要更换）。在装配时不能用力敲击，以免剪断密封圈。随后再调整螺钉，使两个筒体的伸出距离相等。

(二) 盘形闸机体的吊放

将盘形闸机体吊放在基础的垫铁平面上，然后将平垫铁及斜垫铁摆正、摆好，并穿上地脚螺栓初步拧紧。

(三) 盘形闸标高的确定

盘形闸油缸的中心水平，应与主轴的轴心实际标高相一致。先找出轴心水平线（延长到制动盘两侧面），而后用划针画出闸盘，摩擦圆与轴心水平线的交点，再过此交点作轴心水平线的垂线。

第十一节　液压站的安装

一、液压站的作用

(一) 液压站的主要作用

液压站主要用于控制盘形制动器，其具体作用如下：

(1) 在提升机正常工作时，产生工作制动所需的油压，使盘形制动器产生所需的制动力矩。

(2) 当提升机工作异常时，能迅速回油，产生安全制动。

(3) 控制双滚筒提升机的调绳装置 (离合器)。

液压站分为相互独立的工作制动和安全制动部分。工作制动部分又分互相独立的两套，若其中一套损坏，可以方便地转换到另一套进行工作，同时可以检验另外一套。各种液压元件均在油箱盖上，便于维修。

(二) 调绳装置

在双滚筒提升机中，设有调绳装置，它的用途是使活滚筒与主轴分离或连接，以便更换水平、调节绳长或更换钢丝绳时，使两个滚筒产生相对运动。

对调绳装置的要求：在尺寸不大的条件下能够承担加在滚筒上的静力和动力；调绳装置的结构应当允许活滚筒与主轴迅速而又容易地分离或连接；为了能精细地调节绳长，滚筒所允许的最小相对转动数值愈小愈好，一般在钢丝绳缠绕圆周上不应超过 150 ~ 200mm，当然，相对转角越小就会使调绳装置构造愈加复杂。此外，为了使调绳装置能快速动作，必须对调绳装置进行远距离操纵。

二、液压站安装

液压站箱体是由铁板焊成的，在箱体中分上下两部分，中间用铁板隔开，下部为储油箱，上部安装叶片泵、电动机、电液调压装置、五通阀、四通阀、减压阀、油管等。液压站安装程序如下：

(一) 设备部件清洗

清洗检查装在箱体上部的叶片泵、电液调压装置、安全阀、滤油器等，同时清除箱体下部储油池中的脏物。

(二) 标高的确定

标高的确定以二级制动安全阀的回油管口为准。B 点要高出盘形制动器油缸中心水平线 80mm。是为了在安全制动时，防止压力油回完，造成空气集聚而延迟松闸时间。

(三) 液压站的吊装

当标高确定后在基础上放置好垫铁，而后用适当的起重工具将液压站箱体吊放在垫铁平面上。

(四) 液压站箱体找平

以安装好的盘形制动器的油缸中心点为基准，用水准仪测量箱体上的点 B，使 B 点标高高出油缸中心点 80mm 为宜。箱体自身水平可用普通水平尺放在箱体加工面上进行找平。水平调整可用箱体下面放置的斜垫铁进行调整。

(五) 液压站箱体找正

按施工图的设计位置，在提升中心线上垂下两组线坠，对准箱体的纵向中心点进行找正。可用位移箱体的方法，调整到要求位置为止。

(六) 油管安装

当箱体二次灌浆养护后，可按图安装压力油管和回油管路 (油管要事先进行酸洗)。

第十二节　设备调试

一、液压站的调试

以 2JK-3/11.5 型提升机为例，液压站调试时需用的最大工作油压值 P_x 为 6MPa。此油压值暂作为液压站调试用，在提升机负荷试车后可按安全制动减速度的要求确定。按初步确定的最大工作油压值 P_x（6MPa），进行定压和残压调整，其具体调整方法及步骤如下：

（一）最大工作油压值 P_x 的定压方法

（1）将安全阀上的电磁铁断电。

（2）将溢流阀上部手柄拧松。

（3）启动油泵电动机（应注意旋转方向）。

（4）用手将电液调压装置中的控制杆向下轻按使其与喷嘴紧紧贴上，此时慢慢向前拧动溢流阀手柄，直到压力表上油压升到 P_x+0.5MPa 的油压值为止。接着调整压力继电器，使压力继电器开关动作，油泵电动机断电停转。随之将溢流阀的手把往回拧动，当油压退回到 P_x 值（6MPa）时将手柄用背帽锁紧。

（二）残压的调整

（1）电液调压装置的动线圈不要通电。

（2）用手将控制杆轻轻上提，直到压力表停在某一压力不再下降，此压力称之为"残压"。要求残压不大于 0.5MPa，然后将控制杆慢慢下放，可通过拧松十字弹簧上端的螺母来实现，当压力表的压力开始上升时用螺母将控制杆固定在十字弹簧上。

（3）当残压太大时，可适当减小节流孔的孔径，或检查节流孔的连接螺纹处有无松动漏油现象。

（三）可动线圈方向检查

将直流电源通入电液调压装置上的可动线圈并检查方向。通电时线圈应向下移动，否则应将电线接头调换。

（四）电流检查

使直流电流不断增加，直到压力表显示出 P_x 值为 6MPa 为止。此时最大电流不应大于 250mA，如果在最大电流时还达不到 P_x 值（6MPa），应做以下检查：

（1）控制杆是否已将喷头孔盖严。

（2）电液调压装置是否漏油。

（3）溢流阀连接密封处是否漏油。

将所需直流电 I_x 值记下，作为调整操纵台制动手把的依据。即制动手把从全制动位置 I_x=0 推到全松闸位置，I_x 为最大值。

将油泵电机断电，若安全阀电磁铁通电后压不下去，或压下后发出嗡嗡的响声，就应将安全阀下部的弹簧松一些；若电磁铁断电后不能迅速升起衔铁，应将弹簧拧紧一些。

二级制动特性的调整是利用安全阀上的节流杆，节流杆愈往上移，二级制动速度愈快。如果不要二级制动，可将节流杆拧到最上端。将电接点压力温度计的上限触点调在65℃。

二、盘形制动器的调试

（1）闸瓦返回用的两个圆柱弹簧调整到在松闸时能达到迅速拉回闸瓦即可，弹簧预压力不宜调得过大，以免影响制动力矩，甚至会发生当闸瓦磨损到一定尺寸后，在制动时，圆柱弹簧全部压死，丧失全部制动力矩的情况，因此在安装、检修或更换闸瓦而需调整闸瓦间隙时，必须相应地调整两个圆柱弹簧。

（2）闸瓦磨损开关应调到闸瓦磨损后间隙达到2mm时，开关动作，发出信号通知司机（在负荷试车前调整）。

（3）液压站和斜面操纵台与电控进行联合调试，应达到如下的要求：

①制动手把在全抱闸位置时，斜面操纵台上的毫安表读数应接近零。制动油压力表残压 $P \leqslant 0.5\text{MPa}$。

②制动手把在全松闸位置时，记录毫安表电流值 I_{mA1}，制动油缸应为最大工作油压值 P_x。

③制动手把在中间位置时，毫安表读数应近似为 $I_{mA1}/2$ 而油压值应近似为 $P_x/2$。

根据 I_{mA1} 调整控制屏上的电阻，保证自整角机转角为手把全行程，要尽量减少手把空行程。

④测定制动特性曲线，应近似为直线，即电流和油压应近似为正比关系。方法为：将制动手把由全抱闸位置到全松闸位置分若干等距级数（一般可分15级左右），手把每推动一级，记录毫安表电流值和油压值，手把从全制动位置逐级推到全松闸位置和手把由全松闸位置逐级拉回到全制动位置，各做三次。将记录的电流和油压值作出特性曲线，作为整定其他部分的依据。

最后调整制动器闸瓦间隙，并确定闸瓦贴闸时的油压值和电流值，将确定后的贴闸电流和全松闸、全抱闸时的电流值作为初步整定电控的依据，最终整定值，要到负荷试车阶段才能确定，因负荷试验时，最大工作油压值还要调整，因此电流值也还要改变。

三、深度指示器的调试

（一）圆盘式深度指示器

（1）在深度指示器传动装置装到基础之前，首先将限速装置与限速板和减速行程开关进行粗调，因这部分调整工作量较大，如装到基础后再调，由于该位置比较狭窄，离地面低，调整费力费时，影响调试工作的效率。所以在就位前首先进行粗调，待传动装置就位后再进行精调较好。

（2）深度指示器在现场拆卸清洗后，应保证装配的正确，用手轻轻捻拨应转动灵活，然后接入传动装置上的发送自整角机进行联合试转，粗精针运转应平稳，并在任何位置上均能准确停止，无前冲、卡阻、别劲和震摆现象。

（3）碰板装置上的减速碰板应转动灵活，不应有卡阻现象，小轴上的两个螺母需拼紧，以免松脱。

（4）减速和过卷用的行程开关在安装时，其滚子中心须对准圆盘回转中心，否则碰压开关时，会增加阻力，造成开关移动而失灵。

（二）牌坊式深度指示器

（1）传动轴的安装与调整应保证齿轮啮合良好。

（2）指针行程应为标尺全长的 2/3 以上，传动装置应灵活可靠，指针移动时不得与标尺相碰。

（3）装配丝杆时，应检查丝杆的不直度，其不直度在全长上不得大于 1mm。

第十三节　JK 型提升机试运转

一、试运转前的清洗及准备

（1）清除提升机房内的一切脏物，清扫和擦净落入设备上的灰尘和油污。

（2）复查各部螺栓，装齐各保护罩及安全栏杆，并要认真检查和试验下列项目：

①要对电气控制设备进行调整及试验；

②对司机台的操纵系统要进行试操作；

③对各种仪表要进行试验。

（3）按要求向各部油箱及油泵内注油，注油量为视油镜 2/3 的位置。如是滚动轴承要注入润滑脂，注油量为油室的 2/3。

二、空负荷试运转（不挂钢丝绳和容器）

（1）空车试车前，须将圆盘式深度指示器传动装置上的碰块和限速凸轮板都取下，以免碰坏减速开关、过卷开关和限速自整角机装置。将牌坊式深度指示器的联轴器分开，以免损坏丝杠、丝杠螺母及其他零部件和开关。

（2）试验调绳离合器，首先轮齿要润滑良好，然后用1MPa油压试验三次，应能顺利脱开和合上。再用2MPa、3MPa、4MPa的油压各试验三次，均能顺利脱开和合上，脱开和合上时间应在10s内完成，行程为60mm。试验时各密封处不得有漏油现象。

（3）闸住活滚筒将离合器打开，正反方向各运转5分钟，连续运转三次，用温度计测试活滚筒的铜瓦和铜衬套温度，其温升不大于20℃。

（4）盘形闸与闸盘的接触面积必须大于60%，紧急制动空行程时间不超过0.5s，松闸时间越快越好（一般不超过5s）。在施闸运转中注意闸盘温度不超过100℃。闸瓦贴磨方法如下：

①贴磨前先将闸瓦用热肥皂水清洗干净；

②预测贴闸当时的油压值；

③预测各闸瓦（加衬板）的厚度；

④启动提升机进行贴磨运转，贴磨正压力一般不宜过大，略比贴闸时的油压低0.2～0.4MPa，并随时注意闸瓦温度，超温时应停止贴磨，待冷却后再运转，以免增大制动盘粗糙度。闸瓦接触面积达到要求后，停止贴磨，并应重新将闸瓦间隙按规定调整好。

（5）提升机各部经调整合适后，即可进行空车试运转。连续全速运转，正、反转各4小时，主轴装置运转应平稳，主轴承温升不超过20℃。减速器运转应平稳，不得有异响或周期性冲击声，各轴承温升不超过20℃。全面检查提升机各部件，如发现问题，应及时排除。

（6）调试深度指示器的指示正确性，检查试验过速、减速、过卷等讯号的正确性及准确性，并检查斜面操纵台两操纵手柄的联锁作用。

三、负荷试运转

（1）提升机各部件空负荷试运转合格后，在已安装好的天轮上，按施工规范，将钢丝绳及提升容器（箕斗或罐笼）挂上。打开滚筒离合器，调整钢丝绳长度，将两个容器的停车水平调整到合适位置。同时将深度指示器进行相应的减速，停车等有关标记，并调整深度指示器传动装置上的碰板、减速开关、过卷开关的位置及限速板的配置。

（2）在挂好钢丝绳及提升容器并经多次往复试运转及调整完毕后，要进行加载荷试验。载荷应逐级增加，一般分为三级，1/3F、2/3F、F（满负荷），前二级负荷运转时间为正反转各4小时，满负荷运转时间为24小时。当加载到2/3F试车后，应检查主减速器的齿面接触精度，如达到要求，才可进行满负荷试车。在满负荷试车时应检查各部件有无残余变形或其他缺陷。在进行各级负荷试验时，应将液压站的工作油压调整到额定压力值（6.5MPa）。

（3）在负荷试验时应着重检查下列各项：

①工作制动可调性能否满足使用要求；

②安全制动的减速度应满足规定要求；

③各联锁装置的可靠性；

④主轴及主减速器各轴承的温升情况，液压站油的温升情况。液压站的油压值是否为 6.5MPa；

⑤检查润滑油站工作情况。润滑油的压力值应保持 0.1 ~ 0.2MPa，当不合规定值时，可拧动齿轮油泵的油压调节螺栓，使其达到要求值；

⑥检查各部件运转声音是否正常；

⑦经常检查各轴承的供油指示器滴油情况（正常为 $\varphi 2 \sim 3mm$ 的线条状），如不合要求可拧动供油指示器上端的横把进行调整。

在负荷试运转中，对上述的各检查部位，应设专人定期检查，当发现问题时，应立即停车进行检修调整，使其达到质量标准的规定。在试运转中应将检查及处理情况做好记录。

四、设备的涂漆

当提升机负荷试运转合格后，将机械的各部油污擦抹干净，然后对机械进行涂漆。机房设备涂灰色，进油管涂红色，制动油管涂绿色（也可按使用单位意见进行选色）。

第十章　胶带输送机

第一节　胶带输送机工作原理及构造

一、常用胶带输送机类型

（一）通用胶带输送机

这种输送机用在一般物料的输送上。在选煤厂所用的胶带输送机，绝大多数采用这种类型。

（二）花纹胶带输送机

这种输送机的胶带工作面上制有凸出的花纹，可以有效地防止运输物料的下滑和滚动，使输送倾角增大至35°。当需要采取较大倾角输送物料时，可以采用这种类型的胶带机。

由于一般的胶带输送机的倾角不能太大，所以在一定程度上限制了它的应用范围。为克服这个缺点，近年来开始出现大倾角花纹胶带输送机。其基本构造和通用的胶带输送机没有很大区别，主要不同的地方是在胶带的工作面上。

花纹胶带输送机的胶带工作面上造有各种凸出的花纹。花纹的形状有鱼骨形、油斗形、点状和条状等几种。花纹突出高度，小者几毫米，多者达20mm。由于工作面上具有花纹，增加了物料在胶带上向下滑的阻力，因而这种输送机倾角可以较大一些，根据我国现场的使用经验，运输块状或粒状物料时，胶带倾角可达35°。合理地布置胶带的花纹，对提高输送机的使用效率和可靠性有重要意义。花纹的布置除了保证输送机在大倾角下可以输送一般物料以外，还需要使胶带横向和纵向的挠性好，只有这样，才能使胶带自由地安放在托轮上，并平稳地通过各种滚筒。除此以外，花纹的布置还应当使胶带能连续、平稳地通过下托辊，并使物料不易粘在或卡在花纹之间，在工作过程中清扫胶带也应比较方便。根据这些要求，我国在大倾角花纹胶带输送机系列设计中采用短条斜错排列的形式。

（三）钢绳芯胶带输送机

钢绳芯胶带输送机的特点是胶带用钢绳代替帆布做带芯，所以胶带有很高的强度。用这种输送机能够实现单机长距离运输，使运输系统简化，提高运输效率。

（四）钢绳牵引胶带输送机

钢绳牵引胶带输送机是一种强力胶带输送机，在我国煤矿中已广泛应用。这种输送机的特点是以钢丝绳作为牵引机构，胶带只起承载作用，不承受牵引力。它与普通胶带输送机相比较，具有输送距离长、输送能力大、功率消耗小、运行平稳、可以乘人、易于实现自动化等优点。

根据安装特点，胶带机又可分为固定和活动两种。选煤厂多采用固定式的胶带机，并且这种胶带机已为系列产品。下面以此系列的胶带机为主，讲解其结构和使用情况。

二、工作原理

（一）胶带输送机工作原理

胶带输送机主要由胶带、传动滚筒、拉紧装置、托辊机架及传动装置等几部分组成。

胶带绕经两端滚筒后，用胶带卡子或硫化方法，将两头接在一起，使之成为闭环结构。胶带由上、下托轮支承着，由拉紧装置将胶带拉紧，具有一定的张力。当主动滚筒被电动机带动而旋转时，借助于主动滚筒与胶带之间的摩擦力带着胶带连续运转，从而将装到胶带上的货载从卸载滚筒处卸载。

（二）胶带输送机传动原理及其特点

（1）胶带输送机的牵引力是通过传动滚筒与胶带之间的摩擦力来传递的，因此必须将胶带用拉紧装置拉紧，使胶带在传筒滚筒分离处具有一定的初张力。

（2）胶带与货载一起在托轮上运行。胶带既是牵引机构，又是承载机构，货载与胶带之间没有相对运动，消除了运行中胶带与货载的摩擦阻力。由于托轮内装有滚动轴承，胶带与托辊之间是滚动摩擦，因此运行阻力大大减小，从而减少了功率的消耗，增大了运输距离。

对于一台胶带输送机，其牵引力传递能力的大小，决定于胶带的张力、胶带在传动滚筒上的围包角和胶带与传动滚筒之间的摩擦系数。要保证胶带输送机的胶带在传动滚筒上不打滑，正常运行，在生产实践中要根据不同情况采取相应的措施。提高牵引力的传递能力可从以下几方面入手：

①增大拉紧力(初张力)。胶带输送机在运行中，胶带要伸长，造成牵引力下降，所以要根据情况，利用拉紧装置适当地将胶带拉紧，增大胶带张力，以提高牵引力；

②增大摩擦系数。其具体措施是：保护好传动滚筒上覆盖的木衬或橡胶等衬垫，以增大摩擦系数，另一方面要少出水煤，预防摩擦系数减少；

③增加围包角。井下胶带输送机由于工作条件差，所需牵引力大，故多采用双滚筒传动，以增大围包角。

三、胶带输送机的构造

胶带输送机的主要部件有传动装置、胶带、机架、滚筒、托辊、拉紧装置、清扫器、装料和卸料装置等。

胶带输送机的基本结构：胶带绕过传动滚筒及尾部滚筒 3 形成无级循环的牵引机构，在滚筒之间的机架上按一定距离安装着托辊，用来支承载有物料的胶带段(重段)和回空的胶带段(空段)。传动滚筒由电动机通过减速器带动，胶带与滚筒之间的摩擦力使胶带移动，这时由给料漏斗(装载装置)加到胶带上的物料就和胶带一起移动。当胶带绕过传动滚筒时，物料就在重力和离心力的作用下卸到排料漏斗(卸料装置)中。小车和系在它上面的重物是胶带输送机的拉紧装置，它的作用是通过安装在小车上的尾部滚筒使胶带处于张紧的状态。这样，胶带在两托辊之间悬垂度不致过大，而传动滚筒也能有足够的牵引力传送给胶带。

(一)传动装置

胶带机的传动系统：电机通过齿轮减速机带动传动滚筒 3 转动，依靠滚筒与胶带间的摩擦力带动胶带运动。胶带输送机的电动机多为鼠笼型电动机，一般采用 Y 型。在有煤尘爆炸危险时应采用防爆电动机。

一般胶带输送机的传动电动机与减速器之间用弹性联轴器或柱销联轴器连接。柱销联轴器具有体积小、质量轻、结构简单的优点。所以，在 TD75 型单电机驱动系列产品中就采用尼龙柱销联轴器。减速器与传动滚筒之间多采用十字滑块联轴器连接。

对于运输距离长、功率大的胶带机，为改善其启动性能，多采用粉末联轴器或液力耦合联轴器。这两种联轴器的工作原理相似，都是电动机首先带着叶轮空转，叶轮拨动联轴器内的钢珠传动，钢珠在离心力的作用下对外壳产生摩擦力而使其回转，从而带动减速机。液力偶合器中放置的不是钢珠，而是液体(油或乳化液)。

胶带输送机的传动方式可分为单滚筒传动、双滚筒传动及电动滚筒传动等几种方式。

单滚筒传动具有结构简单、所需设备少及胶带的弯曲次数少等优点。为了增大其牵引力，可采用改向滚筒或增大静摩擦系数的方法。这种传动方式适用于运输距离较短的场合。

双滚筒传动具有牵引力大的优点，多用于长距离、大功率的输送机上，但双滚筒传动对每个传动滚筒的制造和安装精度要求高。由于制造误差以及磨损等原因，两个滚筒的直径不可能完全相同，总存在着一些差别，这样载荷分配就要发生变化，使功率利用不充分及传动不稳定。为了克服这种不利情况，现在多采用双电机驱动液力偶合器传动的方式。另外，双滚筒传动胶带的弯曲次数较多，对胶带的寿命有一定的影响。

电动滚筒或齿轮滚筒传动是种较新的传动方式。电动滚筒是将电机与减速器装在传动滚筒内，齿轮滚筒只将减速器装在传动滚筒内，这两种滚筒的传动方式也属于单滚筒传动。这种传动方式的优点是效率高、结构紧凑、占地面积小，适用于环境潮湿、有腐蚀性以及空间小的场合。由于将减速器等装在滚筒内，使得散热不好，为了保证其正常工作，多采用强制冷却的方法。

为了提高胶带的牵引力，通常可以采用以下三种方法：

(1) 增加奔离点的张力。

(2) 改善滚筒表面的状况，以得到最大的摩擦系数。

(3) 用增加胶带在滚筒上的包角来提高其牵引力。

(二) 胶带

胶带是胶带输送机的主要部件。它的作用不仅是承载物料，还传递牵引力。因此，要求胶带有较高的耐磨性和拉伸强度，还要具备较好的屈挠性能。目前，我国所用的胶带输送机多用橡胶带。随着我国塑料工业的发展，塑料输送带已经开始在许多工业部门中应用，但由于易打滑，在选煤厂应用较少。

橡胶输送带的基本构造：它是由带芯和覆盖胶两部分组成。带芯由多层挂胶帆布组成，层与层之间借硫化橡胶黏结在一起，它提供必要的拉伸强度和刚度，承受全部载荷。覆盖胶为带芯保护层，使带芯不受运输物料的冲击、磨损与腐蚀，以延长胶带的使用寿命。覆盖胶具有上、下之分，与物料接触的为上覆盖胶，通常较厚，另一面为较薄的下覆盖胶。胶带两侧的覆盖胶称为边胶。

我国橡胶工业生产的胶带，宽度一般为 300～1600mm，但 TD75 型系列胶带输送机的胶带宽只有 500mm、650mm、800mm、1000mm、1200mm 和 1400mm。选煤厂常用的也就是这六种。

在胶带安装时，要把胶带的两头或几根胶带连接起来，胶带的连接是影响其使用寿命的关键问题之一。连接方法有机械连接和硫化胶接两种，过去一般利用机械连接，近年来硫化胶接法得到推广应用。

选煤厂中常用的机械连接方法有钩卡连接、合页连接和板卡连接等几种方法。

硫化胶接有热硫化胶接和冷硫化胶接两种。热硫化胶接与机械连接相比较，其接头强度高（硫化胶接强度约比机械连接高一倍）；接头表面平整、运行平稳而无噪声；带芯全被胶层包裹、不受腐蚀；对胶带的屈挠性无影响，而且有利于使用中间卸料器和刮板清扫器。所以，硫化胶接法已成为主要的连接方法。热硫化胶接的缺点是接头操作较复杂，时间较长。在后面还要详细介绍连接方法。

(三) 机架

胶带输送机的机架是用角钢和槽钢焊接而成的结构件，按照机架的用途可分为头架、尾架、中间架和传动装置架。

头架用来安装传动滚筒和改向滚筒，其侧面和传动架组装在一起。

尾架用以安装尾部滚筒，其结构与所采用的拉紧装置有关，所以应当根据所使用的拉紧装置来选用尾架。中间架用以安装上、下托辊，它由一节节架子组成，两端与头架和尾架连接，中间架高度一般为 550～650mm，宽度约比胶带宽度大 300～400mm。托辊和滚筒座用紧固螺栓与机架连接起来。

(四) 滚筒和托辊

胶带输送机的滚筒有传动滚筒和改向滚筒两种，前者用以传递胶带运转的牵引力，后者用来改变胶带的运动方向（如尾部滚筒、垂直拉紧滚筒和增面轮等）。滚筒用钢板焊接而成，也有用生铁铸造。

传动滚筒的表面有光面和胶面（包胶和铸胶）两种。在功率不大，环境湿度小时，可采用光面滚筒；在环境潮湿，功率又大，容易打滑的情况下，应采用胶面滚筒（包胶和铸胶）。

滚筒直径与胶带的厚度（即带芯帆布的层数）有关。胶带越厚，滚筒直径越大，反之，胶带越薄，滚筒直径越小。

滚筒的长度一般比胶带宽度大 100～200mm。

托辊是胶带的支承装置。胶带的重段支承在上托辊上，空段则支承在下托辊上。

上托辊分槽形和平形两种。当宽度相同时，槽形托辊的生产率比平形大很多，而且可以减少物料在运输过程中的撒落，所以运输碎散物料多用槽形托辊。槽形托辐的槽角(两边的托辊与水平所成的角度)是决定输送量的重要参数,我国过去的胶带输送机的槽角一般沿用20°,TD75型的系列设计已提高到30°。槽角提高以后,输送量可提高20%以上。平形托辊一般用在选煤厂的手选胶带上,或用在生产率较小的配煤胶带上。下托轮均为平形托辊。

缓冲托辊装在胶带的给料处,以保护胶带免受大块物料的冲击。缓冲托辊上装有弹性橡胶圈,以缓冲给料时的冲击力,这种托辊只用在冲击力大的给料点上。

托辊轴承的密封性是保证托轮使用寿命的关键。密封失效后,轴承就会堵塞,阻力急剧增加。

胶带输送机在运转中经常发生跑偏现象。胶带跑偏,不但会引起胶带边缘的磨损,而且会使物料撒落。为了消除这种现象,可以每隔一定距离装设一个调心托辊。结构最简单的调心托辊的两边托辊沿胶带运动方向偏转2°~4°。这时,胶带速度与两边托辊圆周速度方向不重合,两者产生相对运动,给胶带以向心的摩擦力。当胶带偏向某一边时,胶带作用在这边辊上的压力比另一边大,所以这边辊给胶带的向心摩擦力也大,这样就可以使胶带自动地回到中心处。这种托辊调心效果较好,但由于胶带与托辊之间经常产生附加的摩擦,使胶带损耗加快。TD62型系列中采用了另一种自动调心的托辊,这种托辊的托架可以在槽钢上的止推轴承上转动,当胶带跑偏时,托辊就会向跑偏的一边向前偏转,偏转后能产生上面所叙述的向心摩擦力,使胶带恢复原来的位置,竖立的挡辊也起纠正跑偏的作用。

(五)拉紧装置

为了使胶带的悬垂度不致过大,同时具有足够牵引力,胶带输送机必须有拉紧装置。拉紧装置有螺旋式、车式和垂直式三种。

螺旋式拉紧装置又分为滑块式和框架式两种。螺旋式拉紧装置构造简单、结构紧凑,但拉紧力及拉紧行程均较其他两种类型的小;同时,当负荷变化时不能自动调节胶带的松紧程度,而需人工调节。因此,它适用于长度较短(小于80m)、功率较小的胶带机上。螺旋式拉紧的适用功率范围和许用张紧力。

车式拉紧装置是将尾部滚筒装在小车上,小车可以在尾架上沿输送机的中线方向移动,重物用钢丝绳绕过一系列的滑轮系在小车上,利用重物的重量使胶带经常处于紧张状态。车式拉紧装置适用于长度较长、功率较大的胶带输送机。由于它的结构简单可靠,大功率的胶带输送机应优先采用。

垂直式拉紧装置安装在输送机的中部。它是使空段的胶带绕过改向滚筒,滚筒的轴承安装在轴承架上,轴承架可以沿导轨上下移动,重物装在轴承架上,利用重物使胶带经常处于张紧状态。垂直式拉紧装置可以利用胶带走廊的空间位置,便于布置，但改向滚筒多，物料容易掉入胶带与拉紧滚筒之间而损坏胶带，所以只有在采用车式拉紧装置有困难的条件下才使用。

(六) 清扫器

清扫器能清除没有卸干净的物料，防止物料损坏胶带，延长胶带的使用寿命。

清扫器中橡胶片做成的刮板用螺栓装在Ⅱ形的扁钢上，扁钢的一端与杠杆一起装在轴上，轴可以在固定的孔中转动，杠杆的另一端装有重物，使刮板经常压在传动滚筒的胶带上，利用这种装置可以清除胶带表面上的残余物料。

当残余物料不易清扫时，可以采用较完善的转刷清扫器。转刷可用橡胶片、尼龙或棕毛等制成，利用传动滚筒的轴带动转刷与胶带运转方向相反转动，并用重物将转刷压紧。转刷的回转速度一般为 $150 \sim 250m/min$。

(七) 制动装置

当倾斜向上运输的胶带机超过一定角度时，若在满载情况下停车，胶带输送机就会在货载自重分力的作用下向反方向运动，导致物料会全部撤卸到尾部而发生堵塞事故。在这种情况下，输送机的传动部分应装设制动装置，使滚筒不能反转，以避免发生上述事故。按照系列设计规定，平均倾角大于 $4°$ 时，就应设置制动装置。常用的带式逆止器它是在机头架上装设一段橡胶带，橡胶带的另一端是活动的 (并夹着一根小铁条)。当正常运转时，橡胶带的自由端被运输胶带推向后面，由于铁条的两端受挡铁的作用，所以胶带始终与滚筒保持一定的距离。当胶带输送机反转时，胶带的自由端就被运输胶带带动而塞在滚筒与运输胶带之间，在摩擦力的作用下拖住滚筒，使之不能转动。带式逆止器结构简单，制动比较可靠，所以应用较广。但它必须使胶带输送机先倒转一段以后才能制动，从而造成尾部给料处堵塞、溢料。传动滚筒越大，制动时倒转距离越长。所以，功率较大的胶带输送机不宜使用带式逆止器。

滚柱逆止器是 TD75 系列所采用的一种制动装置。滚柱逆止器的星轮装在减速器通向滚筒的出轴的一端上，底座则安装在传动机架上。当星轮顺时针转动时，滚柱处于较大的间隙中，所以轴能自由转动。当胶带机倒转，即星轮反时针转动时，滚轴被楔入星轮和底座之间，使轴不能转动，因而起到逆止作用。滚柱逆止器的最大制动力矩为 $48500N \cdot m$。其制动平稳可靠，倾斜和水平运输的胶带输送机都可使用。

大功率的胶带输送机往往采用电磁闸瓦制动器。这种制动器作用在电动机和减速器之间联轴器的轮缘上，电磁铁和电动机用同一条线路。当电动机停止时，电磁铁也同时断电，闸瓦将联轴器的轮缘抱紧，使传动轴不能转动。

（八）装料和卸料装置

准确地设置装料装置，能够减轻胶带在装料处的磨损，延长胶带的使用寿命。运送的物料般都用溜槽给到胶带输送机上。为了减小胶带的磨损，溜槽的方向应使物料运动方向与胶带运行方向一致，溜槽的倾角不宜过大，最好使物料落入胶带上的速度与胶带的运行速度相近。对于煤炭，给料溜槽倾角一般可用 $40° \sim 50°$ 。物料的给人点应该避免设在滚筒或托辊上面，以减小大块物料击伤胶带的可能性。

为了避免给料的洒落，溜槽的宽度应小于胶带的宽度，通常多为胶带的 2/3 以下。溜槽导向板下部应装上挡板，挡板的长度约为胶带宽的 $2 \sim 4$ 倍。挡板最好由不带帆布层的软橡胶做成，其高度以高出带面 $150 \sim 350mm$ 为宜。

当运送混合物料时，为了避免大块物料下滑时对胶带的冲击，溜槽底部可用筛板造成。这样，细粒物料先落在胶带上，造成保护层。

胶带输送机一般是在胶带绕过端部滚筒时利用物料的自重和所受的离心力（在滚筒圆周上）将物料卸到卸料漏斗中去，然后由漏斗导入其他设备中。当需要在中间任何地点卸料时，可用中间的卸料装置，常用的有犁式卸料器和电动卸料车。犁式卸料器有单侧和双侧卸料两种。双侧卸料的犁式卸料器，在犁板下的胶带下面设置平板，需要卸料时，可把犁板压在胶带的上面，当胶带移动时，物料就被犁板刮入漏斗中。为了防止犁板磨损胶带，犁板最好采用不带帆布的软橡皮，而胶带输送机速度不宜超过 $1.0 \sim 2.0m/s$（采用机械接头时应用较小的速度，采用硫化接头时可用较高的速度）。有时候，为了使卸料器能在几个地方卸载，可以把犁式卸料器装在能在输送机两侧轨道上行走的小车上。犁式卸料器的结构简单，但对胶带的磨损比较严重，因此只限于用在水平或倾角小于 $8°$ 的胶带输送机上，或用于运送磨损性较小的细粒物料胶带输送机上。

电动卸料车装有两个改向滚筒的小车，利用车轮可以在运输机机架两边铺设的铁轨上行走，胶带的重段绕过滚筒时，就可以把物料卸到安在小车上的叉形漏斗中。如果需要端部卸料，可以将叉形漏斗闸门关闭，这时物料可以通过中间漏斗重新卸回胶带的重段上。小车行走是由电动机通过链轮带动车轮来实现的。采用电动卸料车的胶带输送机的运行速度一般不宜超过 $2.5m/s$。除了电动机直接带动以外，有的卸料车的行走是靠手动或由改向滚筒通过减速器来带动的。从选煤厂的自动控制看来，以采用电动机直接带动方便。

电动卸料车可以避免胶带受额外磨损（如犁式卸料器那样），运转可靠，适于卸载任何性质物料，但其质量较大，高度较高，所以使用这种卸料车时，厂房高度相应增大。在选煤厂中，这种卸料装置广泛地用在煤仓上，用以将煤炭分配到各个仓格中。

第二节　胶带输送机的选型计算

胶带输送机的选型设计有两种：一种是成套设备的选用，只需要验算设备用于具体条件的可能性；另一种是通用设备的选用，需要通过计算选择各组成部件，最后组合成适用于具体条件下的胶带输送机。

一、胶带的运输能力计算

胶带输送机输送能力为

$$m=3.6qv \tag{10-1}$$

式中：m——胶带输送机输送能力，t/h；

v——胶带运行速度，m/s；

q——单位长度胶带内货载的质量，kg/m。

二、运行阻力与胶带张力的计算

（一）运行阻力的运算

1. 直线段运行阻力

胶带在运送货载段所遇到的阻力，为重段运行阻力，用 W_{zh} 表示；胶带在回空段的阻力为回空段运行阻力，用 W_h 表示。一般情况下，重段和空段运行阻力可分别表示为：

$$W_{zh} = g(q+q_d+q_g')L\omega'\cos\beta \pm g(q+q_d)L\sin\beta \tag{10-2}$$

$$W_h = g(q_d+q_g'')L\omega''\cos\beta \pm gq_dL\sin\beta \tag{10-3}$$

式中：β——运输机的倾角；

L——输送机长度，m；

ω'，ω''——槽型，平行托轮阻力系数；

q——每米长的胶带上货载质量，kg/m；

q_g'，q''_g——折算到每米长度上的上、下托轮转动部分的质量，kg/m，即

q_d——每米长的胶带自身质量，kg/m。

2. 曲线段运行阻力

胶带输送机牵引机构绕经滚筒时会产生曲线段运行阻力，其计算如下：

牵引机构绕经从动滚筒时的曲线段阻力 $W_{从}$ 按下式计算：

$$W_{从} = (0.05 \sim 0.07) S'_{Y} \qquad (10\text{-}4)$$

牵引机构绕经主动滚筒时的曲线短阻力 $W_{主}$ 按下式计算：

$$W_{主} = (0.03 \sim 0.05)(S_{Y} + S_{L}) \qquad (10\text{-}5)$$

式中：S'——牵引机构与从动滚筒相遇点的张力；

S_{Y}——牵引机构与主动滚筒相遇点的张力；

S_{L}——牵引机构与主动滚筒分离点的张力。

（二）胶带张力

胶带张力的计算方法有两种：一种是根据的摩擦传动条件，利用"逐点计算法"首先求出胶带上各特殊点的张力值，然后验算胶带在两组托辊间的悬垂度不超过允许值；另一种是首先按照胶带在两组托辊间允许的悬垂度条件，给定胶带输送机重段最小张力点的张力值，然后按"逐点计算法"计算出其他各点的张力，最后验算胶带在主动滚筒上摩擦力传动不打滑的条件。

二、悬垂度与强度验算

（一）悬垂度验算

为使胶带输送机的运转平稳，胶带两组托轮间悬垂度不应过大。胶带的垂度与其张力有关：张力越大，则垂度越小；张力越小，则垂度越大。

（二）胶带强度的验算

对最大张力点最大张力 S_{max}，进行强度的验算。

1. 普通帆布层胶带强度的验算

对于普通帆布层胶带可允许承受的最大张力为

$$[S_{max}] = \frac{BPi}{n'} \qquad (10\text{-}6)$$

式中：$[S_{max}]$——胶带允许承受的最大张力，N；

B——胶带宽度，cm；

P——一层帆布每厘米宽的拉断力，N/（cm·层）；普通型棉帆布胶带 $P=560$N/（cm·层），强力型棉帆布胶带 $P=960$N/（cm·层）；

n'——胶带的安全系数。

2. 钢丝绳芯胶带的强度验算

对于钢丝绳芯胶带所允许承受的最大张力为：

$$\left[S_{\max}\right] = \frac{BG_x}{n'} \tag{10-7}$$

式中：G_x——每厘米宽钢丝绳芯胶带的拉断力，N/cm；

n'——钢丝绳芯胶带安全系数，要求 n' 不小于 7，重大载荷时一般可取 10～12。

结论：按公式计算出的数值大于或等于按"逐点计算法"求出的最大张力点的最大张力值，即 $\left[S_{\max}\right] \geqslant S_{\max}$，则胶带强度就算满足要求。

第三节　胶带输送机的操作

一、启动与停止操作

(一) 开机 (启动)

开机时，取下控制开关上的停电牌，合上控制开关，发出开机信号并喊话，让人员离开输送机转动部位，先点动 2 次，再转动 1 圈以上，并检查下列各项：

(1) 各部位运转声音是否正常，胶带有无跑偏、打滑、跳动或刮卡现象，胶带松紧是否合适，张紧拉力表指示是否正确。

(2) 控制按钮、信号、通信等设施是否灵敏可靠。

(3) 检查、试验各种保护是否灵敏可靠。

上述各项检查与试验合格后，方可正式操作运行。

(二) 停机 (停止)

接到收工信号后，将胶带输送机上的煤岩完全拉净，停止电动机，将控制开关手柄扳到断电位置，锁紧闭锁螺栓，即完成了停机。

(三) 输送机司机操作的安全规定

(1) 严禁人员乘坐胶带输送机，不准用胶带输送机运送设备和笨重物料。

(2) 输送机的电动机及开关附近 20m 以内风流中瓦斯浓度达到 1.5% 时，必须停止工作，切断电源，撤出人员，及时处理。

(3) 输送机运转时，禁止清理机头、机尾滚筒及其附近的煤岩。不许拉动运输送带的清扫器。

（4）在检修煤仓上口的机头卸载滚筒部分时，必须将煤仓上口挡严。

（5）处理输送带跑偏时严禁用手、脚及身体的其他部位直接接触输送带。

（6）拆卸液力耦合器的注油塞、易熔塞、防爆片时应戴手套，面部须躲开喷油方向，轻轻拧松几扣后停一会儿，待放气后再慢慢拧下。禁止使用不合格的易熔塞、防爆片或使用代用品。

（7）在输送机上检修、处理故障或做其他工作时，必须闭锁输送机的控制开关，挂上"有人工作，不许合闸"的停电牌。除处理故障外，不许开倒车运转。严禁站在输送机上点动开车。

（8）除控制开关的接触器触头粘住外，禁止用控制开关的手柄直接切断电动机。

（9）必须经常检查输送机巷道内的消防及喷雾降尘设施，并保持完好有效。

（10）认真执行岗位责任制和交接班制度，不能擅离岗位。

二、储带装置收放胶带的操作

（一）收放胶带操作

当需要缩短胶带时，用机尾牵引绞车拉动机尾前移，再运行拉紧绞车，拉动储带装置的活动折返滚筒，将松弛的胶带拉紧；当需要伸长胶带时，使拉紧绞车和机尾牵引绞车松绳，机尾后移，把储带仓中的胶带放出，活动滚筒前移。根据缩短或伸长的距离，可相应地拆卸或增加中间机架。胶带输送机伸缩作业完成后，用拉紧绞车以适当的拉力把胶带拉紧，以保证胶带输送机的正常运行。

（二）操作注意事项

（1）缩回带式输送机机尾时，先拆去机尾的中间架3~4节，用千斤顶和牵引链把机尾缩回，所有人员要远离机尾。然后开动拉紧绞车，输送带缩减后应将千斤顶缩回。

（2）当储存段（可分为2层、4层和6层）已经存满输送带时，应将多余的输送带拆除，拆除后应保证输送带不跑偏、机尾要固定牢靠，如是吊挂式输送带机应保持两钢丝绳松紧一致。

（3）拆下的输送带应用卷筒卷好，存放到干燥地点或升井入库。

（4）做接头时必须远离机头，确保安全。

（5）严禁随意割断输送带。

第四节　胶带输送机的安装及故障处理

在生产中，可伸缩胶带输送机容易出现胶带跑偏、减速器漏油、电动机温度过高等现象，这些都是胶带输送机的常见故障。这些故障发生后，必须及时分析其产生原因，并对故障进行处理，避免发生大的生产安全事故。

一、胶带输送机的安装

(一) 安装前的准备工作

(1) 根据巷道中心定出输送机的中心线。按照规程规定尺寸来修整巷道，并给出输送机准确的装载点和卸载点。巷道准备的好坏直接关系着输送机的安装质量和安装速度。

(2) 在把设备运入井下之前，负责安装的人员必须熟悉设备和有关图样资料。

(3) 在拆卸任何较大的部件前，应该按照组装图上的编号打上记号，以便在矿下安装。

(4) 对于外露的轴承及齿轮，必须用适当的保护罩保护起来。

(5) 清理、平整安装地点，并设置好用于起重的吊挂横梁。

(二) 安装顺序

安装伸缩胶带输送机一般按以下顺序进行：

(1) 传动装置和卸载臂部分。

(2) 储带装置和卷带装置。

(3) 中间架。

(4) 机尾部。

(5) 胶带。

(三) 胶带输送机的安装

胶带输送机安装一般按以下几个阶段进行：

1. 安装胶带输送机机架

机架的安装是从头架开始的，然后顺次安装各节中间架，最后装设尾架。在安装机架以前，首先要在胶带输送机的全长上引拉中心线，因为保持输送机中心线在一直线上是胶带正常运行的重要条件。所以在安装各节机架时，必须对准中心线，同时也要把架子找平。机架对中心线的允许误差，每米机长为1mm，但在输送机全长上对机架中心误差不得大于35mm。当全部单节安设并找准以后，可将各单节连接起来。

2. 安装传动装置

安装传动装置，必须注意胶带输送机的传动轴与胶带输送机的中心线垂直。使传动滚筒宽度的中央与输送机的中心线重合，减速器的轴线与传动轴线平行。同时，所有轴和滚筒都应找平。轴的水平误差，根据输送机的宽窄，可以在0.5～1.5mm范围内。在安装传动装置的同时，可以安装尾部滚筒和拉紧装置，拉紧装置的滚筒轴线，亦应与胶带输送机中心线垂直。

3. 安装托辊

在机架、传动装置和拉紧装置安装以后，可以安装上、下托辊的托辊架，托辊架的轴线应与输送机中心线垂直。有凸弧和凹弧胶带，应该根据安装图装设托辊架，使胶带具有缓慢变向的弯弧。弯转段的托辊架间距为正常托轮间距的1/2～1/3。托辊安上后，其回转应灵活轻快。

4. 胶带输送机的最后找准

在传动滚筒及托辊架安装以后，应对输送机的中心线和水平最后找准。然后将机架用螺栓固定在基础或横板上。胶带输送机固定以后，可以装设给料和卸料装置。

5. 挂设胶带

挂设胶带时，先将胶带铺在空载段的托轮上，围抱过传动滚筒以后，然后敷在重载段的托辊上。挂设胶带可以利用0.5～1.5t手摇绞车。在拉紧胶带进行连接时，应将拉紧装置的滚筒移到极限位置，对小车及螺旋式拉紧装置要往传动装置方向移动；而垂直式拉紧装置的滚筒则要移到最上方。在拉紧胶带以前，应安装好减速器和电动机。倾斜胶带要装好制动装置。最后，用机械或硫化连接方法将胶带连接起来。

胶带输送机安装以后，需要进行空转试车。在空转试车中，应当注意胶带运行中有无跑偏现象，传动部分的运转温度，托轮运转中的活动情况，逆止器的安装是否正确，清扫装置和导料板与胶带表面的接触严密程度等，同时进行必要的调整。各部件正常以后，才可进行带负荷运转试车。如果采用螺旋式拉紧装置，带负荷运转试车时，还要对其松紧再进行一次调整。

(四) 胶带的硫化胶接方法

上面已提到，胶带的硫化胶接有很大的优越性，是目前我国正在应用的主要的胶带连接方法之一。胶带的硫化胶接大体上可分下列几步：

（1）拉紧。先将胶带输送机的拉紧装置放松，然后把准备胶接的胶带用夹具夹住并拉紧，拉紧程度视胶带及输送机规格而定。拉紧后隔20min再拉紧一次。

（2）画线。胶带拉紧并确定长度以后，可以在准备胶接的端部画线以备裁剥。一般胶带的胶接都用对接方法。使用对接方法时，先将胶带裁剥成阶梯形（一层布一阶，接头两端相对应）。接头的长度一般等于胶带的宽度，接头的角度常用60°或72°。

在上、下覆盖层的对口处，覆盖胶可剥掉长度2~8mm，供胶接时放置填充胶用。

（3）裁剥。画好线后，按画线标记用刀切掉胶带的多余部分，并按阶逐层裁剥覆盖胶和布层。

（4）涂胶。涂胶前，先用钢丝刷或木锉清除接头载剥处的残余胶屑和毛糙帆布表面，并用汽油揩净布层表面的油污，然后涂胶浆。涂胶浆时，先涂稀胶浆1~2次，然后再涂浓胶浆1~2次。

（5）贴合。待所涂胶浆的溶剂挥发干净后，即可将涂好的胶带两端对齐贴合，并加贴封口填充胶，然后用手轮或其他工具将贴合部位压实。

（6）硫化。胶带硫化的设备有多种。我国选煤厂采用的一种最简单的硫化胶接电热板构造：在胶带的机架上用槽钢将下电热板架高，架置的高度相当于胶带的正常位置，需要胶接的胶带平放在下电热板的表面上，胶带上方放置上电热板，最后用螺杆将上、下电热板压紧（为了对胶带胶合面加压，也可以采用顶丝）。电热板往往造成菱形。为了防止胶带粘贴在金属板上，在胶带与金属板接触面上垫有纸张。准备完毕后，给压升温，开始硫化。

硫化是在一定温度、一定压力下，经一定时间完成，温度、压力和时间是硫化胶接的三个要素。现场胶接，硫化的压力最好能在0.5MPa以上，温度可为135℃~150℃。

为了保证胶接质量，硫化条件应严格控制。胶浆则需在现场用现成胶料自行配制。胶接所用胶料的橡胶品种，应与原胶带的胶料相同或相适应。

以上介绍的是热硫化胶接法。采用冷硫化胶接的操作过程与热硫化胶接基本相同，但冷硫化胶接不需要升压加温，胶接完毕就可使用，硫化时间大大缩短，劳动强度轻。这种硫化胶接的接头强度与热硫化胶接差不多。冷硫化胶接所用的胶料为氯丁胶，是由氧化镁、氧化锌、防老剂和酚醛树脂及纯苯液按一定比例配制而成。

（五）可伸缩胶带输送机的安装与调试

1.可伸缩胶带输送机的安装

（1）清理、平整从机头到储带装置间约35m长的巷道底板，以便安装输送机的固定部分。

（2）将吊挂主钢丝绳运至安装中心线两侧，铺开。

（3）按下列顺序将输送机各部件运至安装位置，即机尾、托绳架、吊架及托辊、滑轮撬、拉紧绞车、储带装置（包括胶带张紧车、托轮小车和轨道）及机头传动部分，然后根据已确定的位置按总图样要求顺序安装，各部分沿中心线方向不能偏斜。

安装过程中，固定好机头架、储带装置、机尾及机身架，用千斤顶将机头传动装置的减速器吊起，对接到传动滚筒上。以同样的方法将液力耦合器对接到减速器上，将电动机对接到液力耦合器上。如果位置不正要及时调整，部件之间固定要牢靠。

（4）根据图样要求在顶板支架上固定吊索。

（5）固定机头后，开动牵引绞车拉紧主钢绳，并吊在吊索上。

（6）安装托辊和胶带。挂设胶带时，先将胶带铺设在空载段的托辊上，围包过传动滚筒以后铺在重载段的托辊上，可以利用 0.5 ~ 1.5t 的手摇绞车挂设胶带。最后，用机械或硫化连接方法将胶带连接起来。

2. 可伸缩胶带输送机的调试

输送机的调试即空转试车。调试时，应当注意胶带运行中有无跑偏现象，传动部分的温升情况，托辊运转的活动情况，清扫装置和倒料板与胶带表面的接触严密程度等，需要时进行必要的调整。各部件正常以后才可以进行带负荷运转试车。

输送机调试时的安全技术措施如下：

（1）胶带调试期间必须用远方控制按钮及标准信号。

（2）调整胶带跑偏时必须停机进行，严禁在胶带运行时调整各托轮及滚筒。

（3）调试前，机头、机尾必须打好压柱，机头、机尾之间中间部分必须设专门人观察，设专人沿机道巡回检查，发现跑偏要及时停机调整。

（4）机头、机尾跑偏时，严禁往滚筒与胶带之间撒（或塞）任何物料，只准调整滚筒前后的托轮及滚筒座上的顶丝。

（5）在胶带调试运行的整个过程中，由施工负责人统一指挥，所有工作人员必须离开机架 0.5m 以上，观察调试运行情况，非工作人员不准进入机道。

（6）胶带调试好以后，必须空载运行 8h 以上。

3. 胶带跑偏的调整

胶带跑偏是可伸缩胶带输送机最常见的故障，产生跑偏的原因是由于胶带在运行中横向受力不平衡造成的。影响胶带跑偏的因素很多，如装载货物偏于一侧、托轮或滚筒安装不正、胶带接口不平直等，都可能造成胶带的跑偏，使胶带一侧边缘与机架相互摩擦而过早磨坏，或是胶带脱离托辊掉下来，造成重大事故。因此，在胶带输送机的安装、运行和维护中，对胶带的跑偏问题应予以足够的重视，发现问题要及时进行调整。其调整方法如下：

（1）应在空载运行时进行调整，一般是从机头部和卸载滚筒开始，沿着胶带运行方向先调整回空段，后调整承载段。

（2）当调整上托轮和下托辊时，要注意胶带的运行方向。

若胶带往右跑偏，那就要在胶带开始跑偏的地方，顺着胶带运行的方向，向前移动托轮轴右端的安装位置，使托轮右边稍向前倾斜。注意，切勿同时移动托辊轴的两端。在调整时适当多调几个托辊，每个少调一点，这样要比只调1~2个托辊来纠正跑偏的效果好一些。若胶带在换向滚筒处跑偏，与胶带跑偏方向同向的滚筒轴顺着胶带的运行方向调动一点，也可以把另一边的滚筒逆着胶带运行的方向调动一点。每次调整后，应该运转一段时间，看其是否调好。确认调好后，还应重新调整好刮板清扫装置。

（六）胶带输送机的使用

1. 开机前检查

（1）机头、机尾及整台带式输送机范围内的支护必须完好、牢固、无浮煤杂物。

（2）机头及储带装置部所有连接件和紧固件应齐全，牢固、防护罩、防护网、栏杆齐全，完好。

（3）减速器、液力偶合器内油量及传动介质合适，不漏油。

（4）机身托辊齐全，转动灵活，H架、梁架平稳，无歪斜现象；输送带中心与前后各机架中心保持一致。

（5）各滚筒转动灵活，紧固件牢固，轴承润滑良好。

（6）各清带器齐全、完好，清带装置工作状况良好。

（7）胶带接头完整，无损坏，胶带无跑偏。

（8）胶带张紧装置齐全，张紧合适，胶带不打滑。

（9）所有输送机保护装置必须齐全、灵敏、可靠。

（10）喷雾洒水装置齐全、完好，减速器冷却装置输水管畅通。

（11）所有电气设备完好、灵活、信号畅通、电缆悬挂整齐。

（12）每次开机前，要检查胶带附近有无作业人员，相互联系后方可发信号，准备开机。

2. 运行中注意事项

（1）运行时必须听从信号指挥，严禁随意开机；要按规定信号开机、停机；每次接到开机信号，应先点动两次，确认无误时，方可正式开机。

（2）运行时，司机应注意输送机的负载情况及胶带松紧程度，随时注意胶带跑偏，发现问题要及时停机处理。

（3）司机应经常倾听各部件运转声音，检查温升情况，运行中出现声音不正常，超温应及时停机查明原因处理。

（4）输送机运行中，司机、维护工要常联系，了解中部及机尾胶带的跑偏及运行情况。

（5）要经常检查各清扫装置的工作情况，特别是卸载滚筒与机尾滚筒处按设的清扫装置，要使清扫后的胶带表面无浮煤杂物。

（6）运行中，信号不清，保护装置不灵或不全应及时停机。

（7）运行中要勤检查胶带接头情况，发现破裂和折断现象要及时停机处理。

（8）运行时，转载点喷雾灭尘装置效果必须良好，严禁无喷雾开机。

（9）各台输送机接力运输时，必须由前向后（逆煤流）依次逐台启动，停时相反。

（10）停机时，无特殊情况应将胶带上的煤拉空，避免重载启动，严禁重载频繁启动。

（11）输送机停机后，应将胶带输送机机头、机尾的浮煤、杂物处理干净，整理好责任范围内的工作。

（12）胶带输送机司机必须严格坚守岗位，执行交接班制度，不得随意离岗，严禁他人替岗。

3.使用胶带输送机有关防止火灾事故发生的规定

（1）胶带输送机必须使用阻燃带。

（2）液力偶合器不准使用可燃性传动介质。

（3）胶带输送机机头机尾20m内、机电硐室必须采用不燃性支护，严禁采用可燃性材料搭设操作室。

（4）机电硐室、胶带输送机机头必须按规定备有灭火器材。

（5）胶带输送机巷道必须设置消防管路；消防管路每50m设置消防支管并安装快速接头，并备有不小于25m的软管。

（6）胶带输送机巷道、机电硐室内严禁存放汽油、煤油；用过的棉纱、布头必须放在盖严的铁桶内，并定专人、定期送地面处理，不准乱放乱扔；严禁将剩油和废油洒在输送机巷道及机电硐室内。

（7）需要在胶带输送机巷道进行电焊作业时，必须按《煤矿安全规程》中有关规定执行。

（8）胶带输送机司机、维护工严禁使用灯泡取暖。

（9）所有配套电气设备必须完好，严禁失爆。

4. 使用胶带输送机有关安全规定

（1）胶带输送机司机与维护工必须熟悉胶带输送机的性能及构造原理，通晓操作规程，按完好标准维护保养带式输送机，懂得生产过程，经过专业培训考试合格，持证上岗。

（2）胶带输送机必须安设速度、烟雾、温度、堆煤保护，必须装设自动洒水装置与防跑偏装置，所有保护装置必须灵敏可靠，不得任意拆除，特殊情况需要拆除时，应制定安全技术措施报矿总工程师批准，但不得长时间在缺保护状态下运转。

（3）在倾斜巷道按设的胶带输送机必须装设防逆转装置或制动闸，制动装置必须灵敏可靠。

（4）胶带输送机一切容易碰到的裸露电气设备和设备外露的转动部位，以及能危及人身安全的部位或场所，必须设置防护罩或防护栏；经常有人横越胶带输送机的地点，必须装设过桥；过桥应有扶手、栏杆。

（5）两台以上胶带输送机串接运行时，应设置联锁装置；胶带机与胶带机、给煤机与胶带机之间应设联锁装置。

（6）使用液力偶合器应保持外壳泵轮无变形、损伤或裂纹，运转无异响；易熔合金塞或防爆片应完整，安装位置正确，并符合规定，严禁用其他材料代替。

（7）用于物料运输的胶带输送机，必须装有沿线任一地点能紧急停机或发送信号的装置，装料台卸料台必须完好。

（8）禁止用胶带输送机运送超重超长设备，禁止运送爆炸物品，禁止任何人乘坐胶带输送机。

（9）严禁无信号开机，信号装置要声光兼备，双打、对打保证灵敏可靠，机巷内要有充足的照明。

（10）要维护检修好胶带输送机，严禁带病运转，防爆电气设备严禁失爆。

（11）主要运输巷道安设的胶带输送机（如主斜井）必须安设：

①输送带张紧力下降保护装置和防撕裂保护装置；

②在机头和机尾防止人员与驱动滚筒和导向滚筒相接触的防护栏。

5. 防止胶带输送机伤人的安全措施

（1）司机、维护工必须衣装整齐，袖口、衣襟要扎紧，长发要盘在安全帽内。

（2）检查、维护工作中需要接触转动部位时，必须停机、闭锁电气控制开关。

（3）司机必须确认信号，按规定信号开、停胶带输送机；非胶带输送机司机禁止进行操作。

（4）司机操作位置不能正对输送机运行正前方，以便出物料伤人。

（5）胶带输送机运行时严禁用手或任何工具刮托辊或滚筒上的粘黏物。

(6)检修设备时，维护工必须与司机取得联系，进行检修；检修完毕试机时必须与司机联系，通知周围有关人员后，方可发出信号送电试机。

(7)检修煤仓上口胶带输送机卸载滚筒部分时，必须将煤仓上口挡严。

(8)胶带输送机紧带时，严禁用手搬和撬辊别运行中的拉紧车和钢丝绳。

(9)经常横越胶带输送机地点，安设过桥，过桥应有扶手、栏杆。

(10)处理胶带跑偏时，应停机和司机取得联系，调整上、下托辊的前后位置，严禁用手、脚直接抓蹬运行中的输送带。

(11)检修输送带时，工作人员严禁站在机头、机尾架传动滚筒及输送带等运转部位上方工作，如因处理事故必须站在上述部位工作时，要有专人指挥、专人停机、停电、闭锁控制电气设备后方可作业。

(12)在更换输送带或做输送带接头时，如确需点动开机并拉动输送带时，严禁操作人员站在转动部位上方，拉动胶带时，要和司机互相配合好，听从负责人的统一指挥。

(13)拆卸液力偶合器的注油塞，防爆片时，应代手套，面部躲开喷油方向，先轻轻拧松几扣后，停一会，待放气后再拧下，防止喷油伤人。

(14)更换大型部件需吊运部件时，必须检查周围环境，检查支护情况，检查吊梁、吊具、绳套、千斤顶起吊设施和用具，应符合安全要求。

(15)人员要走人行道，严禁接触运行中的胶带输送机，横过胶带时要走人行道或有防护栏杆的地点通过。

(16)底胶带运料时，装卸料人员必须由专人指挥；首先检查装卸台是否完好正常，信号是否畅通灵敏；司机认真检查胶带的完好情况，互相取得联系后方可运料；卸料人员必须认真负责，及时卸下料台上的物料，发现问题及时发出停机信号。

6.采区胶带输送机完好标准

(1)电气设备要符合隔爆要求。

(2)减速器中要有适当的油量，无漏油现象，油质符合规定，运转无异常。

(3)各滚筒无裂痕，连接件无松动现象，清扫装置安装正确，机头、机尾胶带清扫状况良好。

(4)胶带无打滑、跑偏现象，接头卡子无不平、不直、不牢固等现象。

(5)托辊齐全，转动灵活，调整机架完整，工作状况良好。

(6)拉紧装置零件齐全，动作灵活，有足够的调节余地。

(7)所有保护装置灵敏、可靠。

(8)所有螺丝、螺帽、垫圈、销子、顶丝、油环等齐全、完整，连接紧固。

(9)声光信号齐全、畅通，所有电缆按规定吊挂整齐。

（10）整台设备清洁，机器周围无杂物、无积水，胶带下面浮煤清理干净。

（11）各项记录齐全，填写认真。

二、胶带输送机日常维护工作

（1）经常检查胶带输送机机架是否正直，H 架有无倾倒和不稳现象，连接管有无脱落。发现上述有问题应及时处理，若巷道底板起伏不平，应保持平缓过渡。

（2）检查胶带接头卡子是否齐全，连接是否牢固，如有缺卡、开口现象应及时更换；定期更换胶带接头及接头扣的串丝。

（3）检查机尾架是否平、直、稳，缓冲托辊是否齐全，机尾滚筒是否牢固，清煤装置是否合适，有无塞煤、卡矸现象，如有应立即处理。处理时必须与司机取得可靠联系，在未取得联系前禁止处理。重点检查固定机尾地梁、将军柱。

（4）检查胶带张紧情况，胶带张紧程度是否合适，张紧装置是否完好，张紧绞车是否灵敏，发现有问题时应及时调整和处理，特别要注意检查拉紧小车运行是否正常，是否与胶带输送机中心线一致，并定期更换拉紧绞车钢丝绳。

（5）随时检查调正胶带的跑偏问题，对于采区顺槽可伸缩胶带输送机要特别注意储带，拉紧装置中胶带的跑偏问题，因在这部分装置中，滚筒多，胶带往返回绕，易发生跑偏。

（6）经常检查胶带上下托辊是否齐全，转动是否灵活，发现转动不灵活或不转托辊应及时更换，胶带运转时严禁用手直接拨动运转的托辊。

（7）经常检查胶带输送机装载点装载情况，装载一定要在胶带正中心，严禁从很大高度直接往胶带上装载。预防大炭块、矸石砸坏胶带，对于装载处的缓冲滚和托辊应常检查，发现损坏及时更换。

（8）经常检查各清扫装置，特别是卸载滚筒，机尾滚筒与装载处的清扫装置更应加强管理；开机时严禁用铁锹和任何工具刮除沾在滚筒上的泥煤及杂物。

（9）经常检查减速器油质、油量，发现油量不足应及时补充，并定期进行更换，油质应符合厂家规定。

（10）经常检查液力偶合器充液量，特别是多台电动机传动胶带输送机，应保证各电机的功率分配均匀。适当调整各耦合器的充液。

（11）对于各传动滚筒应定期注润滑油，油质符合要求；并对各滚筒油盖里边的油质进行定期更换。

（12）胶带输送机各部位的紧固件、螺栓、螺帽、垫圈、背帽应齐全紧固。

（13）胶带输送机巷道要保持清洁卫生，特别是输送机底胶带下的泥煤要经常清理，保证底托辊正常运行。

（14）胶带输送机转载点必须安设喷雾洒水装置，灭尘效果必须良好。目前井下 1～2m 胶带输送机、电动机、减速器采用水冷散热，对于输送管路应每天进行检查，保证供水管路畅通。

（15）胶带输送机装载点处安设的挡煤装置易损坏，应加强维护。挡煤装置必须牢固，不漏煤，过煤畅通，如有损坏，必须及时更换。

（16）钢丝绳芯胶带输送机一般采用结煤机供煤，胶带输送机与给煤机必须进行闭锁控制，对于给煤机的出煤上的大小要根据胶带输送机的运输能力确定，严禁随意改变出煤口的大小，要加强对出煤口漏斗的维护工作，漏斗必须吊挂稳固，出煤不摆动，不漏煤。

（17）对于吊挂式胶带输送机，要重点维护好固定钢丝绳的地梁、将军柱、吊链，如有断链、架坏应及时更换。

（18）对于掘进队用的 650 胶带输送机使用底胶带运送材料，要加强对给料台和卸料台的维护工作，给料台和卸料台必须完好，信号必须畅通。

（19）胶带输送机电气维护工要对所有电气设备做好维护工作，电气设备必须完好，严禁失爆，所有电缆吊挂必须整齐，电气设备与胶带输送机各种保护装置必须齐全、灵敏、可靠，不得随意拆除。

三、常见故障及修理

（一）胶带打滑的原因、危害及预防办法

1. 胶带阻力过大造成胶带输送机打滑

（1）装载货物过多、阻力加大。

（2）胶带跑偏严重，甚至将胶带挤卡在胶带机架上，增加胶带阻力不能移动。

（3）运输巷道变形，支护断梁、断腿、挤压胶带受阻。

（4）损坏的胶带或接头不及时处理通过托辊时受阻增加阻力。

（5）托辊不转、损坏、杂物缠绕，煤泥埋压等原因造成大量托辊不转，其阻力比正常增加几倍。

2. 胶带张力减小造成胶带输送机打滑

（1）胶带输送机运行时，张紧装置闸失灵，如不随时检查调整，将因张力减小而打滑。

（2）胶带运行一段时间后，胶带变形而伸长，如不及时调整，将因张力减小而打滑。

3.胶带与驱动滚筒之间摩擦系数减小使胶带输送机打滑

（1）当胶带输送机出水煤时，胶带驱动滚筒的接触面浸泥水、煤泥时，摩擦系数下降从而使胶带打滑。

（2）胶带输送机驱动滚筒表面铸胶损坏。滚筒表面成光面，摩擦系数减小使胶带打滑。

胶带输送机打滑事故的主要危害：轻则将胶带磨损、烧断胶带造成停产；重则烧毁胶带，引起矿井重大火灾事故。

防止胶带输送机打滑，应从两个方面着手：一方面加强胶带输送机运行管理和维护，教育司机增强责任心，发现胶带打滑，及时停机处理；另一方面应使用打滑保护装置，当胶带输送机打滑时，通过打滑传感器，发出信号，自动切断电源停机。

（二）胶带跑偏的原因及处理方法

1.胶带跑偏的原因

胶带输送机运转过程中胶带中心脱离输送机中心线而偏向一侧，这种现象称为胶带跑偏。由于胶带跑偏可能造成胶带边缘与机架相互摩擦，使胶带边缘扯坏，胶带跑偏严重时，不仅会影响生产，还会由于跑偏增加运行阻力，使胶带打滑而引起胶带火灾事故。胶带跑偏原因很多，最常见的跑偏现象和原因主要有以下几点：

（1）胶带输送机正常运行时，胶带沿着输送机某一点开始跑偏，其原因可能是：

①巷道变形、底鼓使支架不平、托辊偏斜；

②滚筒、托辊粘泥煤杂物，导致滚筒、托辊表面不平；

③下胶带积煤过多，将胶带挤向一侧。

（2）整台输送机胶带往一侧跑，主要是由于滚筒不平行而造成的，除安装质量不良外，多是机尾滚筒偏斜或滚筒粘泥煤导致胶带向松弛一边跑。

（3）某条胶带往一侧跑，其最大跑偏处恰好在胶带接头处，主要是由于跑偏这条胶带在接带时，接头做得不正而产生的需重新按标准做接头。

（4）胶带跑偏方向不定，忽左忽右，这主要是由于胶带张力不足，胶带松弛而造成的，应重新调整胶带张力。

（5）胶带输送机空载运行时不跑偏，加载运行时跑偏主要是由于装载点落煤不正，货载偏于胶带一侧，使胶带两侧负载相差很大造成胶带跑偏，另外，装载点下边支承托辊损坏、缺少，造成落煤点落煤不稳，冲急胶带跑偏。

2.预防胶带跑偏的方法

防止胶带输送机胶带跑偏方法：第一，提高安装质量，安装时，要保证机头、机身、机尾中心线成一条直线，并且滚筒、机架、托轮轴线与输送机胶带中心线协调一致；第二，应在胶带输送机的机头、装载点、机尾及输送机的变坡处安设防跑偏装置；第三，强化司机、维护工增强责任心，勤检查输送机运行情况，勤清理输送机巷道杂物及底胶带泥煤，勤检查各清扫装置及落煤点的工作情况，发现跑偏及时停机处理。

3. 胶带跑偏处理方法

（1）地质构造变化引起的跑偏。若因矿山压力、地质构造造成巷道变形引起输送机 H 支架和纵梁歪斜，输送带严重跑偏，必须停止运行。将巷道重新彻底整形，输送机重新安装。

（2）水患造成的输送带跑偏。必须彻底查明原因，根除淋水、渗水和人为造成的喷雾洒水过量现象。严格控制煤的水分含量。输送机运行不允许输送带有淋水现象或输送水煤。

（3）安装误差引起的跑偏。主要采取的措施是重接接头；机架严重歪斜的则需要重新安装。

（4）运行中出现的跑偏。①调整托辊组。托辊调整应从跑偏点开始，每次每个托辊组的调整量要少，调整托辊的个数要多，这样调偏的效果较好。另外，固定一边，调整一边，以免造成混乱，越调越偏。②调整传动滚筒与改向滚筒位置。带式输送机都有三个以上滚筒，所有滚筒的安装位置必须垂直于带式输送机长度方向的中心线，若偏斜过大必然发生跑偏。如出现输送带跑偏现象，可根据实际情况采取相应的调整方法处理。③滚筒表面的加工误差，或因磨损或表面有黏附物等造成滚筒直径大小不一，输送带会向直径较大的一侧跑偏。解决的方法是滚筒表面黏附物清理干净，必要时重新更换滚筒。④转载点落料位置不合理造成输送带跑偏，转载点处上下两台输送机的相对高度差越小，则下落物料越难居中，在设计和安装过程中应尽可能地加大两台输送机的相对高度。⑤张紧处的改向滚筒除应垂直于输送带长度方向还应保证其轴中心线水平。输送带的张紧力不够，载荷稍大时就会出现跑偏现象，须选用合适的张紧装置，保证输送带有足够的张紧力。⑥双向运行的带式输送机输送带跑偏，调整时应先调整一个方向，然后调整另一个方向，重点应放在驱动滚筒和改向滚筒的调整上，其次是托辊的调整与物料的落料点的调整。⑦输送带在与转载机搭接处跑偏。应根据跑偏情况调整导向板的位置，以控制煤流的方向，调整输送带跑偏。⑧飘带造成输送带跑偏。除了尽快清理顺平巷道，还可以采用调高 H 架或增设调高腿的方法加以解决。或采用压带托辊阻压飘带。⑨由于清扫器失效、输送带拉回头煤造成跑偏。应停止输送机，清理滚筒表面的粘煤，对清扫器进行检修或增加清扫器的个数就能调整解决好输送带跑偏问题。

（三）胶带撕裂原因及预防

1. 胶带撕裂原因探析

（1）胶带跑偏导致撕裂。胶带输送机因安装、人为操作、上料不均匀等原因均会造成胶带跑偏现象，胶带一旦出现跑偏会造成胶带在一侧出现偏斜、堆积现象，胶带两侧受力不均导致胶带在张力大侧出现撕裂，即在胶带外侧出现撕裂，这种撕裂因偏斜程度不同会出现纵向撕裂或斜向撕裂。由于胶带具有一定的收缩性和强度，胶带从出现跑偏到出现胶带撕裂会经过较长时间，故因胶带跑偏引起的胶带撕裂可通过胶带调整进行预防。

（2）物料划伤导致撕裂。因物料划伤胶带造成胶带出现撕裂现象较为常见，这种物料一般为细杆状物料、金属利器等。细杆状物料因长度较大、尺寸较细，容易卡在胶带输送机搭接给料机处，在胶带持续运转过程中划伤胶带，因其卡住的角度不同导致出现纵向撕裂或斜向撕裂。金属利器在由胶带输送机搭接给料机上落在胶带或从其他高处落在胶带上均可能在势能作用下穿透胶带，并在胶带运转过程中卡在胶带运输机托辊或胶带输送机架子上，造成胶带出现纵向撕裂或斜向撕裂。

（3）钢芯断裂引起撕裂。钢芯在胶带中能够有效提高胶带的强度、抗拉力，对于提高胶带的使用性能、承载力和使用寿命具有重要的作用。在胶带输送机正常运行过程中，如若受到大块矸石、铁器等猛烈撞击或胶带超负荷运行时，胶带中的钢芯有可能出现断折，该处的胶带承载能力和强度会大幅度降低，如若不及时更换或采取措施，在胶带长期运行中会造成钢芯穿透胶带并裸露在外，裸露的钢芯一旦绞入托辊、滚筒等部位会被迅速抽出，造成胶带出现撕裂。即使不出现胶带撕裂，不及时处理断芯胶带也容易发生断带事故。

2. 胶带撕裂特性分析

为了掌握胶带输送机胶带撕裂内部特征，有学者曾进行了胶带撕裂特性实验研究。该研究实验模型由胶带输送机模型和测量系统两部分组成，在胶带不同位置布置应力测点，对胶带受力、变形等问题进行研究。实验结果表明：在胶带输送机胶带未达到撕裂状态时，胶带所受拉—张力随着胶带的张紧力的增大而增大；当胶带达到撕裂状态时，撕裂口附近的应力值快速降低，直至为零，给胶带增大载荷后，撕裂口附近应力显著增大；无论胶带是否达到撕裂状态，如果给胶带施加载荷，在其撕裂口附近的应力均会提高，且与胶带张紧力变化呈正比。由此可知，当胶带出现撕裂时胶带承载能力会迅速降低。为了避免胶带出现撕裂而导致运输事故发生，当出现胶带撕裂预兆时必须及时处理。

3. 胶带撕裂预防措施

(1) 加强胶带撕裂监测。理论研究和现场发现，当胶带出现撕裂预兆时，胶带所受应力会发生明显变化，直观形式是在撕裂口附近会出现收缩变形，因此可从受力和变形两个方面对胶带撕裂进行监测：首先，胶带输送机在正常运行过程中，胶带平稳运转，各部位受力均衡，受外力作用时撕裂口附近应力会发生改变，故可在胶带输送机托辊上安装一套应力传感器，如若传感器显示正常表示胶带运行平稳，当传感器显示值瞬间明显增大，并持续一段时间逐渐降低，直至恢复到原数值，表示胶带受到了外物作用，此时可进行排查确认是否胶带出现了撕裂现象或出现其他问题；另外，胶带撕裂会造成胶带向两边重叠，胶带宽度减小，故可利用超声波对胶带宽度进行在线监测，若显示胶带宽度出现变化时可立即停机排查胶带是否出现问题。

(2) 提高胶带输送机安装质量。胶带输送机安装质量是否合格会影响到胶带能否平稳运行，故应严格按照施工次序安装胶带输送机，尤其是对中间架要严格依照中线施工，确保托辊齐全、胶带输送机架稳固、螺丝紧固、各部件无变形；同时，确保胶带不打滑、张紧适中，受力均匀。

(3) 加强胶带输送机检修力度。加强检修人员的技能培训和责任心，确保检修人员掌握胶带撕裂现象的原因并具备排查能力；及时消除胶带毛刺，调整跑偏胶带，必要时增加胶带防跑偏托辊，确保胶带平稳可靠运行。

(4) 确保输送物料合理。严抓进料源头，增加剔除铁器、大块煤岩的除杂装置，如增加电磁铁以减少铁器的进入和输送，增加破碎机减少大块煤岩进入胶带输送机等；改善输送结构，降低胶带输送机物料转载高度，或降低物料给入速度；均匀给料，杜绝因给料突然增大引起的物料堵塞现象，确保不超负荷运行。

(5) 胶带输送机优化改造。煤矿企业常用胶带输送机滚筒一般为圆柱体，可将其优化改造为鼓状张紧滚筒，将其两边锥度设计为 1：100，这样可使得胶带在运转过程中自动向中心靠拢，即使胶带在运转过程中出现摇摆现象也不会超出滚动宽度范围；在胶带输送机前后两滚筒上安装清扫装置，及时清除黏结在滚筒上的物料，可有效确保胶带不出现偏移；在胶带输送机架上每隔一定距离安装向心托辊，以使胶带在向心力作用下处在胶带输送机架中心位置运行。

(6) 纵向撕裂的治理。胶带纵向撕裂后，为能使其继续使用，减少损失，进行一些修复是必要的。首先，用耙钉间隔一定的距离将撕裂的胶带连接起来，用作短时间应急处理。其次，清除裂缝内的煤泥等杂物，并将裂隙处打磨粗糙，用专用修补剂进行修补。这种方法工期短，恢复生产时间快，使用时间长，存在隐患少。再次，将裂缝硫化连接，其质量较高，能达到原胶带的有关性能，使用寿命长，但工期长，操作复杂，不能很快恢复生产。最后，用新带替换撕裂的胶带，工期较短，但投入资金较大。

（四）断带

断带事故是胶带输送机运行中发生的较严重事故。造成断带的主要原因及处理方法如下：

（1）胶带运行中阻力较大，超载运行或在机架和滚筒上受阻造成断带。预防办法是停机时要拉空皮带停机，避免重负荷启动。处理方法是及时更换不转动的托辊，清理杂物，减少胶带运行阻力。

（2）胶带接头处的抗拉强度不够造成断带。预防办法是对于普通胶带接头要定期更换，损坏的接头要随时更换。对钢丝绳芯胶带的硫化接头要勤检查。目前一般采用 X 光透视机检查，对于检查出有问题的接头，要及时向有关单位进行汇报，确定更换接头时间，在未处理以前要有专人每天检查有问题接头的变化情况，并加强重点维护保养工作。

第十一章　洗选煤设备机器和基础的连接装置安装

第一节　基础的简易计算和基础验收

一、基础的简易计算

一切固定设备的最主要部分之一，就是它的基础。机器基础第一个功用是承受机器和设备等的全部重量，并随同基础本身的自重均匀地传布到土壤；第二个功用是承受和消除机器因动力作用所产生的振动。因为机器固定在基础上，而基础的底面又支承在地基上。

(一) 地基

地基分为天然的和人工的两种。在建筑基础时，支承基础底面的土壤保持其天然状态，这种地基称为天然地基。

当天然地基的强度和稳定性不够时，则必须采用人工地基。

建筑人工地基的方法有土壤加固法、换土法（利用粗砂、碎石、块石）、桩基（木桩、混凝土桩或钢筋混凝土桩）。根据土壤资料，如果计算的承压力大于天然地基容许承载力则采用人工地基。

机器安装位置和基础的尺寸确定之后，就可以确定地基坑（也就是安置基础的坑）的界限。

当建筑基础时，必须使地基（或土壤）所承受的压力不超过土壤的容许承载力，以免因此产生基础的下沉和变形。

填方松土，特别是由黏土和砂质黏土构成的，不能作为基础的地基。腐植物土、淤泥和泥煤是不好的地基。此外，在这些土壤中都含有有机酸，它们对混凝土起破坏作用。而且这些土壤的下沉是显著的。

试验土壤最完备的方法是打钻。通常是取出 1m 岩石芯做试样。作为试样的土壤应在基础的设计深度以下 1m 处取样。如果对土壤的质量发生怀疑，则应该用静负荷法进行检验。

对于能够承受较大负荷的大块岩石、碎石或砂岩的土质（天然成层），用来建筑基础的地基时，只需铲平即可。如果是软土，则必须采用人工地基。建筑混凝土人工地基时，其厚度为300~570mm。若人工地基做到1500mm厚，就可以建筑最主要的基础。假如地基松软，则松土会放出或吸收水分而收缩或膨胀，因而会使基础变形而产生裂缝和弓起整个机器损坏及发生事故。

为了使基础具有较大的弹性，最好在混凝土地基的表面土铺设一层富有弹性的材料（填料），基厚度为50~60mm。

弹性材料的选择，对于减小基础的振动具有很大的意义。根据填料所能承受的压力 σ，填料可分为：

软的：$\sigma<0.1MPa$（用软木来压制的板）；

中等的：$\sigma=0.1~0.3MPa$（天然软木、包上软木的橡皮）；

强力的：$\sigma>0.3MPa$（防振板、压制的坚硬的毡垫）。防振板是由浸透过沥青的棉布压制成的。毡板是用浸透过石蜡的毛毡压制成的。在空气压缩机的基础下应铺设中等的或强力的填料。

若土壤较松软，则必须打桩加固，桩与桩间的距离为2~3个桩的直径 d（对于黏土，桩间距为3d；对于砂土，桩间距为2.5d）。木桩长度为4~8.5m，直径为225~270mm。打桩时，应从基础的中心开始打，逐渐向边缘扩展，若以相反的顺序进行，则由于土壤被挤紧，打到中心时将十分困难。将打入的木桩削成一样高，取出桩间的土壤并在桩间填入水泥或砂土浆。

(二) 砌筑基础

砖基础只是在强度条件可以满足的情况下应用，并只允许建筑在地下水位以上。砖基础采用高质量的砖，强度等级不小于MU15。砌砖用的水泥砂浆，当砖基础受垂直作用力时，采用≥2.5MPa的水泥砂浆；当受水平力时，则采用≥2.5MPa的水泥砂浆。各种标号的水泥砂浆按一定成分配成，一般水泥砂浆采取水泥和砂子的混合比1:3，重要的1:1（体积比）。

在砌筑砖基础以前，必须将砖用水浸湿，因为干砖能大量吸收水分。混凝土基础有混凝土和钢筋混凝土两种。混凝土的强度等级一般采取C10，对重载荷的基础，强度等级提高到C15。

钢筋混凝土的标号不应小于C15。各种标号的混凝土按一定的成分配成，在实际应用中，建筑机器基础的混凝土，一般的成分比可不计算，按经验配比，即水泥:砂子:石子为1:3:6；重要用1:2:4（体积比）。

建筑混凝土基础时，应进行良好的技术监督，以保证质量。浇灌混凝土时，除较大的基础外，一般要求一次不间歇地浇灌成。向模板内浇灌混凝土时，应该分层摊平和普遍捣实，浇灌后应由专人养护。在养护期间，用草袋遮盖，保持湿润，洒水期一般为 5~7 天。混凝土基础由浇灌完到安装机器，一般不应少于 7~14 天。建筑完毕的基础，为了使基础不致因为在机器安装后，由于工作产生振动而使基础下沉影响精度，可对基础进行预加压试验，加压的重量为机器重量的 1.5 倍，时间为 3~5 天。机器安装到基础上后，一般至少应该经 15~30 天的时间才能开动机器工作。

机器的基础不允许与厂房的墙或其他基础相连，因为这样会把振动传到厂房的墙上，同时也会引起基础发生不平衡的下沉。

(三) 机器基础尺寸的选择

机器基础的结构通常都建成为整块式。合理的机器基础，设计时应该满足强度稳定性和没有很大的振动三个要求。但是根据经验，机器整块式基础一般都具有足够的强度，故非特殊专门的要求，通常不进行强度计算。

基础尺寸的正确选择，应该符合工作的可靠性和结构的经济性两个原则。机器基础的尺寸主要为基础底面的平面尺寸和基础的最小高度，其他的尺寸根据机器结构的要求即可确定。

在确定基础的高度时，一般的概念总以为基础高度愈大，则它的质量愈高和可靠性愈大，但经过理论和实践证明，机器基础的可靠性在很小程度上依赖其高度，而过大的高度要违反经济性原则。同时，基础的高度对满足稳定性和不产生剧烈振动的要求，除了某些基础 (如锻锤的基础) 外也完全无关，而对满足强度的要求关系也不大。

确定机器基础最小高度的条件主要根据基础螺栓 (即地脚螺栓) 固定的要求及管路埋没的位置、土壤的冻结深度和地下水位等。

基础螺栓的长度和基础的高度间的互相影响要加以适当选取，基础螺栓长度加大时虽然可以增大机器固定的可靠性，但又不应该由于过度加长，而使基础高度增加过大，失去经济性原则。

土壤的冻结能使地基变形，因此只有小型和允许偏斜的基础才允许在冻结土壤上构筑基础；具有一定精度要求的机器必须安装在坚固的地基上，因此必须将地基的冻结土壤铲去，而重型的机器应该将基础构筑在冻结深度以下的标高上。

基础应该构筑在地下水位以上。当基础必须构筑在地下水位以下时，应该采取排水降低水位和其他措施。

二、基础的验收

为了保证安装质量和缩短安装工期，正确地验收基础十分重要。

基础的强度检验，在基础浇灌时，做试块，经 28 天养护后试压确定。基础强度直接检验，可利用回弹仪进行检查。

验收机器基础时，除检验强度外，要着重于各平面的标高、基础中心线及同基础螺栓孔的关系。其次是基础外形要符合一定要求，清除基础表面上的各种杂物，拆除全部模板，以及铲成必要的麻面，放垫铁的部位要用 1∶2 水泥砂浆研平。

第二节　轨座的形状

通常机器都直接安装在基础上，但某些机器考虑到修理和调节便利性，保证安装质量，也有采用轨座固定在基础上的方式。

轨座可以用灰铸铁和型钢制成。轨座放到基础面上后应该进行位置调整和操平工作，然后进行二次灌浆，牢固地固定在基础上，最后将机器安装在轨座上。

第三节　地脚螺栓

地脚螺栓的功用是将机器或设备与基础牢固地连接起来，以免机器或设备工作时发生位移和倾覆。

一、地脚螺栓、螺母和垫圈的规格

地脚螺栓、螺母和垫圈的规格应符合设计或设备技术文件的规定。如无规定时可参照下列原则选择：

（1）地脚螺栓的直径应依照设备底座（或轨座）上的地脚螺栓孔径来确定。

（2）地脚螺栓长度的选择：地脚螺栓的埋入深度，一般取螺栓直径的 15~20 倍，重要设备可以加长，但不超过 1~1.5m；除轻型机器外，最小埋入深度不小于 0.4m。

（3）对振动较大的设备，地脚螺栓上应加防松装置（如锁紧螺母或弹簧垫圈等）。

（4）锚板式可拆卸地脚螺栓（亦称长地脚螺栓），用来固定工作时有强烈振动和冲击的重型机器。煤矿用 2m 以上提升机的主轴承梁、减速器、制动器座与基础的连接均采用锚板式可拆卸地脚螺栓。

锚板式地脚螺栓的锚板有两种形式，一种是圆盘式，与它配套的螺栓是两头都有螺纹的螺栓；一种是方形底面有矩形孔，螺栓头为矩形。锚板的材质一般为灰口铸铁。

二、固定地脚螺栓的方式

（一）一般地脚螺栓的固定方法

一般地脚螺栓的固定方法有三种，全部埋入法、预留调整孔法、预留全部基础螺栓孔法。

（1）浇灌基础时一次埋入。此种方法对地脚螺栓固定的坐标和标高要求高，浇灌时必须将地脚螺栓固定住，在捣固砂浆时不得变位。采用此法减少模板工程，增加地脚螺栓的稳定性、坚固性和抗震性，可缩短工序衔接间歇时间；其缺点是不便于调整。

（2）在浇灌基础时，将地脚螺栓大部分埋入，螺栓上端留有 100mm × 100mm ×（200～300）mm 方孔，作为调整孔。此种方法对坐标、标高要求较高，它同样具备一次全部埋入的优点，在设备找平找正后，地脚螺栓可一次紧固和灌浆。

（3）在浇灌基础时预先留下 100mm × 100mm 的整个方孔，在安装机器时才将地脚螺栓装入，对预留孔内进行灌浆，待预留孔灌浆凝固有一定强度时，再次对机器设备进行找平、找正，并紧固地脚螺栓。大型矿山设备多采用此种方法。

（二）锚板式可拆卸地脚螺栓固定方法

在浇灌基础时将地脚螺栓孔和锚板（铁鞋）孔均留出，安装时先将锚板固定住，将地脚螺栓沿锚板孔方向放入地脚螺栓孔内，待设备放到基础上后，将地脚螺栓转 90° 上提与机器底座固定。

第四节　安装地脚螺栓的要求

地脚螺栓的安装要求如下：
（1）地脚螺栓的不铅垂度允差为 10/1000。
（2）地脚螺栓离基础地脚螺栓孔壁的距离应大于 15mm。

（3）地脚螺栓弯钩的底端不应碰孔底。

（4）地脚螺栓上的油脂和污垢应清除干净，但螺纹部分安装时要涂润滑脂。

（5）地脚螺栓的螺母应在固定地脚的混凝土达到设计强度的 75% 以后拧紧。

（6）螺母与垫圈间和垫圈与设备底座间的接触均应良好。

（7）拧紧螺母时，应注意次序的对称，用力均匀，并分几次拧紧。

（8）设备放到基础上时，应均匀下落，不得碰损地脚螺栓的螺纹。

（9）拧紧螺母后，螺栓必须露出螺母 1.5 ~ 5 个螺距。

（10）采用锚板式可拆卸地脚螺栓应符合下列要求：

①锚板埋设应平正稳固，其标高允差为 +20mm；

②在螺栓末端的端面上做出明显的标记，标明螺栓矩形头的方向；

③在基础表面上做出明显的标记，标明锚板容纳螺栓头槽的方向；

④拧紧螺母前，螺栓矩形头应正确地放入锚板的槽内，并依据标记检查螺栓矩形头与锚板槽的方向是否相符；

⑤在装好锚板式地脚螺栓后，为了防止地脚螺栓晃动，向地脚螺栓孔内充填干砂子是现场安装人员采用的方法，如地脚螺栓不想拆卸再用，可向地脚螺栓孔内浇灌水泥砂浆。

第五节　垫板（垫铁）

各种机器的安装，在机座与基础之间都要加设垫板，垫板的作用是调整机器的标高和水平，使设备底座与基础之间有一定的距离，便于二次浇灌，机器的重量通过垫板能够均匀地传布到基础上。

（1）垫板位置的布置如下：

①要布置在地脚螺栓的两侧；

②承受负荷较大的部分下面（如轴承座下）要布置垫板；

③相邻两垫板组间距一般为 500 ~ 1000mm，如大于此数时还要增加一组垫板。

（2）一组垫板最下面一块要放平垫板，且与基础接触良好（一般要与基础研平），一组平垫板块数一般不超过三块，最多的不得超过五块，垫板厚度从下而上地减薄。大型设备安装多年用平垫板与斜垫板同时使用，同时使用时平垫板要在下面，上面再放一对斜垫板，两块斜垫板的斜面要相对，设备找平后，一对斜垫板要点焊住。

（3）设备找平后，垫板应露出机器底座底面的外缘，平垫板应露出 10 ~ 30mm，斜垫板应露出 10 ~ 50mm，垫板组（不包括单块斜垫板）伸入设备底座底面的长度应超过设备地脚螺栓孔。

（4）为便于二次浇灌水泥砂浆，垫板组的总厚度要保持在 30 ~ 60mm，重型设备可增大到 100 ~ 150mm。

（5）垫板在能放稳和不影响二次浇灌的情况下，应尽量靠近地脚螺栓。

（6）每一组垫板放置整齐平稳后，应被压紧。可用 0.5kg 手锤逐组轻击，听音检查。

第六节　二次灌浆

二次灌浆是在设备的底座或轴承座找平找正、垫好垫板组、拧紧地脚螺栓螺母后进行的。二次浇灌是使底座、垫板、地脚螺栓与基础牢固地固定在一起。

一、灌浆前的准备工作

（1）为了灌浆层紧密地黏合在基础或地坪面上，灌浆前应清除地脚螺栓孔中的垃圾，基础或地坪面上需粘住灌浆层之处，应凿成麻面，被油沾污的混凝土应予凿除，并用水全面刷洗洁净，凹穴处不许留有积水。

（2）灌浆前应使设备底座底面保持清洁，油污、泥土等杂物必须除去。

（3）灌浆前安设好模板，外模板与设备底座面外缘间的距离不应小于 60mm，其高度视具体需要而定，当设备底座下面不全部灌浆，且灌浆层需承受设备负荷时，应安装内模板，内模板至设备底座底面外缘的距离应大于 100mm，并不应小于底座底面边宽，高度均应等于底座底面至基础或地坪面的距离。

（4）灌浆用的碎石子、砂子要用水冲洗，除去泥土杂物。

二、二次灌浆的材料

二次灌浆混凝土的标号要比基础混凝土标号高一级，石子要用碎石子（粒度为 5 ~ 10mm），一般在现场用的水泥是 425# 水泥。水泥、砂子、石子的比例是 1∶2∶3，抹面用水泥、砂子的比例是 1∶2。

三、灌浆注意事项及灌浆后的保养

（1）灌浆时应将锚板式可拆卸地脚螺孔妥善盖住，防止混凝土砂浆流入。

（2）灌浆时应捣固密实，捣固时不得撞动设备、垫板和地脚螺栓等。

（3）设备外缘的灌浆层应平整美观，高度略高于设备底座底面，灌浆层上面应略有坡度，防止油、水流向设备底座。

（4）灌浆后的保养，在春、夏、秋季灌浆 12h 后，盖上草袋或席子，在其上洒水保持 1 周，在冬季，则不用洒水保养，但要防冻，室内要取暖。

第十二章　采区供电设备的安装选择

第一节　采区供电设计的准备

一、采区供电设计的依据

(1) 工作面巷道布置、巷道尺寸及支护方式。

(2) 工作面地质、排水、通风、瓦斯涌出情况。

(3) 工作面机电设备布置、作业过程、运输情况。

(4) 工作面机电设备容量、技术参数及性能。

(5) 采区附近现有变电所或中央变电所的分布情况、供电能力及高压母线上的短路容量等情况。

(6) 工作面生产能力、年产量、月产量、日产量、矿井工作制度等。

(7) 技术和经济指标。

二、采区供电设计所需原始资料

在进行井下采区供电设计时，必须首先收集以下原始资料，作为设计的依据。

(1) 矿井的瓦斯等级，采区煤层走向、倾角，煤层厚度、煤质硬度、顶底板情况、支护方式。

(2) 采区巷道布置，采区区段数目、区段长度、走向长度、采煤工作面长度，采煤工作面数目，巷道断面尺寸。

(3) 采煤方法，煤、矸、材料的运输方式，通风方式。

(4) 采区机械设备的布置，各用电设备的详细技术特征。

(5) 电源情况，了解采区附近现有变电所及中央变电所的分布情况，供电距离、供电能力及高压母线上的短路容量等情况。

(6) 采区年产量、月产量、年工作时数，电气设备的价格、当地电价、嗣室开拓费用、职工人数及平均工资等。

三、采区供电设计要求和步骤

(一) 设计要求

(1) 尽量选用定型的具有煤安标志的产品。

(2) 应保证安全、可靠、经济、合理、技术先进。

(二) 设计步骤

(1) 根据采区地质条件、采煤方法、巷道布置以及采区机电设备容量、分布情况，确定采区变电所及采掘工作面配电点位置。

(2) 根据采区用电设备的负荷统计，确定采区动力变压器的容量、型号、台数。

(3) 拟定采区供电系统图。

(4) 选择高压配电装置和高压电缆。

(5) 选择采区低压电缆。

(6) 选择采区供电系统中的低压开关、启动器。

(7) 对高低压开关中的保护装置进行整定。

(8) 绘制采区供电系统图和采区变电所设备布置图。

第二节　采区主变压器的选择

一、采区主变压器台数、型号的选择

采区主变压器的台数要尽量少，1台变压器能满足要求时尽量选1台，这样可以减少高低压设备的数量及变电所硐室的开拓费用。采区变电所的供电负荷中有一类负荷 (如分区水泵) 时，变压器台数不得少于2台，当1台停止运行时，其余变压器应保证一类负荷用电。对高瓦斯矿按照《煤矿安全规程》要求，局部通风机使用专用变压器。对低瓦斯矿采、掘工作面应分开供电。此外，在确定变压器的台数时，还应考虑不同电压等级的设备需要不同的变压器等问题。

在确定变压器型号时，应考虑变压器的使用场所及电源电压、用户电压。在变电所硐室内的动力变压器选择矿用一般型油浸变压器；在采煤工作面平巷及掘进巷道内的动力变压器应选择隔爆型干式动力变压器或移动变电站。变压器的一次侧额定电压应等于电源电压，二次侧额定电压等于 1.05 倍的用户额定电压。为了供电的经济性，应尽量选用低损耗变压器，即阻抗压降百分数较小的变压器。

二、采区主变压器容量的选择

(一) 变电所负荷统计

变压器的额定容量按照所带负荷确定。故应将变压器所带负荷进行统计，统计时应每一条供电干线为单位进行分组 (分组应考虑负荷的电压等级、生产环节、安装地点和电缆敷设路线等因素)，每一条供电干线、每一台移动变电站或变压器都应统计出它们的负荷，以便在后面的设计计算中查用。

(二) 成组负荷的计算

由于工作条件的变化，用电设备实际负荷随时都在变化，又由于生产环节的不同，在一组电气设备中，同时工作的实际台数可能小于其总台数。所以每组用电设备总的实际负荷 $\sum P$ 总是小于该组总的额定负荷 $\sum Px$。将实际负荷占额定负荷的比值用需用系数 K_{de} 表示。由于实际负荷的不确定性，需用系数很难准确算出，一般采用概率的方法，进行数据统计后列表给出。

综合机械化采煤工作面需用系数按下面的经验公式计算：

$$K_{de} = 0.4 + 0.6 \frac{P_{N,\max}}{\sum P_N} \tag{12-1}$$

普通机械化采煤工作面需用系数按下面的经验公式计算：

$$K_{de} = 0.286 + 0.714 \frac{P_{N,\max}}{\sum P_N} \tag{12-2}$$

式中： $P_{N,\max}$ ——所带负荷中容量最大的一台电动机的额定功率，kW；

$\sum P_N$ ——所带负荷的额定功率之和，kW。

根据需用系数即可求出成组负荷，称之为计算负荷 P_{ca}。其计算式：

$$P_{ca} = K_{de} \sum P_N \tag{12-3}$$

式中： P_{ca} ——成组负荷的计算功率，kW；

K_{de} ——该组负荷的需用系数。

（三）变压器容量计算

采区变电所变压器容量计算公式如下：

$$S_T = \frac{\sum P_{ca}}{\cos\alpha T_{wm}} K_S \tag{12-4}$$

$$\cos T_{wm} = \frac{P_{ca1} coa\alpha_{wm1} + P_{ca2} coa\alpha_{wm2} + \cdots P_{can} coa\alpha_{wmn}}{P_{ca1} + P_{ca2} + \cdots P_{can}} \tag{12-5}$$

式中：S_T——变压器计算容量，$kV \cdot A$；

K_S——组间同时系数，当供给一个工作面时取 1，供给 2 个工作面时取 0.95，供给 3 个及以上工作面时取 0.9；

P_{ca}——变压器所带各组设备计算功率之和，kW；

$\cos\alpha T_{wm}$——变压器加权平均功率因数；

$\cos\alpha T_{wm1}$、$\cos\alpha T_{wm2}$、$\cdots$、$\cos\alpha T_{wmn}$——n 组设备中各组设备加权平均功率因数；

P_{ca1}、P_{ca2}、$\cdots$、P_{can}——n 组设备中各组设备计算功率，kW。

（四）变压器容量的确定

根据所选变压器型号和所求变压器计算容量 S_T，查相应型号的变压器技术数据，选出满足下列关系的变压器额定容量 S_{TN}，即

$$S_{TN} \geq S_T \tag{12-6}$$

第三节　采区供电系统的拟定

一、采区供电系统的拟定原则

采区供电系统是根据采区机械配置图来拟定的。采区供电系统的拟定应符合安全、经济、系统简单、保护完善和便于维修等要求。其拟定原则如下：

（1）在保证用电可靠的前提下，力求所选用的开关、启动器及电缆等设备最省。

（2）原则上一台启动器只控制一台设备。但要求同时启动的设备，可由一台启动器控制多台设备。

（3）对单电源进线的采区变电所，当其变压器不超过两台且无高压馈出线时，通常可不设电源断路器；而当其变压器超过两台并有高压馈出线时，则应设进线断

路器。

(4) 当采区变电所的动力变压器多于一台时，应合理分配变压器的负荷，最好一台变压器负担一个工作面的用电设备，以缩小事故时的停电范围。

(5) 在一般情况下变压器最好不要并联运行，以减少触电的危险（由于变压器并联时，电网容性电流较大）；当发生事故时，也能缩小停电的范围。

(6) 在对产量较大的综合机械化工作面或下山排水设备进行低压供电时，应尽量采用双回路高压电源进线及两台或两台以上的变压器，使得当一回线路或一台变压器发生故障时，另一回线路或另一台变压器仍能保证工作面正常生产或给排水供电。

(7) 变压器尽量采用分列运行。这是由于当采用并列运行时，线路对地电流的增加会对供电安全造成威胁；电网绝缘电阻的下降可使漏电继电器的运行条件恶化，在发生漏电事故时又会因一台检漏继电器控制两台变压器的馈电开关，而使停电范围加大，从而使可靠性降低。同时变压器并联运行增大了电网的短路容量，要求接入电网开关的断流容量增加。

(8) 对第一类负荷为高压设备（如高压水泵）或变压器在 4 台以上的采区变电所，因其已处于能影响矿井安全的地位，故应按前述井下中央变电所的接线原则加以考虑。

(9) 采煤机组与带式输送机宜采用干线式，单独电缆供电；自工作面配电点到各个动力设备宜采用辐射式供电。

(10) 配电点启动器在 3 部以下时，一般不设配电点进线自动馈电开关。

(11) 工作面配电最大容量电动机用的启动器应靠近配电点进线，这样可以减少启动器间连线电缆的截面。

(12) 不同生产环节或出煤系统，尽可能不用公共低压电缆供电，以减少相互干扰，提高供电的可靠性。

(13) 当采煤机组功率较大且供电距离较长时，也可由采区供电所设两条干线电缆向其配电点供电；但一般情况下只要计算截面不超过 70mm^2，常设一条电缆，以便安装和维修。

(14) 为了防止采用局部通风机通风的工作面发生瓦斯爆炸事故，根据风电瓦斯闭锁系统相关技术规定，对高瓦斯及瓦斯突出的矿井，局部通风机的供电系统应装设专用变压器、专用电缆、专用高低压开关配检漏继电器，以及因停风或因瓦斯超限均需切断掘进工作面的电源闭锁系统。对瓦斯矿井局部通风机，仅实行风电瓦斯闭锁。由于局部通风机独立于其他供电设备线路，故不受其他电气设备故障（如漏电、短路等）跳闸的影响。

二、拟定采区供电系统

根据上述拟定原则和所选变压器的台数以及采区的实际情况，拟定出相应的供电系统，并画出采区供电系统图。当供电系统有多种可行方案时，应经过技术经济比较后择优确定。

第四节　采区低压电缆的选择

低压电缆又分为支线和干线两种。支线是指启动器到电动机的电缆，向单台电动机供电；干线是指分路开关到启动器的电缆，向多台电动机供电。低压电缆的选择就是确定各低压电缆的型号、芯线数、长度和截面等。

一、低压电缆型号、芯数和长度的确定

(一) 低压电缆型号的选择

电缆的型号主要依据其电压等级、用途和敷设场所等条件来决定。煤矿井下所选电缆的型号必须符合《煤矿安全规程》的有关规定。矿用低压电缆的型号，一般按下列原则确定：

(1) 支线一律采用阻燃橡套电缆。1140V 设备及采掘工作面的 660V 和 380V 设备，必须用分相屏蔽阻燃橡套电缆；移动式和手持式电气设备，应使用专用的橡套电缆。

(2) 固定敷设的干线应采用铠装或非铠装聚氯乙烯绝缘电缆；对于半固定敷设的干线电缆，为了移动方便一般选用阻燃橡套电缆，也可选用上述铠装电缆。

(3) 采区低压电缆严禁采用铝芯和铝包电缆。

(4) 电缆应带有供保护接地用的足够截面的导体。

(5) 照明、通信和控制用电缆，固定敷设时应采用铠装电缆、阻燃橡套电缆或矿用塑料电缆；非固定敷设时应采用阻燃橡套电缆。

(二) 确定电缆的芯线数目

(1) 干线用的铠装电缆选三芯电缆，非铠装电缆选用四芯电缆。

(2) 支线用电缆就地控制时，一般采用四芯电缆；远方控制和联锁控制时，应根

据控制要求增加控制芯线的根数。注意电缆中的接地芯线，除用作监测接地回路外，不得用作其他用途。

(3) 信号电缆芯线根数要按控制、信号、通信系统的需要决定，并留有备用芯线。

(三) 确定电缆长度

就地控制的支线电缆长度，一般取 5 ~ 10m。其他电缆因吊挂敷设时会出现弯曲，所以电缆的实际长度 L 应按下式计算：

$$L = K_m L_m \tag{12-7}$$

式中：L_m——电缆敷设路径的长度，m；

K_m——电缆弯曲系数，橡套电缆取 1.1，铠装电缆取 1.05。

为了便于安装维护和便于设备移动，确定电缆长度时还应考虑以下两点：

(1) 移动设备的电缆，须增加机头部分活动长度 3 ~ 5m 余量。

(2) 当电缆有中间接头时，应在电缆两端头处各增加 3m 余量。

二、低压电缆主芯线截面的选择

低压电缆主芯线截面必须满足以下几个条件：

(1) 正常工作时，电缆芯线的实际温度应不超过电缆的长时允许温度，所以应保证流过电缆的最大长时工作电流不得超过其允许持续电流。

(2) 正常工作时，应保证供电网所有电动机的端电压在额定电压的 95% ~ 100% 范围内，个别特别远的电动机端电压允许偏移 8% ~ 10%。

(3) 距离远、功率大的电动机在重载情况下应保证能正常启动，并保证其启动器有足够的吸持电压。

(4) 所选电缆截面必须满足机械强度的要求。

在按上述条件选择低压电缆主芯线的截面时，支线电缆一般按机械强度的最小截面初选，按允许持续电流校验后，即可确定下来。选择干线电缆主芯线截面时，如干线电缆不长，应先按电缆的允许持续电流初选；当干线电缆较长时，应先按正常时的允许电压损失初选，然后，再按其他条件校验。具体选择计算方法如下：

①按机械强度选择。根据不同的机械设备，选择电缆的截面不小于橡套电缆满足机械强度要求的最小截面；

②按长时允许持续电流选择。电缆的长时允许持续电流 I_P 应不小于通过电缆的长时最大工作电流 I_{ca}。即

$$I_P \geq I_{ca} \tag{12-8}$$

式中：I_P——电缆的长时允许持续电流，A；

I_{ca}——通过电缆的最大长时工作电流，A；

③按正常工作时的允许电压损失选择电缆截面。正常工作时，采区低压电网的总电压损失 ΔU 应不大于低压电网的允许电压损失 ΔU_P，即

$$\Delta U \leqslant \Delta U_P \tag{12-9}$$

④按启动时的电压损失校验电缆截面。由于电动机启动电流大，启动时低压电网中的电压损失比正常工作时的电压损失大得多。因此，必须满足电动机和电磁启动器的启动条件，否则无法启动。一般只需校验供电功率最大、供电距离最远的干线，如该干线满足启动要求，其他干线必满足启动要求。

第五节　采区低压电器的选择

一、采区低压电器型号的选择

(1) 按采区的工作环境选择：高、低压控制开关一律采用矿用隔爆型。

(2) 按工作机械对控制的要求选择：①供电线路总开关和分路开关，一般选用低压自动馈电开关；②对不需要远方控制或不经常启动的小容量机械，如小水泵等，一般选用手动启动器；③对需要远方控制、联锁控制的机械，如采煤机、运输机等，一般选用电磁启动器；④对需要经常正、反转运行的机械，如调度绞车等，一般选用可逆型电磁启动器；⑤40kW 及以上电动机的控制设备，应使用真空电磁启动器；⑥当电缆长度不够或电路需要有分支时，应选择电缆插销、电缆连接器或电缆接线盒。

(3) 开关的保护装置要适应电网和工作机械对保护的要求：①变压器二次侧低压总馈电开关应设短路、过载和漏电保护；②变电所内其他分路配出开关和配电点的总开关应设短路、过载保护和有选择性漏电保护；③直接控制电动机的各种启动器应设短路、过载、断相和漏电闭锁，其中对于控制小功率的启动器，可不设过负荷保护（如回柱绞车等）；④控制煤电钻的设备，必须选用具有检漏、短路、过载、断相、远距离启动和停止煤电钻的综合保护装置。

二、采区低压电气设备参数选择

低压开关的额定电压应不小于电网的额定电压，额定电流应不小于所控设备的最大负荷电流。低压开关的额定分断电流应不小于通过它的最大三相短路电流。低压开关的接线喇叭口数目要满足电网接线的要求，其内径要与电缆的外径相适应。目前，可供选择的低压隔爆型开关产品有很多。

参考文献

[1] 孟玲琴，王志伟.机械设计基础(第5版)[M].北京：北京理工大学出版社，2022.

[2] 李春明.机械设计基础[M].西安：电子科学技术大学出版社，2021.

[3] 王德伦，马雅丽.机械设计(第2版)[M].北京：机械工业出版社，2020.

[4] 朱双霞.机械设计[M].重庆：重庆大学出版社，2019.

[5] 万苏文.机械设计基础[M].重庆：重庆大学出版社，2020.

[6] 杨敏，杨建锋.机械设计[M].武汉：华中科技大学出版社，2020.

[7] 仇岳猛，谭波，彭芳.机械设计技术基础[M].哈尔滨：哈尔滨工程大学出版社，2022.

[8] 颜志勇，刘笑笑.机械设计基础(第2版)[M].北京：北京理工大学出版社，2021.

[9] 李长明.电梯安装调试技术手册[M].北京：机械工业出版社，2019.

[10] 冯晓军.电梯安装工艺与实训[M].北京：机械工业出版社，2020.

[11] 曹祥.电梯安装与维修实用技术(第2版)[M].北京：电子工业出版社，2019.

[12] 石春峰.电梯安装与调试[M].北京：机械工业出版社，2020.

[13] 建筑施工特种作业人员培训教材编委会.建筑起重机械安装拆卸工塔式起重机[M].北京：中国建筑工业出版社，2021.

[14] 陈晓苏.建筑起重机械安装拆卸工[M].北京：中国建筑工业出版社，2021.

[15] 徐勇刚，辛琪杰，陈少雄.起重机械和电梯检验技术研究[M].北京：中国原子能出版社，2020.

[16] 张青，何芹.安装工程新技术[M].徐州：中国矿业大学出版社，2019.

[17] 常淑英，翟富林.机电设备调试与维护[M].北京：北京希望电子出版社，2019.

[18] 张伟杰，韩红利.煤矿机械故障诊断与维修[M].北京：冶金工业出版社，2021.

[19] 任瑞云，卜桂玲.矿山机械与设备[M].北京：北京理工大学出版社，2019.

[20] 卜桂玲，吴晗 . 矿山运输与提升设备 [M]. 北京：北京理工大学出版社，2019.

[21] 时彧，毛征宇 . 矿山固定设备与运输机械 [M]. 徐州：中国矿业大学出版社，2019.

[22] 李东印；袁瑞甫，周英 . 采煤概论 [M]. 北京：应急管理出版社，2019.

[23] 李功民，夏云凯 . 干法选煤新技术 [M]. 北京：应急管理出版社，2020.

[24] 中国煤炭加工利用协会 . 重介质选煤技术 2[M]. 徐州：中国矿业大学出版社，2023.

[25] 赵文才 . 煤矿智能化技术应用 [M]. 北京：煤炭工业出版社，2019.

[26] 王红俭，王俊红，兰建功 . 煤矿电工 [M]. 北京：北京理工大学出版社，2021.

[27] 顾永辉，李国财 . 煤矿电工手册第 2 分册·矿井供电 (中)(第 3 版) [M]. 北京：煤炭工业出版社，2019.